西北地区绿色生态建筑关键技术及应用模式

THE KEY TECHNOLOGY AND APPLICATION MODE OF GREEN ARCHITECTURE IN NORTHWEST CHINA

倪 欣 著

西安交通大学出版社
XI'AN JIAOTONG UNIVERSITY PRESS

内容简介

本书根据相关研究和实际工程案例,系统地介绍了绿色生态建筑技术,并结合西北地区的地域特点,对各项绿色生态技术的应用与研究进行了重点介绍。全书共分为十一章,依次为绿色生态建筑综述、绿色建筑室外环境、绿色建筑室内环境、绿色建筑围护结构、建筑遮阳技术、健康舒适的空调系统、水资源利用、可再生能源、绿色智能建筑技术、绿色生态景观系统、绿色建筑材料。本书可供从事绿色生态建筑设计、建筑节能技术研究、施工管理等方面工作的技术人员阅读,也适用于高等院校相关专业的师生参考。

图书在版编目(CIP)数据

西北地区绿色生态建筑关键技术及应用模式/倪欣著.
—西安:西安交通大学出版社,2016.12(2017.9 重印)
ISBN 978-7-5605-9249-7

Ⅰ.①西… Ⅱ.①倪… Ⅲ.①生态建筑-研究-西北
地区 Ⅳ.①TU-023

中国版本图书馆 CIP 数据核字(2016)第 303373 号

书　　名	西北地区绿色生态建筑关键技术及应用模式
著　　者	倪　欣
责任编辑	魏照民

出版发行　西安交通大学出版社
　　　　　(西安市兴庆南路 10 号　邮政编码 710049)
网　　址　http://www.xjtupress.com
电　　话　(029)82668357　82667874(发行中心)
　　　　　(029)82668315(总编办)
传　　真　(029)82668280
印　　刷　虎彩印艺股份有限公司

开　　本　889mm×1194mm　1/16　　印张 15　　字数 322 千字
版次印次　2017 年 1 月第 1 版　　2017 年 9 月第 2 次印刷
书　　号　ISBN 978-7-5605-9249-7
定　　价　155.00 元

读者购书、书店添货,如发现印装质量问题,请与本社发行中心联系、调换。
订购热线:(029)82665248　(029)82665249
投稿热线:(029)82668133
读者信箱:xj_rwjg@126.com

CONTENTS

第1章 绿色生态建筑综述

"我们并没有从祖先那里继承地球,我们只是从子孙那里借用地球而已……"

基于上述对人类自身的全新认识,世界环境与发展委员会(WECD)历经四年研究于1987发布了"我们的共同未来"报告,明确提出"应通过可持续发展,在确保后代享有同等权利的前提下,满足当代人的需求"的可持续发展思想。此后实施全球可持续发展战略逐渐成为全人类的共识。

建筑的可持续发展是整个国家、整个城市可持续发展战略的一个重要组成部分。树立全面、协调、可持续的科学发展观,对于城市建筑来说就必须由传统高消耗型发展模式转向高效生态型发展模式。绿色生态建筑正是实施这一转变的必由之路,是当今世界建筑的研究热点和总体发展趋势。

1.1 绿色生态建筑概念

绿色生态建筑亦称为绿色建筑、生态建筑、可持续发展建筑、低碳建筑,是指在建筑全寿命周期内(规划、设计、建造、运营、拆除/再利用),通过高新技术和先进适用技术的集成应用,降低资源和能源的消耗,减少废弃物的产生和对生态环境的破坏,提高能效,降低二氧化碳排放量,为使用者提供健康、舒适的工作或生活环境,最终实现与自然和谐共生的建筑。

在建筑经济学领域,绿色生态建筑措施带来了社会效益、环保效益和经济效益,并降低建筑项目的风险。其范围涉及节地、节能、节水、节材、减少废弃物和环境污染、环保型施工、运行维护的经济性、保险和索赔、用户生产率的提高、建筑的保值和增值、地方经济发展的机会等。

在规划领域,绿色生态建筑首先强调辨识场地的生态特征和开发定位,尊重原址原貌自然环境,充分利用场地的资源和能源,减少不合理的建筑活动对环境的影响,使建筑与环境持续和谐相处。该目标的实现需要评价规划用地现有的自然和文化特征、现有的基础设施和建筑要求、现有的自然地貌、水域、水源、生态系统和生物多样性保护等状况,进而采用相关方面科学、系统的规划方法。

在设计领域,传统的设计往往疏于考虑建筑对生态环境的影响、能源和资源的制约、建筑体系与建筑功能的配合等相互关系,而绿色生态建筑则采用建筑集成设计方法并遵守环境设计准则,将建筑物作为一个完整的系统,综合考虑建筑的间距朝向、形状、结构体系、围护结构、能源系统、设备和电气系统、空气品质和热声光等物理环境等因素,将这些众多因素的相互影响关系纳入建筑设计中,从建筑视角切入、模拟的设计方法和设计过程反馈等方面超越了传统的设计方法。

在施工领域,绿色生态建筑的目标是减少对环境造成严重影响。通过采用具有环境意识的生态施工方法,使建筑的建造过程能够显著减少对周边环境的干扰,减少填埋废弃物的数量以及建造过程中消耗的自然资源数量,并将建筑物建成后对室内空气品质等环境的不利影响减少到最低程度。

在运行维护领域,绿色生态建筑的技术和方法可以保证建筑规划设计目标的实现,通过合理的环境目标设定和智能化的系统控制,采用科学、适用的消费模式,保证建筑设备系统的安全和清洁运行并降低系统能耗,保障室内空气品质和热声光环境,减少运行过程中污染物的产生,提高建筑整体的运行效率。

因此,绿色生态建筑遵循可持续发展原则,以高新技术为主导,针对建筑全寿命的各个环节,通过科学的整体设计,全方位体现"节约能源、节省资源、保护环境、以人为本"的基本理念,创造高效低耗、无废无污、健康舒适、生态平衡的建筑环境,提高建筑的功能、效率与舒适性水平。为此,真正意义的绿色生态建筑应该是资源节约型的建筑、环境友好型的建筑和以人为本型的建筑,是充分体现建筑与人文、环境及科技高度和谐统一的建筑。

1.2 绿色生态建筑发展意义

1.2.1 绿色生态建筑是当今世界建筑可持续发展的必然趋势

随着科学技术的发展,人类社会创造了前所未有的物质文明和精神文明,但也带来了一系列负面问题。人口激增、供应不足、资源短缺、能源匮乏、生态破坏是全球危机的五大因素。建筑业与这五大因素密切相关。房屋建造是以消耗大量自然资源以及造成沉重环境负面影响为代价的。据有关资料统计,人类从自然界获得的物质原料,有一半左右用于建造各类建筑和辅助设施,建筑业对环境的污染占 35%。因此,发展绿色生态建筑,对于维护生态平衡、保护地球环境、合理利用资源、实现可持续发展,具有重大意义。

绿色生态建筑的建设理论就是以自然生态原则为依据,探索人、建筑、自然三者之间的关系,为人类塑造一个最为舒适、合理且可持续发展的环境的理论。一般来说,绿色生态指的是人与自然的关系,人们逐渐认识到人类作为自然系统的一部分,与其生活的环境息息相关。在现代建筑的建设过程中,必须优先考虑生态问题,并将其置于与经济和社会发展同等重要的地位上;而且还要全面考虑有限资源的合理利用问题。1992 年 6 月联合国的里约热内卢"环境与发展"大会提出了一个重要的口号:"人类要生存,地球要拯救,环境与发展必须协调。"会议通过的"21 世纪议程"已被看作是把可持续发展付诸实践的全球性行动纲领。"可持续发展"的基本概念可概括为一句话:"是既满足当代人的需要,又不对后代人满足其需要的能力构成危害的发展。"

21 世纪人类共同的主题就是可持续发展,现代建筑应由传统高消耗型发展模式转向高效生态型发展模式,而实施这一转变的必由之路就是实行生态建筑。美国出版的"可持续发展设计原则"中列出了 5 条"可持续建筑设计原则":

(1)重视对设计地段的地方性和地域性的理解,延续地方场所的文化脉络,增强适用技术的公众意识,结合建筑功能要求,采取简单合适的技术。

(2)树立建筑材料蕴能量和循环使用的意识,在最大范围内使用可再生的地方性建材,避免使用高蕴能、破坏环境、产生废物以及带有放射性的材料,争取重新利用可再生能源。

(3)针对当地的气候条件采取被动式能源策略,尽量利用可再生能源。

(4)完善建筑空间使用的灵活性,以减小建筑体量,将建设所需的资源降至最少。

(5)减少建造过程中环境的损害,避免破坏环境、浪费资源和建材。

从这几条设计原则中可以看出:生态建筑除了要考虑建成状况下建筑体与自然环境发生的关系、能耗与污染等情况外,还要考虑在建造过程中所消耗的能量和对环境的影响以及建筑废弃后材料的回收、处理和再生,即生态建筑的可持续发展性。

1.2.2　绿色生态建筑是现代建筑在环境时代的充实和提高

进入 21 世纪,绿色生态观念在全球范围内形成了新的社会观念和意识,建立保护生态平衡绿色建筑体系的呼声越来越高。而现代意义上的绿色生态建筑,是指根据当地自然生态环境,运用生态学、建筑技术科学的原理,采用现代科学手段,合理地安排并组织建筑与其他领域相关因素之间的关系,使其与环境之间成为一个有机组合体的构筑物。

西姆·范·德莱恩提出了"整合设计"的概念,即在建筑设计中充分考虑和谐地利用其他形式的能量,并且将这种利用体现在建筑环境的形式设计中。整合设计注重三个问题:

(1)建筑师需要用一种整体的方式观察构成生命支持的每一种事物——不仅包括建筑和各种建筑环境,还应包括食物和能量、废弃物及其他所有这一系统的事物。

(2)整合设计注重效率,尽量简单——这是任何自然系统本身固有的特征。同时,自然系统的众多特征是在整合(相互关联,不可或缺)的条件下才可以正常运作的。

(3)整合设计看中设计过程。整合设计的过程采纳自然系统中生物学和生态学的经验,将其应用于为人类设计的建筑环境中。

现代建筑设计思想是以满足人们单方面的需求和降低生产成本为目的的,忽视了生产过程中的资源消耗和环境效益;而生态建筑的设计理念是将资源与环境作为两个基本条件,并以这两个基本条件为参数对整个设计过程进行重新分析,以此确定建筑的最后形式。所以说生态建筑的设计方法与正统的现代建筑设计方法的不同在于它在经济和功能的合理性基础上增加了环境与资源这两个重要的参数,使建筑设计具有"功能—经济"和"环境—资源"并重的双重目标。

1.2.3　在发展中国家发展生态建筑的迫切性

随着近几十年来地区性环境污染和全球生态环境恶化的加剧,在国际上,绿色生态建筑不再是"发达国家建筑师的玩意儿",在许多发展中国家也得到了广泛采用。再者从全球可持续发展的观点来看,绿色生态建筑代表了 21 世纪的发展方向,于是发展绿色生态建筑变得尤为重要和迫切,尤其对于发展中国家而言更为迫切。但是绿色生态建筑要在发展中国家推行和发展需要从以下几个方面进行分析。

1. 应加强对生态环境的认识,形成以"环境为中心"的社会思想

"里约宣言"曾指出,为今后世代的发展和环境方面的需要,为保存、保护和恢复地球生态的健康和完整进行合作,各国应本着全球伙伴精神,在追求可持续发展的国际努力中担负应有的责任。生态环境问题不是某一小区、一个城市或国家的问题,有些生态小环境通过一些努力是可以改善和提高的,但大的生态环境的改善与资源的利用不是靠某一地域的改善而能达到目的的,必须靠人类的共同意志。

2. 应根据各发展中国家的实际情况进行绿色生态建筑的建设

由于发展中国家的经济技术水平远不及发达国家,因而不能盲目地效仿发达国家的高科技绿色生态建筑。当发展中国家受到经济、技术限制,无法采用"高技术"时,就要想办法通过改进传统地方技术来达到实现"绿色"生态建筑的目的,如生土建筑。再者,生态建筑倡导技术的适宜性和地方性,提倡不同层次的技术应适应不同的地域条件来产生不同类型的生态建筑。比如在发展中国家或地区,传统建筑是在特定地域环境中形成的建筑体系,它与特定的气候、地理条件等自然生态条件相适应,具有功能、技术以及形式的合理性。所以,应采用生态优先原则对不同地方的生态建筑进行不同的建设。

3. 对建筑师在建筑设计中的要求

建筑师要以生态的观念、整合的观念,从整体上对建筑进行先从中、低技术开始的构思,如节能技术、通风技术等。再者,建筑师应以建筑设计为着眼点,全面考虑生态建筑的主要特征,如:利用太阳能等可再生能源,注重自然通风,自然采光与遮阴,为改善小气候采用多种绿化方式,为增强空间适应性采用大跨度轻型结构,水的循环利用,垃圾分类、处理以及充分利用建筑废弃物等,能真正在建筑的整个过程中起到统帅作用。

1.3 绿色生态建筑国内外发展现状

1.3.1 国外绿色生态建筑发展历程

20 世纪 60 年代,美籍意大利建筑师保罗·索勒瑞(Paola Soleri)把生态学(ecology)和建筑学(architecture)两词合并为"arology",提出了著名的"生态建筑"的新概念。

20 世纪 70 年代,石油危机的爆发,使人们清醒地意识到,以牺牲生态环境为代价的高速文明发展史是难以为继的。耗用自然资源最多的建筑产业必须改变发展模式,走可持续发展之路。太阳能、地热、风能、节能围护结构等各种建筑节能技术应运而生,节能建筑成为建筑发展的先导。

20 世纪 80 年代,节能建筑体系逐渐完善,并在英、法、德、加拿大等发达国家广为应用。同时,由于建筑物密闭性提高后,室内环境问题逐渐凸现,不少办公楼存在严重的建筑病综合征(SBS),影响楼内工作人员的身心健康和工作效率。以健康为中心的建筑环境研究成为发达国家建筑研究的热点。

1992 年巴西的里约热内卢"联合国环境与发展大会"的召开,使"可持续发展"这一重要思想在世界范围达成共识。生态建筑渐成体系,并在不少国家实践推广,成为世界建筑发展的方向。

30 多年来,绿色生态建筑由理念到实践,在发达国家逐步完善,一些发达国家还组织起来,共同探索实现建筑可持续发展的道路,如:加拿大发起的"绿色建筑挑战"(GREEN

BUILDING CHALLENGE)行动,大力推行新技术、新材料、新工艺,实行综合优化设计,使建筑在满足使用需要的基础上所消耗的资源、能源最少。日本颁布了《住宅建设计划法》,提出"重新组织大城市居住空间(环境)"的要求,满足 21 世纪人们对居住环境的需求,适应住房需求变化。德国在 20 世纪 90 年代开始推行适应生态环境的住区政策,以切实贯彻可持续发展的战略。法国在 20 世纪 80 年代进行了包括改善居住区环境为主要内容的大规模住区改造工作。瑞典实施了"百万套住宅计划",在住区建设与生态环境协调方面取得了令人瞩目的成就。

　　绿色生态建筑技术集成体系是反映生态建筑发展的综合性指标,目前许多欧美发达国家已在生态建筑设计、自然通风、建筑节能与可再生能源利用、绿色环保建材、室内环境控制改善技术、资源回用技术、绿化配置技术等单项生态关键技术研究方面取得大量成果,并在此基础上,发展了较完整的适合当地特点的绿色生态建筑集成技术体系。不少发达国家根据各自的特点,还通过建造各具特色的绿色生态建筑示范工程展示其生态理念、生态技术及产品等大量研究成果,引领未来建筑发展方向,推动建筑的可持续发展。建筑形式包括办公楼、住宅、学校、商场等,比较典型的如:英国建筑科学研究院(BRE)的生态环境楼(environmental building)(图 1-1)和英国 Integer 生态住宅样板房(图 1-2),英国诺丁汉(Nottingham)税务中心(图 1-3),英国诺丁汉大学生态住宅楼(图 1-4),丹麦 KAB 咨询所设计的斯科特帕肯低能耗建筑(图 1-5),荷兰 Delfut 大学图书馆(图 1-6),美国扎克特普费尔剧场(图 1-7),日本多层太阳能住宅(图 1-8),比利时 3R 材料集中应用的典范 Recy-house(图 1-9),欧洲生态小区的典范——瑞典 Bo01(图 1-10),德国慕尼黑科学园(图 1-11),德国爱森的 RWE 办公楼(图 1-12),还有法国巴黎的联合国教科文组织(UNESCO)的办公楼,德国柏林的新议会大厦,德国旋转式太阳能房屋,法兰克福商业银行,柏林 Marzahm 区节能住宅,文德堡青年教育学院学生宿舍,丹麦科灵市郊区住宅开发项目,澳大利亚悉尼的奥林匹克村等等。这些示范建筑通过精妙的总体设计,将自然通风、自然采光、太阳能利用、地热利用、中水利用、绿色建材和智能控制等高新技术进行有机结合,充分展示了绿色生态建筑的魅力和广阔的发展前景。

图 1-1　英国 BRE 生态环境楼

图 1-2　英国 Integer 生态住宅样板房

图 1-3 英国诺丁汉税务中心

图 1-4 英国诺丁汉大学生态住宅楼

图 1-5 丹麦斯科特帕肯低能耗建筑

图 1-6 荷兰 Delfut 大学图书馆

图 1-7 美国扎克特普费尔剧场

图 1-8 日本多层太阳能住宅

图 1-9 比利时 Recy-house

图 1-10 欧洲生态小区的典范——瑞典 Bo01

图 1-11 德国慕尼黑科学园

图 1-12 德国爱森 RWE 办公楼

发达国家在近十年左右的时间里还开发了相应的生态建筑评价体系,通过具体的评估技术可以定量客观地描述生态建筑的节能效果、节水率、减少 CO_2 等温室气体对环境的影响、"3R"材料的生态环境性能评价以及生态建筑的经济性能等指标,从而可以指导设计,为决策者和规划者提供依据和参考标准。目前国外主要绿色建筑评价体系有以下几种。

1. 美国绿色建筑评估体系——LEED

LEED(leadership in energy and environmental Design)是美国绿色建筑委员会于 1998 年颁布实施的绿色建筑分级评估体系,综合考虑环境、能源、水、室内空气质量、材料和建筑场地等因素,这些都对建筑物的高性能表现起着关键影响。绿色建筑评估系统将会确保建筑物的实际建造能满足预期的设计和表现。LEED 是目前国际上商业化运作模式最成熟的绿色建筑分级评估体系。目前广为世界各国引用。

2. 英国——BREEAM

BREEA(building research establishment environmental assessment method)体系,是世界上第一个绿色建筑评估体系,由英国建筑研究所与 1990 年制定。BREEAM 体系的目标是减少建筑物的环境影响,体系涵盖了包括从建筑主体能源到场地生态价值的范围。BREEAM 体系关注于环境的可持续发展,包括了社会、经济可持续发展的多个方面。这种非官方评估的要求高于建筑规范的要求,有效地降低了建筑的环境影响。如今,在英国及全世界范围内,BREEAM 体系已经得到了各界的认同和支持。

3. 荷兰绿色建筑——GreenCalc

随着荷兰建筑评估工具 GreenCalc 的出现,1997 年,荷兰国家公共建筑管理局有了"环境指数"这个指标,它可以表征建筑的可持续发展性。建筑评估工具 GreenCalc 是基于所有建筑的持续性耗费都可以折合成金钱的原理,就是我们所说的"隐形环境成本"原理。隐性环境成本计算了建筑的耗材、能耗、用水以及建筑的可移动性。GreenCalc 正是按这些指标计算的。

4. 澳大利亚绿色建筑评估体系——NABERS

1999 年,ABGRS(Australia building greenhouse rating xcheme)评估体系由澳大利亚新南威尔士州的 Sustainable Energy Development Authority(SEDA)发布,它是澳大利亚国内第一个较全面的绿色建筑评估体系,主要针对建筑能耗及温室气体排放做评估,它通过对参评建筑打星值而评定其对环境影响的等级。

5. 我国香港地区——HK－BEAM

《香港建筑环境评估标准》在借鉴英国 BREEAM 体系主要框架的基础上,由香港理工大学于 1996 年制定。它是一套主要针对新建和已使用的办公、住宅建筑的评估体系。该体系旨在评估建筑的整体环境性能表现。其中对建筑环境性能的评价归纳为场地、材料、能源、水资源、室内环境质量、创新与性能改进六大评估方面。

6. 德国——DGNB

GERMAN SUSTAINABLE BUILDING CERTIFICATE,德国可持续建筑认证体系,由德国可持续建筑委员会(DGNB)组织德国建筑行业的各专业人士共同开发。DGNB 覆盖了建筑行业的整个产业链,并致力于为建筑行业的未来发展指明方向。其 2008 年版仅对办公建筑和政府建筑进行认证。其 2009 年版将根据用户及专业人员的反馈进行开发。

7. 法国——HQE

High Environmental Quality,法国高环境品质评价体系。该体系致力于指导建筑行业在实现室内外舒适健康的基础上将建筑活动对环境的影响最小化。

8. 英国——Zed Factory

零能耗开发项目给住宅协会提供了联合的建造可持续发展社区的方法,它以一种对环境无害的零碳设计,给住宅建造方提供了联合的建造可持续发展社区的方法,零能耗开发的标准住宅类型的人性化设计方法,增加了住宅的舒适性。零能耗建筑以就地取材、建筑产品的标准化以及对环境低影响的绿色生活方式使得零能耗建筑开发。

1.3.2 我国绿色生态建筑发展现状

继 1972 年斯德哥尔摩联合国人类环境会议之后,环境保护日益引起国人关注,并广泛开展环保运动,以促进人与自然友好相处;1994 年,根据当时我国实际情况,我国政府颁布实施了《中国 21 世纪议程——中国 21 世纪人口、环境与发展白皮》,提出促进人口、经济、社会、资源与环境和谐相处,实现可持续发展;1996 年,国家环保局一方面采取措施控制污染物排放量,另一方面提出了以治理淮河、海河、辽河为重点工作的"中国跨世纪绿色工程计划";同年及 1998 年,"绿色建筑体系研究"以及"可持续发展的中国人居环境研究"分别被纳入到国家自然科学基金资助重点课题项目;2000 年国家出台《建筑节能技术政策》;2001 年,建设部明确提出了绿色生态小区理念;同年,《中国生态住宅技术评估手册》出台。

2006 年是我国绿色建筑发展重要的一年,首先国家确定 2006—2010 国民经济五年规划,"绿色建筑"被定为城镇化发展的核心内容;随后国家标准《绿色建筑评价标准》(GB/T50378—2006)颁布,2008 年第一个绿色建筑评价标识获得通过,这标志着我国绿色建筑发展已经全面展开。

2013 年 1 月 1 日,国务院办公厅以国办发[2013]1 号转发国家发展和改革委员会、住房和城乡建设部制订的《绿色建筑行动方案》。

2014 年 1 月 8 日,住房城乡建设部发布《绿色保障性住房技术导则》,为贯彻绿色建筑行动方案,提高保障性住房的建设质量和居住品质,规范绿色保障性住房的建设。

2015 年 1 月 1 日,新国标《绿色建筑评价标准》(GB/T50378—2014)正式实施,新国标"要求更严格、内容更广泛",这也意味着新标准会进一步规范绿色建筑行业的市场,使绿色建筑品质提升至更高的水平,从 2015 年的评审情况来看,新标准整体反响较好。

2015 年 4 月 8 日获得批准的《绿色商店建筑评价标准》(GB/T51100—2015),自 2015 年 12 月 1 日起实施,2015 年 12 月 3 日获得批准的《既有建筑绿色改造评价标准》(GB/T51141—2015)和《绿色医院建筑评价标准》(GB/T 51153—2015),两部标准均自 2016 年 8 月 1 日起实施。详见表 1-1。

表 1-1 绿色生态建筑相关标准汇总

颁布时间	标准名称
2001 年	《中国生态住宅技术评估手册》
2006 年	GB/T50378《绿色建筑评价标准》
2010 年	JGJ/T229—2010《民用建筑绿色设计规范》
2010 年	GB/T50640—2010《建筑工程绿色施工评价标准》
2013 年	GB/T50878—2013《绿色工业建筑评价标准》
2013 年	GB/T50908—2013《绿色办公建筑评价标准》
2014 年	GB/T50378—2014《绿色建筑评价标准》
2014 年	GB/T50905—2014《建筑工程绿色施工规范》
2015 年	GB/T51153—2015《绿色医院建筑评价标准》
2015 年	GB/T51100—2015《绿色商店建筑评价标准》
2015 年	GB/T51141—2015《既有建筑绿色改造评价标准》
2016 年	GB/T51148—2016《绿色博览建筑评价标准》
2016 年	GB/T51165—2016《绿色饭店建筑评价标准》

2016 年 2 月初,国家发展改革委和住房城乡建设部两部委联合印发了《城市适应气候变化行动方案》,该方案指出,"提高城市建筑适应气候变化能力,积极发展被动式超低能耗绿色建筑"。发改委就该方案表示,到 2020 年,我国将建设 30 个适应气候变化试点城市,典型

城市适应气候变化治理水平显著提高,绿色建筑推广比例达到50%。

截至2015年12月底,全国已评出4071项绿色建筑标识项目,总建筑面积达到4.72亿 m^2,其中设计标识3859项,建筑面积为4.44亿 m^2;运行标识212项,建筑面积0.28亿 m^2。2008年到2015年我国绿色建筑数量如图1-13所示。

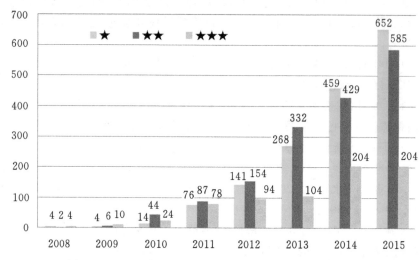

图1-13　2008年到2015年我国绿色建筑数量增长曲线图

由图1-13可以看出,在经历了2006—2008浅绿阶段、2008—2010深绿阶段后,我国绿色建筑发展进入了泛绿阶段,绿色建筑项目有了爆发式增长,前两个阶段绿色建筑数量从没有到82个,而泛绿阶段直接从82个增长到1533之多,这标志着我国绿色建筑已经找到了自己的发展模式,由最初的政府调控逐渐转变成市场行为。

1.4　西北地区绿色生态建筑发展概况

1.4.1　西北地区气候特征

西北地区包含陕西、甘肃、青海、宁夏、新疆五省,是七大地理分区之一。该区域深居内陆,距海遥远,再加上地形对湿润气流的阻挡,本区仅东南部为温带季风气候,其他区域为温带大陆性气候,冬季严寒而干燥,夏季高温,降水稀少,自东向西递减。由于气候干旱,气温的日较差和年较差都很大。该区大部属中温带和暖温带。吐鲁番盆地为夏季全国最热的地区。托克逊为全国降水最少的地区。

在建筑气候分区中,西北地区大部分地区属于严寒A、严寒B以及寒冷地区,只有陕西的部分区域属于夏热冬冷地区。

针对严寒和寒冷地区气候特征,该地区建筑物应满足冬季保温、防寒、防冻等要求,同时夏季部分地区应兼顾防热。建筑设计必须考虑气候适宜性,要因地制宜、量体裁衣,针对不同气候特征进行针对性的绿色生态设计。

具体说来,严寒A类地区的节能设计要点是保温防寒、降低冬季采暖能耗,因为此类区域夏季基本不用制冷。严寒B类地区则需重点设计保温,降低冬季采暖能耗,适当兼顾夏季制冷,比如采用一些遮阳措施降低夏季空调制冷能耗。寒冷地区冬季夏季能耗接近 1：1,则必须二者兼顾设计。

1.4.2 西北地区绿色建筑发展情况

截至 2015 年 12 月,4071 项绿色建筑标识项目按行政区分布,由于经济发展水平,气候条件等因素,江苏、广东、上海、山东等省市绿色建筑标识项目数量和项目面积较多。值得一提的是因为政府的足够重视,陕西省的绿色建筑项目总量位于全国第五。如图 1-14 所示。

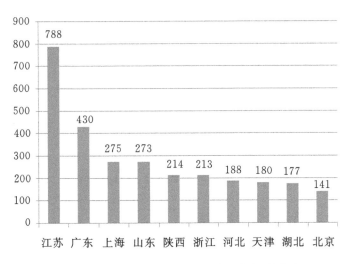

图 1-14 绿色建筑评价标识行政区分类(前十名)

将绿色建筑项目按照气候分区分类,严寒地区共计 219 项,建筑面积 3026.33 万 m^2;寒冷地区 1243 项,建筑面积 1.51 亿 m^2;夏热冬冷地区 1910 项,建筑面积 2.13 亿 m^2;夏热冬暖地区 660 项,建筑面积 7161.30 万 m^2;温和地区 39 项,建筑面积 596.17 万 m^2。如图 1-15 所示。

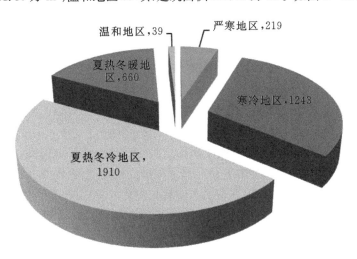

图 1-15 绿色建筑评价标识气候区分类

虽然陕西省绿色建筑数量位于全国前五,但是因为经济发展水平、地域等因素,西北地区绿色建筑的发展不均衡,甘肃、新疆、青海以及宁夏等四省(区)累计完成的绿色建筑项目都排在全国末尾。如图1-16所示。

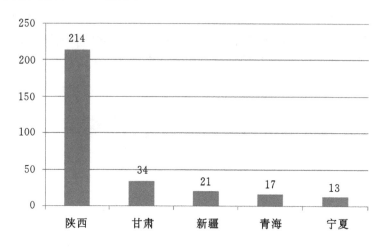

图1-16　西北地区绿色建筑评价标识统计

1.4.3　西北地区绿色建筑案例分析

1. 西安超低能耗办公建筑

西北地区虽然经济相对落后,但也有一些出色的绿色建筑案例,如中联西北工程设计研究院绿色建筑研究所设计的西北地区第一个绿色建筑——三星级设计＋运行＋LEED金奖项目——陕西省科技资源中心。

该项目位于西安市,总建筑面积45171.64m²。在项目研发初期,设计团队进行了大量的调研,克服了当时国内缺乏大型综合性绿色节能建筑的困难,提出了"开源节流"的超低能耗建筑技术路线,将"节省资源、节约能源、保护环境、以人为本"的生态理念贯穿建筑设计始终,确定为将资源中心建设成集绿色、节能、生态、低碳于一体的科技示范建筑。设计团队总结出适宜于西北地区气候特征的绿色建筑技术策略——以建筑的体型、构造、遮阳措施改善建筑的物理环境,利用大地资源作为冬季采暖和夏季制冷的主要能耗来源,力求最大限度地降低建筑的主要能耗,并辅助其他节能技术,如节材、节电、节水、太阳能利用等技术,来减少建筑对环境的影响。

最终该项目绿地率为41%,透水地面面积比为46.9%,地下建筑面积与建筑占地面积比例为257%,单位建筑面积总能耗为38.28kWh/(m²·a),土壤源热泵作为空调冷热源负荷冬季为100%,夏季为60%;光伏发电占总电耗比例为3.6%,可再生能源产生的热水比例为100%,节能率达73.09%。每年非传统水源利用率为41.73%,可再循环材料利用率达11.25%。

2. 陕北窑洞

中国工程院院士、西安建筑科技大学刘加平教授科研团队多年来系统开展"西部低能耗建筑"研究并应用于实践,取得了巨大的经济效益、社会效益和生态效益。他们完成的西部典型低能耗建筑工程示范超过 100 万平方米,每年直接节约能耗约 5500 吨标煤,减少二氧化碳排放约 16000 吨。

刘加平团队为了把窑洞这一地域特色浓郁的传统民居发展成新的建筑时尚,1996 年开展了"黄土高原绿色窑洞民居建筑研究"课题,运用绿色建筑原理对传统窑洞进行创新改造。他们综合分析了传统窑洞的优缺点,采集了大量科学数据,成功设计出了新型窑洞。

新型窑洞以天然石材为基本建材,减少了制砖的能源消耗和污染。室内卧室、客厅、餐厅、厨房、洗浴室等一应俱全。室外增设阳光房以改善室内热环境,并采用大玻璃窗改善了室内采光条件。窑顶增加了太阳能热水器,设计了采用地热、地冷的通风空调系统,洗澡、取暖、制冷均不采用电力而是充分利用自然条件。新型窑洞还将延续了几千年的一层结构改造为二层结构,从而大量节约了土地。如今,延安的新型绿色窑洞不但带动了当地旅游业的发展,也深刻地影响和改变着当地人的生活观念(见图 1-17)。2006 年,"黄土高原绿色窑洞民居建筑研究"课题荣获联合国"世界人居奖"。

图 1-17 陕北窑洞

3. 新疆被动式节能建筑

一座名叫"幸福堡"的"被动式"节能建筑在新疆维吾尔自治区首府乌鲁木齐市开建。这座与众不同的综合楼由我国与德国合作建设,是西北地区第一个"被动式"建筑(见图 1-18)。

被动式节能建筑采用封闭式建筑方式,隔热性能好,在不主动引入外界能源如电力、石油等的基础上,最大限度地依靠设计和技术减低能耗,实现建筑的隔热与保温,自动控制室内温度的降低与升高。冬天仅用太阳能、室内电器的散热以及居住者的体温即可保暖,不需暖气;夏天则利用可以制冷、降温的特殊通风装置,免去空调。

乌鲁木齐市多数建筑采用的外墙保温层厚为 12 厘米,但"幸福堡"的保温层厚度可达 30 厘米。同时,整个外窗的传热系数只有 0.7~0.9。建筑物的体型简单紧凑,减少建筑物与大气的接触面积,利用建筑的朝向和朝南的窗户吸收太阳能。据介绍,"幸福堡"综合楼的成本将高出普通建筑物 30%,但能耗将比普通建筑物降低 85%,可通过采暖等能耗的节约收回成本。乌鲁木齐市 2003 年前的居民建筑物基本不是节能建筑,2003—2009 年强制执行新建筑物达到 50％的节能标准,2009 年至今的居民建筑物执行的是 65％的节能设计指标,而被动式建筑更具节能效果。

图 1-18　新疆被动式节能建筑

4. 银川零能耗别墅

银川零能耗别墅也是绿色建筑案例的典范。为实现尽可能减少建筑物能源使用量的目标,建筑朝向为南向,最大限度地吸收太阳能量。全部采用超低能耗建筑围护结构,减少建筑热损失;同时安装能耗低、效率高的电器产品;北面做绿化屋面,以减少热辐射。项目采用多种可再生能源利用措施,如太阳能草坪灯、风光互补庭院灯、家用风力发电机、太阳能光电光热系统等。空调系统选择地源热泵加毛细管辐射系统,同时太阳能光热在冬季为空调系统提供一定的热水。如图 1-19 所示。

通过超低能耗围护结构设计以及高效低能耗的中央空调系统,使得这里建筑物的电力和热能需求只有普通建筑的 10％,通过可再生能源发电完全能够满足这 10％的建筑能耗。

银川地区属太阳能富集地区,所以别墅南向屋面铺设太阳能光伏系统和太阳能光热系统,总铺设面积为 80m²,集热器面积按照 20m² 设计。别墅内按四人计算,满足每人每日热水用量为 110L,每日热水总用量 440L。光伏总发电量估计为 6kw。

项目为实现零能耗,具体措施如下:

(1)超低能耗围护结构设计[外墙传热系数小于 0.2w/(m²/k),外窗传热系数小于 1.5w/(m²/k)]。

(2)室内采用自然通风设计(无需能源消耗)。

(3)暖通空调采用地源热泵+毛细管网辐射系统(20W/m²)。

(4)照明系统采用 LED 节能照明灯具(5W/m²)。

(5)节能家用电器(15W/m²)。

某项目其他设计满足以上规定后,通过计算得出建筑单位面积能耗为 40w/m²,也就是说只需补充 40w/m² 的可再生能源发电量即可使建筑接近并达到零能耗。公式如下:

$$Q = A(a+b+c)$$

式中:Q 为建筑总能耗;

　　A 为建筑面积;

　　a、b、c 分别指单位面积采暖空调能耗,照明能耗以及室内家电能耗。

以 200m² 单体建筑为例,如完全按照以上策略进行设计,通过上述公式可以得出 Q 为 8KW。为接近并达到零能耗,则需补充一个 5KW 的风力发电机以及 20m² 的光电板。如照明系统改为普通照明,b 变为 10W/m²,则 ($a+b+c$) 为 45W/m²,同样以 200m² 单体建筑为例,Q 为 9KW,为达到零能耗,风力发电机功率不变,光电板敷设面积需变为 25m²。

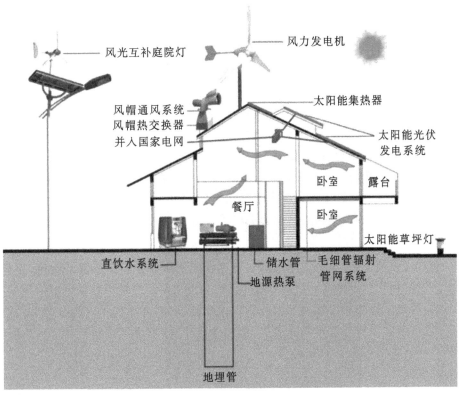

图 1-19　银川零能耗别墅

第2章 绿色建筑室外环境

室外环境是实现绿色建筑的重要环节,合理地调节和处理建筑室外环境,可以有效减少建筑能耗。室外环境影响建筑能耗的核心在于场地设计、景观设计以及建筑体形系数。场地设计应从最初的场地选址开始,不同的地形地貌会影响建筑室外热环境和建筑能耗;选址后的总体布局应有意识地组织自然通风,充分利用太阳能,从宏观方面控制建筑能耗;而建筑单体的朝向应该从日照和通风方面来确定,确保建筑的日照时间和通风要求,避免冬季风向直吹、夏季热辐射过大等问题。景观设计应从绿化、铺地、水景三方面着手:适宜的植物、科学的布置能够有效减少风和热对建筑的不利影响,进而降低建筑能耗。合理的铺地设计,既能保证雨水的渗透,又能为建设"海绵城市"做出贡献。水景设计则应该根据不同区域做不同的处理,雨水充足的区域对雨水的利用和疏导,能改善建筑区的小气候,避免水涝;雨水缺少地区应加强雨水的收集利用,改善环境,减少资源消耗。第三个方面,体型系数对建筑能耗有着至关重要的影响,从绿色节能的角度考虑,建筑设计应合理降低体型系数。

2.1 场地设计

建筑场地设计得当与否会直接影响节能建筑的效果,同时对使用者的舒适以及建筑的性能也有着重要的影响。场地可以通过设计及构筑物等的配置来改善其微气候环境,充分发挥有益于提高节能效益的基地条件,避免、克服不利因素。节能建筑的总平面设计有广泛的余地和发展前景。总平面设计的节能意识是注重建筑与基地条件协调过程中对微气候环境的尊重,通过建筑设计手法达到节能的目的。

通常在进行场地设计之前,需要收集有关的基础资料,并对基地的现有特征和限制条件进行评估和分析。一般建筑场地设计要考虑的因素很复杂,其中与节能相关的包括地形、植被、太阳辐射、风和现有建筑等。这些因素共同创造了微气候。如果建筑师在场地设计中考虑了场地的自然条件及微气候,空间就会更加舒适、高效,并且也会更加充满趣味。

2.1.1 设计原则

场地包容在自然之中,基地及其周围的自然状况从诸多方面如不同的程度、不同范围、不同的方式对场地产生着影响。场地自然条件的分析主要是在地形地貌、气候、地质和水文等几个方面,充分了解他们与场地建设的制约关系,因地制宜地利用一切有利的自然条件、回避其不利影响,合理地利用和改造自然、达到自然环境和场地的协调和统一,从而创作出完善的场地设计方案。

1. 自然气候

气候和小气候条件是基地条件的重要组成部分。气候条件对场地设计的影响很大,在不同气候类型的地区会有不同的场地设计模式,这也是形成不同地方特色场地的原因之一。例如,我国从南到北,四合院民居的空间形式和尺度的变化,就十分明确地说明了气候的变化对传统场地布局的影响。而小气候是场地受到周围地形、植被状况、建筑情况等一些因素的影响,其内部的具体气候会在地区整个气候条件的基础上有所变化,形成特有的小气候。气候与小气候长期影响着人们的生活、行为,并形成不同的习惯,因此就会对场地功能的组织、景观绿化的形式,建筑的布置与组合方式、空间形态、保温隔热、通风组织产生影响。所以设计结合气候对于绿色场地能源节约、生态保护会有重要的影响。结合气候设计的原则如表2-1所示。

表2-1 气候设计原则

序号	设计原则
1	利于建筑保温隔热
2	场地内部通风组织
3	充分利用太阳光照
4	控制场地内部太阳辐射

1. 地形地貌

场地范围的地形是指有场地总体的坡度情况、地势走向变化、起伏的情况等组成的有"形"可见基地特征。不同的地形条件,对于场地的功能布局、空间形态设计、道路走向、管线布置等都有一定的影响。这种影响作用的强弱会根据地形自身变化而不同,一般来说,地形变化较小,地势较平坦时,对场地设计的影响力是较弱的,这时设计的自由度也较大;但随着地形变化幅度的增加,它的影响力会逐渐加强,当坡度较大,场地内各部分起伏变化较多,地势变化较复杂时,地形对于场地设计的制约就会十分明显了。(见图2-1)

图2-1 地形

由于建造工程中,必须对现有场地进行平整,以为场地、建设提供需要的合适的地表面。如果要大幅度改变基地的原始地形,势必会造成土方量的增加,将会加大项目工程量,使建设成本及因大面积土方开挖所需的资源、能源消耗也相应地大为提高。而且大幅度地改变地形必将破坏基地及周围环境的自然生态状况,造成生物生存环境的破坏、地表植物消失、景观绿化的恶化等等。其中最严重的情况就是侵蚀,这种情况下可能会污染到临近的水循环系统,造成河流、湖泊的污染,以及飞尘造成的空气污染。绿色场地设计对于自然地形应该以适应和利用为主。

地貌是基地的表面特征,一般包括土壤、岩石、植被、水面等方面的情况:土壤裸露程度、植被稀疏或茂盛、植物的种类、岩石和水面的有无等,是基地的风土特色的体现,也反映着它

的生态状况。地表类型影响着场地的热稳定性、湿度、地面反射性能；植被影响湿度和空气流动及景观。（图 2-2）

图 2-2 地貌

土壤的表层土是植物生长的媒介，而植被是土壤和气候条件的有用标志，植被的存在有利于良好生态的形成。所以在场地设计中应尽量保留原场地中生长的植被，或者在场地建造活动结束后的景观恢复时选择最适合的植物种类，一般选用当地植物是最有利、最安全的，而新物种的选择有时候反而会造成原生态系统灾难性的破坏，有研究表明，物种灭绝有半数的原因是由于非本土种植引起的栖息地破坏所造成的。另外在建造活动中，由于植被的存在，增加场地表面的粗糙程度，可以减少雨水流经造成的侵蚀、沉积、水土流失等不良影响，还可以减小场地风速，预防尘土造成的空气污染。另外如果场地内部或者周围有一定规模的水面，如河流、湖面、溪水、池塘等，一般来说都是场地极有利的一种资源。不仅会丰富场地内的景观环境，而且对于调节场地小气候能发挥重要的作用。见表 2-2。

表 2-2 地形地貌与场地设计原则

序号	设计原则
1	尽量减少对场地的扰动和开挖区域的面积，以减轻对场地的影响
2	尽可能保留场地原有的地形和特征
3	外观更贴近自然的户外空间在视觉上是最令人感兴趣、最吸引人的
4	场地布局应避开有价值的树木、水体、岩石等等

场地的人工环境是相对于自然环境而言的。简单来说，人工环境即人工修建而成的环境，主要包括场地内外已经存在的建筑物、道路、广场等构筑设施以及给水、排水、电力管线等公用设施。这些已经存在的构筑物及公用设施是体现对场地现状利用与布局结构的决定因素。

3. 场地内部

通常情况下，我们遇到的场地往往处于城市环境中。他们通常已经经过人工建造，所以场地中会存在已建成建筑物、道路、硬地、地下管线等一些内容。这时场地内部的条件就不仅仅只是它的自然条件了,还包括原来建设所遗留的内容,即经过原来建设的"建设现状",这也是场地的重要组成部分,他们不可避免地对场地产生影响。场地设计时,对这些内容要进行仔细的分析研究,对于有利用保留价值的部分应采用保留、保护、利用、改造与新建部分相融合的办法,这也是节约投资、减少浪费并且一定程度上延续城市历史的可持续发展办法。

4. 场地周边

场地处于城市之中,是城市环境的一个组成部分。所以对于场地本身而言,周围环境则是其使用的重要背景。因此场地周围的人工建造环境对于场地设计也是很重要的影响因素之一。概括起来这些环境条件可以分成四个方面:场地外围的道路交通条件、场地邻近建筑状况、场地所处的城市环境整体的结构和形态、场地附近所具有的一些特殊的城市元素(城市公园、公共绿地、城市广场、城市标志建筑等)。这些内容不仅影响着场地内部的日照环境、风环境,还影响着场地功能分区、出入口布置、建造风格等方面。所以针对场地周围不同的人工影响因素我们应采取不同的措施来设计场地(表 2 - 3)。

表 2 - 3　人工环境设计原则

	城市整体性对场地设计的影响	场地周边对场地小气候的影响
影响因素	城市轴线、街道网络、场地整体轮廓、与周围建筑风格	场地周围的地形、建筑物、构筑物或绿化布置影响场地内的建筑采暖、降温和照明的负荷
具体措施	个体项目的建设应与城市整体建设的要求相一致,促使个体建筑和场地能与整体城市环境更好地融合	树冠茂密的高大落叶林,夏天茂密的树冠来遮阴,而风可穿过树干,到达场地(见图 2 - 3);北向高大建筑物则可阻挡寒风;避免大面积的硬质铺地白天吸收的热量流动到附近建筑

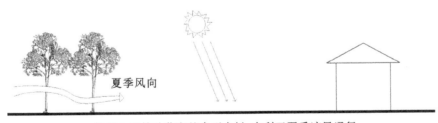

使用上面枝叶茂密的伞型大树,有利于夏季凉风通行

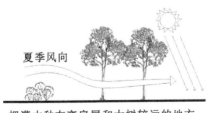

把灌木种在离房屋和大树较远的地方,助于夏季风向的流通

为了阻挡冬季的寒风,可以把灌木栽种在有大树和房屋之间。

图 2 - 3　场地小气候分析图

2.1.2 场地选址

建筑所处位置的地形地貌(如是否位于平地或坡地、山谷或山顶、江河或湖泊水系旁边)将直接影响建筑室内外的热环境和采暖制冷能耗的大小。西方建筑界流传着一句格言——"每个人都必须轻柔地触摸大地(each should touch earth lightly)",体现了建造者对场地的一种尊重态度,意味着在规划设计中不再是单纯地强调美观、人的舒适性和方便性的主观需求,而是更注重建筑的形式、布局及技术,要充分尊重基地的土地特征,使之对基地的影响降至最小。要实现绿色场地设计,选择场地既要适合项目建设又要利于发展,错误或者大意的场地选择可能会导致项目以后的不可持续发展。全面而周到的场地选择工作不仅有利于相邻地区的平衡与和谐,还有利于当前工程项目的进一步发展。

1. 基地的选择和控制措施

选择基地和确定功能是决定其他设计的基础。它们不仅影响到场地以后的运作状况,也关系到与之相联系的大环境质量。建造活动应尽量少地干扰和破坏优美的自然环境,并力图通过建造活动弥补生态环境中已遭破坏或失衡的地方。

场地建设属于城市建设的一部分,选址受到诸多因素的制约。应尽量在生态不敏感区,或对区域生态环境影响最小的地方选址。此外,土地的再划分、开放空间规划,甚至功能分区也应从充分考虑场地的自然特征入手,确定土地利用的粗略骨架,并以此决定道路、下水道、汇水区的形态。这种土地开发与自然形态的契合既是符合生态原则的举措,也是维系场地特征的有效途径。对于已确定的基地,应遵循一个重要的原则——尽可能尊重和保留有价值的生态要素,维持其完整性,使居住区像共生的生物那样,实现人工环境与自然环境的过渡和融合。

2. 坡地的选址

众所周知,山的南坡更加暖和,并且生长期最长。对大多数建筑类型而言,如果还有选择地理位置的余地,那么山的南坡仍然是最佳的选择。

由于太阳在冬天对山的南坡的照射最为直接,因此这里单位面积所接受的太阳能量也最多。又由于在山的南坡,物体投射到地面的阴影最短,因此,这里受到阴影的遮蔽也最少。这两个原因,使得山的南坡成为冬天里最暖和的地方。

图2-4为我们展示了山的各个方向在小气候方面的差异。在冬天,山的南坡获得的日照最多,因而最暖和,而山的西坡则是夏天最热的地方。山的北坡背对太阳,因而也最为寒冷,山顶则是刮风最多的地方。山脚地区一般比山坡上要冷一点,因为冷空气下沉后,都在那里聚积。气候条件和建筑类型共同决定了在丘陵地区最佳建筑地点的选择。

2.1.3 总体布局

建筑的总平面布局,应强调空间的通透与开敞。结合地形特点,增加开敞空间;合理配置绿化,有意识组织自然通风和减少热量辐射;充分利用太阳能,以达到降低能耗、改善人居环境的目的。总平面布局应主要从以下几个方面加以考虑。

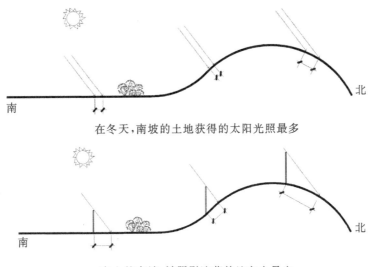

在冬天,南坡的土地获得的太阳光照最多

在山的南坡,被阴影遮蔽的地方也最少

图 2-4　山地小气候分析图

1. 日照

城镇建设中,往往由于建筑布置不当,四周的建筑物相互遮挡,虽然朝向选择得较好,但房间内仍得不到需要的阳光辐射。因此在设计时,必须在建筑物之间,留出一定距离,以保证阳光不受遮挡,而直接照射到房间内。这个间距就是建筑物的日照间距。目前我国《城市居住区规划设计规范(GB 50180-93)》对居住建筑的日照间距有严格的要求,常规建筑通常是根据冬至日正午的太阳高度角来确定建筑的日照间距。这种方法对于节约用地,并保证其冬季一定的日照时间,具有一定的实际意义。但对于以太阳辐射为热源而对冬季日照要求较高的被动式太阳能建筑来说,仅仅满足常规的日照要求是不够的。

南向设置集热面的住宅间距要求:普通房屋的日照间距计算习惯于取底层窗台为计算点。但对于被动式太阳能建筑而言,关心的不仅仅是由窗户进入室内的阳光多少,而是整个南向集热面所接受的太阳辐射热的多少,因此应将计算点取在墙面集热面下边沿处。太阳能建筑利用南向墙面作为集热面收集太阳能辐射。南墙的太阳辐射在整个冬季不希望被其他住宅遮挡,在这种情况下建筑密度很低。

2. 通风

建筑总体环境布局应组织好自然通风,尽量避免房屋相互阻挡自然风的流动。建筑布置应迎向当地夏季主导风向。根据不同的通风角度,留出足够的通风距离。若成群体布置,宜使建筑群体与主导风向成 30°~60° 的角度,避免产生涡流区,以妨碍下风向建筑通风。宜采用前后错列、前低后高等方式,以提高其通风效益。一般建筑群的平面布局有行列式、错列式、斜列式、周边式等。从通风的角度来讲,以错列、斜列式较行列式、周边式为好。在坡地、盆地、水体岸边、林地周围,应充分利用当地山阴风、顺坡风、山谷风、水陆风、林源风等小气候风向与气流。

建筑高度对自然通风也有很大的影响。高层建筑对通风有利。高低建筑物交错地排列有利于自然通风。在区域设计的建筑单体组织和道路网布置时，为了加强建筑群体间的通风效应，特别是随着夏季空调用户的增多，排放到建筑群内的余热也越来越多。为了将这部分热量很快地带走，可以采取"导风巷"方式。

表 2-4 建筑群体设计时形成有效的导风巷应注意的问题

巷道性质	注意事项
巷道的连续性	导风巷作为空气流动的"虚设"管道主体，必须连续、流畅
巷道的平壁性	沿导风巷两侧的建筑设计尽量避免有凹凸的立面不平，并使两侧建筑立面（单体之间）有良好的整体相连
巷道的方向性	区域和建筑设计应使其起"风道作用"的巷道方向与夏季主导风向一致，以使尽量多的风沿巷道向前流动
巷道的汇合性	为了适应室外气流方向的不确定性，将巷道设计成两个主导向，最后在热岛区汇合，这样可以提高巷道的导风效率

2.1.4 建筑朝向

选择并确定建筑整体布局的朝向是建筑整体布局首先要考虑的主要因素之一。朝向的选择原则是冬季能获得足够的日照，并避开主导风向；夏季能利用自然通风，并防止太阳辐射。"良好朝向"是相对于建筑所处地区和特定地段条件而言的，在多种因素中，日照、采光、通风是评价建筑室内空间环境的主要因素，也是确定建筑朝向的主要依据。

1. 日照采光

能否在冬天采集到温暖的阳光，以及在夏天避免骄阳炙烤，建筑物修建的方位和朝向对此有非常重要的影响。因此，首先应尽量避免东西朝向。受条件所限不能保证时，可采用锯齿或错位方式布置房间，以减少东西晒。同时可结合遮阳、绿化等措施来进一步减少西向热辐射强度。廊式空间、阳台空间的处理一方面可遮阳蔽日，以减少室内的热辐射；另一方面也满足了人与自然接触、对外交往的生理及心理需求，创造更好的人类居住环境。

建筑的大小、形状和方位可以加以调节，以获得最佳的采光遮阳效果。街道在大多数情况下都相当宽阔，因此常常最适合在东西走向的街道南面修建高楼、种植大树。如果没有开阔的空间，那么就在屋顶上安装朝南的高侧窗和屋顶太阳能采集装置，在屋顶上采集阳光。

建筑总体环境布置时，应注意外围护墙体的太阳辐射强度及日照时数，尽量将建筑布置成南北向或偏东、偏西不超过30°的角度，忌东西向布置。南侧应尽量留出开阔的在空间和尺度上许可的室外空间，以利争取较多的冬季日照及夏季通风。良好的朝向是单体建筑节能设计的第一步。房屋大面外墙的方位不同，所接收到的太阳辐射热量就不同，应根据当地太阳在天空中的运行规律来确定建筑的朝向。

2. 通风

为了夏季良好的通风,建筑间距必须让风能到达通风的开口。一般来说,不要将建筑布置在临近建筑和绿化的风影内。在大多数情况下,应避免密集的布局方式。地形、周围绿化和相邻建筑可以形成通道,将风导向建筑。在坡地上,上风向靠近山脊处的场地比较合适;应避免在谷底的场地建造,因为可能会减弱气流运动。在建筑密度较大地区,可以利用街道布局引导气流。如果建筑是成组布置,应该利用气流原则来决定最合适的布局方式。

当建筑垂直于主导风向时,风压最大(风压是引起穿堂风的原因)。然而,这样的朝向并不一定产生最佳的室内平均风速及气流分布。对于人体降温而言,目的是获得最大的房间平均风速,在房间内所有使用区域都有气流运动。

当相对的墙面上有窗户时,如果建筑垂直于主导风向,则气流由进风口笔直流向出风口,除在出风口引起局部紊流外,对室内其他区域影响甚小。风向入射角偏斜45°,产生的平均室内风速最大,室内气流分布也更好。平行于墙面的风产生的效果完全依赖于风的波动,因此很难确定。

如果相邻墙面上有窗户,建筑长轴垂直于风向可以带来理想的通风,但是从垂直方面偏离 20°~30° 也不会严重影响建筑室内通风。45° 入射角进入建筑的风比垂直于墙面的风在室内速度降低 15%~20%。这就允许建筑的朝向处在一个范围中,可以解决根据日照最佳朝向与通风的最佳朝向可能存在的矛盾。

2.2 景观设计

景观设计不仅仅是美观的问题,对环境的可持续性也有重要意义。树木、篱笆和其他景观元素,影响到与建筑密切相关的风和阳光,经过正确设计可以大大减少耗能,节约用水,控制像疾风和烈日之类令人不快的气候因素。节能的景观设计可以阻挡冬季寒风,引导夏季凉风,并为建筑遮挡炎夏的骄阳,也可以阻止地面或其他表面的反射光将热量带入建筑;铺地可以反射或吸收热量(这取决于颜色是深是浅);水体可以缓和温度,增加湿度;此外,树木的阴影和草地灌木的影响可以降低临近建筑的气温,并起到蒸发制冷的作用。

2.2.1 一般原则

使用什么样的节能景观设计手法主要由建筑场地所在的气候区域决定。不同地区的景观设计的原则如下。

干热地区:给屋顶、墙壁和窗户提供遮阳,利用植物蒸腾作用使建筑周围制冷,自然冷却的建筑在夏季应利用通风,而空调建筑周围应阻挡或使风向偏斜。

寒冷地区:用致密的防风措施避免冬季寒风,冬季阳光可以到达南向窗户;如果夏季存在过热问题,应遮蔽照在南向和西向的窗户和墙上的夏季直射阳光。

2.2.2 绿化设计

随着人们对生态环境的重视程度越来越高,环境绿化设计已经逐渐从仅仅停留在视觉欣赏的层面向关注生态调控功能转化。恰当的绿化设计具有美学、生态学和能源保护等方面的作用,可以改善微气候,减少建筑能耗。对于自然通风的建筑场地,绿化设计为建筑及其周围的室外开敞空间提供有效的遮阳,同时减少外部的热反射和眩光进入室内。植物的蒸发作用使其成为立面有效的冷却装置,并改善建筑外表的微气候。同时绿化也可以引导通风,或者在冬季遮蔽寒风,避免内部热量流失。

1. 绿化的作用

表 2-5 绿化的作用

1. 遮阳	树木:树冠足够遮蔽底层建筑屋顶的约70%的直射阳光,同时通过蒸腾作用过滤和冷却周围空气,降低制冷负荷,提高舒适程度。落叶树木的最佳位置在建筑的南面和东面。当树木冬季落叶后,阳光有助于建筑采暖。然而,即使没有树叶,枝干也会遮挡阳光,所以要根据需要种植树木。在建筑西侧和西北侧,利用茂密的树木和灌木可以遮挡夏季将要落山的太阳。
	藤蔓:在第一个生长期就能起到遮蔽作用。爬满藤蔓的格架或者种有垂吊植物的种植筒既可以遮蔽建筑四周、天井和院子,又不影响微风吹拂。有些藤蔓能附着于墙面,当然这样会损害木质表面。靠近墙面的格架可以使藤蔓不依附于墙体。只要它的茎不严重遮挡冬季阳光,就可以利用冬季落叶的藤蔓在夏季遮阳。常绿藤蔓可以在夏季遮阳,并且在冬季挡风。
	灌木:成排的灌木或树篱可以遮蔽道路。利用灌木或者小树遮蔽室外的分体空调机或热泵设备,可以提高设备的性能。为了空气流通,植物与压缩机的距离不要小于1m远。
2. 通风	湿热地区的景观设计要考虑通风,场地中的植物应能起到导风的作用。为了通风一般最好能将成排的植物垂直于开窗的墙壁,把气流导向窗口。茂密的树篱有类似于建筑翼墙的作用,可以将气流偏转进入建筑开口。
	注意避免在紧靠建筑的地方种植茂密低矮的树,因为它会妨碍空气流通,并增加湿度。如果建筑在整个夏季完全依赖空调,并且风是热的,就要考虑利用植物的引导使风的流通远离建筑。
3. 防风	防风林下风向的风速会降低,可以保护建筑和开敞空间免受热风或冷风的侵袭。它比建筑等坚固物体造价更低,并且吸收风能更为有效,因为坚固物体主要是使风向偏转。
	种植在北面和西北面茂密的常绿树木和灌木是最常见的防风措施。树木、灌木通常组合种植,这样从地面到树顶都可以挡风。在临近建筑的地方种植灌木和藤蔓可以创造出冬、夏季都能隔绝建筑的闭塞空间。
	在生长成熟的植物和建筑墙壁之间应留出至少30cm的空间。种植成坚固墙壁的常绿灌木和小树作为防风林,离北立面应至少有1.2~1.5m。然而为了夏季有空气流通,茂密的植物最好再远一些。寒冷地区如果有较大的降雪量,在防风植物的上风向应种植低矮灌木,可以在雪被吹到建筑之前把它挡下来。

2. 绿化的种类

在温和气候区的夏季,立面绿化能使建筑物的外表面比街道处的环境温度降低5℃之多,冬季的热量损失能减少30%。因此,我们在场地设计中应尽量采用多种绿化手段来改善居住环境。除了建筑物之间必须配置公共绿化地带外,还要辅助以阳台绿化、垂直绿化、屋顶花园、平台花园,以至将花木绿化引入室内庭院和房间,给人们一种亲近大自然的感觉。

1) 室外绿化

在夏季干热地区的室外,植物能使其周围的城市温度降低约1℃。能遮阳的树木,其树荫下的温度又能比周围温度再低2℃(图2-5)。因此在室外用绿色植物形成绿化环带,能调节温度和湿度,还能吸附灰尘,降低噪音,起到一个生态保护层的作用;同时,能减缓建筑物之间的不协调,遮挡有碍观瞻的建筑设施。我们应建好绿化环带、林荫带、引导树、绿地,使公共绿化带达到更高的水平。

2) 庭院绿化

研究表明,植物能吸收室内产生的二氧化碳,释放出氧气,调节空气湿度,同时能清除甲醛、苯和空气中的细菌等有害物,形成更为健康的室内环境。从传统民居的研究中我们可以看到,庭院绿化对满足人们生活习俗要求,点缀环境形成安静、有趣、富有个性的居住内环境具有特别的意义。

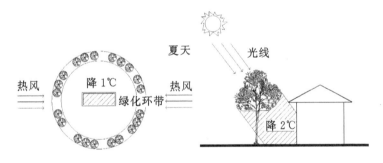

图 2-5　植物导风

3) 立体绿化

立体绿化含阳台、平台、屋顶绿化。立体绿化较好地解决了建筑用地与绿化面积的矛盾,加强建筑物与景观相互结合,相互作用。同时,立体绿化与地面绿化一样,通过植物新陈代谢的蒸发作用可以蒸发水分,从而控制和保持环境的温湿度,起到调节气候的作用。某些植物在7cm厚的砾石土和砂土中就能生长,耐寒植物能够在这样浅的土壤或腐植物的环境中成活。屋顶庭园甚至可以作为城市的农业,因为许多蔬菜只要在不到20cm厚的土壤中就可以生长。

这种立体绿化的方式还被用到高层住宅的设计中,使得在高层居住的人们在空中绿化的氛围里,与地面建立愉快的视觉联系,避免来自低层屋面反射的眩光和阳光的辐射热具有柔和、丰富和增强生命力的效果。而这种立体绿化对室外环境有较高的要求,严寒寒冷地区,冬季温度过低,容易冻土致使管道炸裂,所以因根据不同的区域合理利用。

3.树种的选择

树种的选择要考虑树冠的大小、密度和形状。要想在夏季阻挡阳光,而冬季让阳光能通过,那么就选用落叶树木。树冠伸展的高大落叶树种在建筑南面,在夏季能提供最多的荫蔽。要持续遮阳或者阻挡严酷的寒风,就要选用常绿树木或灌木。浓密的常绿植物如云杉,对冬季风能起到很好的阻挡作用。然而,在寒冷地区,靠近太阳能采暖建筑的南面不宜种树。因为即使是落叶树木,其树枝在冬季也会遮挡阳光。树冠低矮、靠近地面的树木更适合种在西面,可以遮挡下午低角度的阳光。如果只是想阻挡夏季风,就要选择枝叶更舒展的树木或灌木,它们对于早晨东面的阳光透过同样有利。在进行场地绿化设计之前应对场地中现有的植物进行认真评价,确定哪些能起到节能作用。场地上现有的植物比新栽的能更好地发挥作用,并且需要的维护更少。

2.2.3　铺地设计

建筑周围环境的下垫面会影响微气候环境,表面植被或水泥地面都直接影响建筑采暖和空调能耗的大小。现在大多数居住区中为了满足人类活动,建造了大量的坚固地面。这些不合理的"硬质景观"不仅浪费了材料、能源、财源,面且破坏了自然的栖息地。大多数传统的铺地总是将水从土壤中排除,想尽一切办法把地表水排走,使得地下水得不到补充。这种不渗透地面导致径流、水土的流失和爆发洪水的危险增加,并使土壤丧失生产肥力。铺地保持热量必然导致城市的"热岛效应",它还会带来不舒适的眩光以及粗糙、令人疏远的环境。建议采用透水性或多孔性的铺地,而且要在需要获得太阳热量的地方布置铺地。铺地的质感、形式和颜色,如果与主要的气候条件相配合,就可以减少或集中热量或眩光。应将铺地设计与种植和遮光结合在一起,以避免眩光和不需要的热量。

对于寒冷地区,在建筑周围恰当的位置铺地有助于加热房屋,延长植物的生长期。砖石、瓷砖、混凝土板铺地都有吸收和蓄存热量的能力,然后热量会从铺地材料中辐射出来。要达到这一效果,铺地材料不必一定是坚固的,也可以是混凝土板的碎片、鹅卵石等材料。

在炎热气候区,虽说部分辐射对采光是有利的,但眩光和太阳能的热通常会引起更为严重的问题。自然地被植物比裸土或人造地面反射率低,外形不规则的植物其反射率一般比平坦的种植表面低。如树木、灌木丛地面反射的太阳辐射量比草坪的要少。而诸如沥青等吸热材料在太阳落山后仍然辐射热量。因此,炎热地区应尽可能不在建筑附近使用吸热和反射材料,或使它们避免直射阳光的照射,以减少建筑周围吸收和蓄存的太阳热量。自然通风的建筑应注意避免在上风向布置大面积的沥青停车场或其他硬质地面。因此,建筑室外环境的铺地设计应注意两个问题。

1.铺地材料

铺地材料,多使用渗透铺装地面。渗透铺装地面能够保持水土,又可以美化城市硬质景观,其强度不低于传统的铺地。材料科学领域已经开始了以粉煤灰为主要原料,进行对可渗水铺地砖的研究。该研究利用火力发电厂的废渣——粉煤灰——为主要原料制造可渗水铺地砖,该砖能满足城市人行道路面硬化的强度和美观要求。且由于该方法制造的铺地砖具有较好的渗水性,有利于城市的水土保持和解决路面积水问题。

混凝土网格路面砖是一种预制混凝土路面砖。网格路面砖中间的孔洞可以增加雨水渗透量,降低暴雨时的水通流。网格路面砖也称为"植草砖",可以种植植被,从视觉上减缓了干硬混凝土原本呆板的视觉印象,同时具有良好生态效果。

2. 草皮

一段时间内,居住区环境设计出现了仿效西方大草坪的热潮。大片地面只种草,不种或少种树,而且热衷于种植外来品种。这样不仅丧失了宝贵的活动场地,而且从改善居住区生态环境的角度看也是不适宜的。正确的绿化种植方法如表2-6。

表2-6 正确的绿化种植方法

序号	正确的绿化种植方法
1	选用种植本地或经过良好驯化的植物。本地植物已经适应了该地区的自然条件,如季节性干旱、虫害问题以及当地的土壤土质。景观设计采用本地乔木、攀藤、灌木以及多年生植物不仅有助于保持该地区的生物多样性,也有助于维持区域景观特征。
2	最低限度地使用维护费用高昂的草皮。与其他种类的植物相比大多数的草皮需要投入更多的水、养护、药剂。而本地耐旱草皮、灌木丛、地铺植物以及多年生植物可以替代非本地草皮。
3	最低限度地采用一年生植物。一年生植物通常比多年生植物需要更多的灌溉,而且因季节种植而需要投入更多的劳动力和资金。多年生植物可以设计成多种类有机的组合,以确保开花周期交错,从而满足人们对色彩的长期需求。

2.2.4 水景设计

水体是居住区环境中重要的环境因子。水体与绿化的结合可以造就居住区良好的自然环境。良好的水环境能对居住区生态环境的形成发挥重要的作用。大面积的水面在蒸发过程中可以带走大量的热量,使周围微气候发生改变。在夏季,尤其是位于水面下风向的基地环境更能直接受益。因此,在节能建筑的总平面布置时应尽量使未来建筑位于湖泊、河流等水面的下风向,或布置于山坡上较低的部位,达到夏季降温目的。

同时,我们也应注意到我国是世界上13个最缺水的国家之一,而居住区环境建设用水大多是城市供应的可饮用淡水,资源的浪费与我国的缺水现状形成强烈的反差。所以我们在居住区环境建设中应有效收集和利用自然降水,促进地表水循环,营造居住区良好的生态环境。

1. 雨水储留再利用

雨水储留再利用技术指将雨水利用天然地形或人工方法收集储存,经简单处理后再作为杂务用水。雨水储留供水系统包括平屋顶蓄水池、地下蓄水池和地面蓄水池几种。平屋顶蓄水是指利用住宅等的平屋顶筑池蓄水。随着屋顶防水技术的解决,这项技术将大有可为。地下蓄水池位于基地最低处或地下室中,雨水可以直接排入,上面仍可做活动场地。地面蓄水池可利用原有的池塘、洼地或人工开挖而成,按自然排水坡度将居住区分成几个汇水区域,每个区域最低处设蓄水池,使其兼顾防洪、景观和生态功能。

2. 改善基底,提高渗透性

提高雨水渗透性可通过建设绿地、透水性铺地、渗透管、渗透井、渗透侧沟等来实现。在居住区环境设计中应注意以下几点:一是力争保留最多的绿地。因为绿化的自然土壤地面是最自然、最环保的保水设计。二是在挡土墙、护坡、停车场、负重小的路面等大面积铺砌部位,尽可能采用植草砖、碎砖、空心水泥砖等透水铺面。三是高密度开发地区,无法保证足够裸地和透水铺装时,可采用人工设施辅助降水渗入地下,常见的设施有渗透井、渗透管、渗透侧沟等。

2.3 建筑体型与建筑能耗

2.3.1 建筑体型

体形是建筑的形状,所包容的空间是功能的载体,除满足一定文化背景和美学要求外,其丰富的内涵令建筑师神往。然而,节能建筑对体形有特殊的要求和原则,不同的体型对建筑节能效率的影响会大不相同。体形设计是建筑艺术创作的重要部分,结合节能策略的建筑体形设计赋予建筑创作更多的理性,并为创作带来灵感,而对建筑体型的节能控制则为建筑节能打好了一个坚实的基础。

1. 建筑体型的选择

建筑体形是一幢建筑物给人的第一直观印象。决定建筑体形的因素,或许是基地形状,或许是建筑内部空间,或许是出于某种寓意,或许是多种目的综合结果。由于决定因素的不同,建筑体形的形态千变万化。通过建筑体形设计达到节能目的是其中重要的一种。建筑体形决定了一定围合体积下接触室外空气和光线的外表面积,以及室内通风气流的路线长度,因此体形对建筑节能有重要影响。不同气候区及不同功能的建筑,节能要求所塑造的建筑体形是不同的。从节能角度出发来进行建筑体形的设计已经成为许多建筑师设计构思的出发点,并产生了许多新颖别致、令人耳目一新的建筑作品。通常基于节能构思的建筑形体设计主要从以下几个方面着手考虑。

1)保温

从保温方面考虑体形,通常采取扩大受热面、整合体块和减少体形系数等方法,以最大限度获取太阳能,同时减少热损失。

2)太阳能利用

建筑南向玻璃在向外散失热量的同时也将太阳辐射引入室内,如果吸收的太阳辐射热量大于向外散失的热量,则这部分"盈余"热量能够补偿其他外界面的热损失。受热界面的面积越大,补偿给建筑的热量就越多。因此太阳能建筑的体形不能以外表面面积越小越好来评价,而是以南墙面的集热面是否足够大来评价。

3)采光和通风

为了达到此目的,建筑师通常设计研究具有自遮阳效果或者有利于利用自然通风的形体。除非建筑体量非常小,通常紧凑的体型不利于夏季的自然通风,并且增加了建筑的照明能耗和空调能耗等,这必然增加了成本。

更为重要的是,为了紧凑的体型限值了新鲜空气、自然光以及向外的视野,损害了人体健康的基本要求,成为"狭隘的节能建筑"。近20年的医学研究表明,室内自然光的减少与抑郁、紧张、注意力涣散、免疫力低下都有很大的关系。对于医院的病人,窗口过少、视野受限可能会增加病痛,延长康复的时间。因此,我们需要在节约能源和人体健康之间做出很好的平衡,尤其对于医疗建筑,更需要良好的空气流通、自然光线和室外景观。

强调自然光和自然通风的理想建筑体形应当是狭长伸展的,使更多的建筑面积靠近外墙,尤其在湿热气候区。建筑可以设计成一系列伸出的翼,这样就能在满足采光和通风的同时减少土地的占用。翼之间的空间不能过于狭小,否则会相互遮挡。

综上所述,我们必须在减少围护结构传热的紧凑体型和有利于自然采光、太阳能得热、自然通风的体型之间做出选择。理想的节能体型由气候条件和建筑功能决定。严寒地区的建筑及那些完全依赖空调的建筑宜采用紧凑的体型;湿热气候区,狭长的建筑接触风和自然光的面积大,便于自然通风和采光;温和气候区,建筑的朝向和体型选择可以有更多的自由。

2.3.2 建筑体型系数与建筑能耗的关系

建筑体型的变化直接影响建筑采暖空调的能耗大小。从节能的角度讲,单位面积对应的外表面积越小,外围护结构的热损失越小。体型系数对建筑能耗有着至关重要的影响,从降低建筑能耗的角度出发,应该将体形系数控制在一个较低的水平。

体形系数就是指建筑物与室外大气接触的外表面积 F_0(m^2)和与其所包围体积 V(m^3)的比值。体形系数越大,说明单位建筑空间的热散失面积越大,能耗就越高,研究表明,体形系数每减少到0.01,围护结构传热损失可降低2.5%,全年采暖空调能耗可减少1.3%。北方和南方相比,体形系数对全年能耗的影响程度要大50%。

如图2-6所示,同体积的不同形体会有不同的体形系数,其中以圆球体和圆柱体的"表

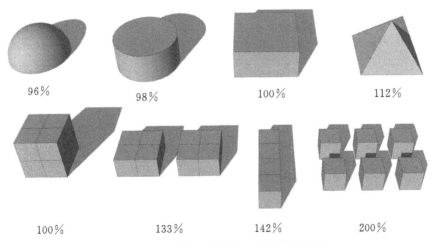

96%　　　98%　　　100%　　　112%

100%　　　133%　　　142%　　　200%

图2-6 不同形体及形体组合建筑的体型系数

面积/体积"比值为最小。以每层建筑面积为 1000m² 的多层办公建筑为例进行分析,总高均为 24m。各面围护结构的传热能力相同,当采用不同平面形式时,由于体形系数的差别对其每平方米面积耗热量的影响,平面形式、计算数据及平面形式与耗热量比值关系见表 2-7。

由公式(2-1):

$$\frac{F_0}{V} = \frac{Hx + S}{HS} = \frac{x}{S} + \frac{1}{H}$$

式中:$\frac{F_0}{V}$ ——建筑的体型系数(无量纲);

H ——建筑高度(m);

S ——建筑底层面积(m²);

χ ——建筑底层周长(m)。

表 2-7 平面形式体型系数与耗热量比值计算值(建筑高 24m,底面积 1000m²)

序号	平面形式	外表面积/m²	体型系数 F_0/V_0	每平方米建筑面积耗热量比值/% (以正方形为 100%)
1	圆形 r=17.84	3689.35	0.154	92
2	椭圆形 1:2	3934.24	0.164	98
3	31.62 正方形 1:1	4035.52	0.168	100
4	22.36 长方形 1:2	4219.84	0.176	105
5	18.28 长方形 1:3	4509.76	0.188	112
6	15.81 长方形 1:4	4794.40	0.200	119
7	14.14 长方形 1:5	5072.94	0.211	126

从表 2-7 中可以看出,建筑的长宽比越大,则体形系数就越大,耗热量比值也越大。如以长宽比为 1:1 的正方形耗热量为 100%,则长宽比为 5:1 时,耗热量比值达 126%。

提出体形系数要求的目的,是为了使特定体积的建筑物在冬季和夏季冷热作用下,从面积因素考虑,使建筑物的外围护部分接受的冷、热量最少,从而减少冬季的热损失与夏季的冷损失。

建筑物各部分围护结构传热系数和窗墙面积比不变条件下,房屋的耗热量指标随体形系数成直线上升。体积较小的建筑物,其外围护结构的热损失量要占建筑物总热损失量的大部分。当建筑物体积小于1300m³时,外围护结构的热损失量随体积的减少而迅速增大。

但是,体形系数不只是影响建筑物外围护结构的传热损失,它还与建筑造型、平面布局、采光通风等紧密相关。体形系数过小,可能会影响建筑师的创造。因此公共建筑节能设计标准对严寒、寒冷地区建筑的体形系数做了应小于或等于0.40的规定,是比较合适的,既保证了建筑的节能,又减少了对建筑师的创造性和建筑功能布局的制约。

2.4 绿色建筑室外环境设计在西北地区的应用

绿色建筑室外环境是实现绿色建筑的重要环节,合理调节与处理建筑室外环境,使局部环境朝着有利于人体舒适健康的方向转化,以提高建筑室内环境质量,满足适居性要求。室外环境设计在西北地区的应用中,我们应该从场地设计、景观设计及建筑体型等因素去考虑。

2.4.1 西北地区绿色建筑场地设计

1.西北地区场地设计选址

在西北地区绿色建筑选址的过程中,要努力做到以下几点。

1)尊重地形、地貌

在西北地区场地生态环境的规划设计和建造中,充分利用地形节省土方工程量,保护土壤和植被免遭破坏,减少因为大面积土方开挖带来的资源和能源的消耗,大大降低建筑的建造能耗。而且经过精心处理的起伏地形反而更有利于创造优美的景观(图2-7)。

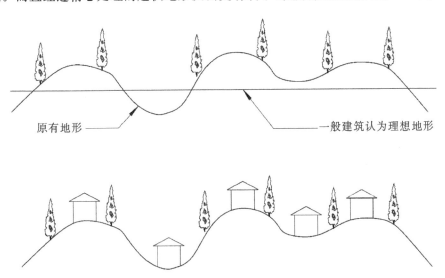

多样化建筑形式与自然景观的协调

图2-7 建筑与地形的协调

在西北地区延安绿地山水天城项目中,良好结合山地现状,在场地破坏很少的情况下根据地形的变化,把不同的组团分成不同的台地,并且结合当地水资源,设计出具有特色的山地住宅区,保护原始土壤减少了大量土方开挖,节约能耗。(见图2-8、图2-9、图2-10)

图2-8 项目用地实景照片

图2-9 绿地山水天城鸟瞰图

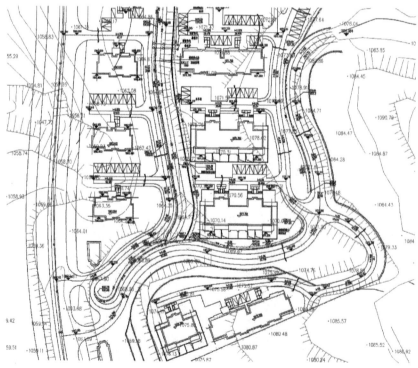

图2-10 绿地山水天城建筑与地形

2)**保留现状植被**

生态学知识告诉我们，原生或次生地方植被破坏后恢复起来很困难，需要消耗更多资源和人工维护，而且西北地区因为气候原因植被生长很漫长一旦破坏再次生长需要更长时间。因此，某种程度上，保护原有植被比新植绿化的意义更大。因而在场地建设中，应尽量保留原有植被。

3)**结合水文特征**

西北地区水文特征的基地设计可从多方面采取措施：一是保护场地内湿地和水体，尽量维护其蓄水能力，改变遇水即填的粗暴式设计方法；二是采取措施留住雨水，进行直接渗透和储留渗透设计；三是尽可能保护场地中可渗透性土壤。例如西北地区西安浐灞思普瑞城市广场项目的设计就与基地旁边的灞河与人工湖完美地结合，形成一道美丽的风景线（图2-11）。

图2-11　西安浐灞思普瑞城市广场项目

4)**保护土壤资源**

在进行基地处理时，要发挥表层土壤资源的作用。表土层含有大量微量元素（图2-12），并且难以形成。城市建设中挖填方、整平、铺装、建筑和径流侵蚀都会破坏或改变宝贵而难以再生的表土。因此，应将填挖区和建筑铺装的表土剥离、储存，在场地环境建成后，再清除建筑垃圾，回填优质表土，以利于地段绿化。

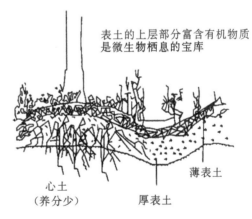

表土的上层部分富含有机物质是微生物栖息的宝库

心土
（养分少）

厚表土

薄表土

图2-12　表层土剖面图

2.西北地区绿色建筑总体布局设计

西北地区总平面布局应该主要从以下几个方面加以考虑。

1)**日照**

在西北地区首先我们应该满足《城市居住区规划设计规范（GB50180-93）》和《民用建筑设计通则（GB50352-2005）》中对建筑日照的要求。在此基础下增加南向设置集热面，提高建筑太阳能建筑密度(表2-8)。

表2-8 提高收集太阳能建筑密度的方法

序号	方法
1	缩短南墙面照射时间
2	用大寒日作为计算时间,即能获得足够的日照,又能节约用地
3	根据当地状况,合理减少集热面接受的太阳辐射量
4	从建筑单体造型入手,保证日照的同时,提高建筑密度
5	建筑总平面整体规划中合理节约用地
6	建筑朝向在正南-30°～+30°以内,任何建筑都可以利用太阳能节能

2)通风

西北地区绿色建筑总体环境布局应该组织好自然通风,尽量避免房屋之间相互阻挡自然通风。建筑布置根据不同的通风角度留够通风距离。西北地区主导风向为西北风,宜使建筑与主导风向成30°～60°的角度,冬季避免建筑热能消耗,夏季避免产生涡流区。而建筑群的平面布局最佳采用斜列、错列式、行列式、周边式有利于自然通风。城市人口密集的区域建筑密度和容积率大,南北日照间距不够,南侧底层和北侧建筑往往没有足够的日照,不利于节能。只能尽量从技术手段合理布局,减少人为因素带来的能源消耗。保证建筑具有良好的日照和通风条件,是建筑师在建筑总体布局时应多加考虑的。(见图2-13)

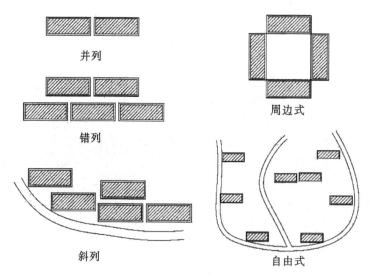

并列

周边式

错列

斜列

自由式

图2-13 建筑群的布置

3.西北地区建筑朝向

建筑的整体朝向是建筑布局中主要因素之一,"良好朝向"在冬季能获得充足的日照,并避开主导风向,夏季能利用自然通风,并防止太阳辐射。而评价建筑室内环境的主要因素就是日照、采光和通风。

1）日照采光

建筑朝向的好坏，直接影响冬天是否能获得充足的阳光，夏天是否可以避免阳光直射，影响其室内用于采暖或制冷能耗量。西北地区属于寒冷地区，首先应该尽量避免东西朝向，应采用锯齿或错位的方式布置，以减少东西方向的太阳直射，可以结合遮阳和绿化减少热辐射的强度，注意建筑设计手法，廊式空间和阳台空间等能减少室内热辐射；其次建筑布置成南北向或者偏东偏西不超过30°的角度（图2－14）。建筑朝向的方位直接影响建筑是否能获得充足的日照。

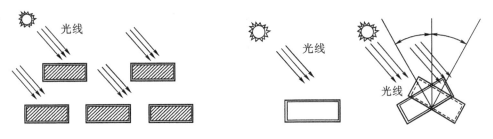

采用锯齿或错位方式减少东西方向太阳直射　　　　　建筑布置南北向偏东偏西不超过30°

图2－14　建筑布局与日照的关系

2）通风

西北地区冬季寒冷，夏季炎热，主导风向为西北风。根据前文中通风对建筑朝向的要求，并对西北特定地区的设定，我们总结出：建筑间距必须让风能到达通风的开口，避免建筑布置在临近建筑和绿化的风影内；合理利用地形、绿化、相邻建筑使风导向建筑（图2－15）；在山地内避免在谷底建造，减弱气流运动，在南向的坡地上建房屋，冬季可能会受到冷风的不利影响，但我们可以把房屋建在半山腰上，利用掩土来保护房屋在冬季免受冷风的侵袭，而且还可以让南面尽可能地暴露在阳光下，以获得最大的太阳辐射热；避免建筑垂直于主导风西北风，减少风压和室内紊流，减少冬季建筑热能消耗。

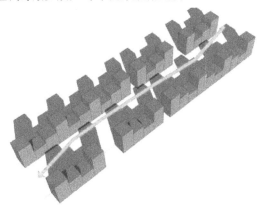

图2－15　巷道风示意图

　　总之,影响建筑朝向的主要因素是日照和通风(图2-16,图2-17)。在实际工程中理想的日照朝向恰恰是不利于通风的(或避风)的方向,而建筑的朝向的好坏又直接影响室内能耗。所以在西北地区大多数理想的建筑朝向选择基本原则是在冬天建筑南向可以获得更多的太阳辐射,避免西北风的不利影响;夏季避免太阳直射室内和居室外墙,保持良好的通风;充分利用地形节约用地;当通风和日照有矛盾时,应根据建筑功能和当地气候条件决定利弊。

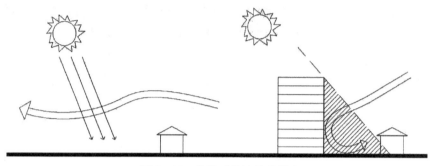

图2-16　建筑对场地风的影响

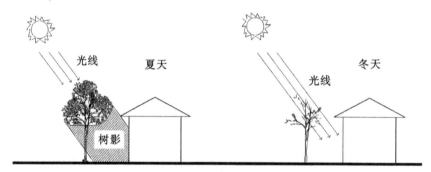

北侧和西侧的树木在冬季能够减少冷风的影响,南向的落叶树木夏季可以遮阳,冬季则可以让阳光进入室内

图2-17　树木对建筑日照的影响

2.4.2　西北地区绿色建筑景观设计

　　西北地区属于寒冷与严寒气候地区,合理的景观设计可以给绿色建筑带来很多好处。节能景观设计手法在西北地区应该注意在夏季给屋顶、墙壁和窗户提供遮阳,利用植物蒸腾作用使建筑周围制冷,自然冷却的建筑应利用通风,而空调建筑周围应阻拦或使风偏斜;在冬季用致密的防风措施避免冬季寒风,确保阳光可以直射南向窗户。具体从以下几点加以总结。

1.绿化

　　绿化遮阳方面,绿色植物的选择。西北地区冬冷夏热,选择落叶树木应设置在建筑南面和东面,夏季有利遮阳,冬季落叶后有利建筑采暖,北侧和西侧一两行的常青树木在冬季可以降低风速和减少房屋的热损失。爬满落叶藤蔓的建筑夏季可以起到遮阳,冬季又不遮挡阳光还起到挡风的作用。灌木可以遮蔽室外空调机或热泵设备,提高设备性能。例如西北地区西安高科麗湾国际社区,总体平面布置疏松、楼间距大、绿化率高,绿植种植经过精心布置,基本形成绿化环带,夏季有利遮阳降温,冬季有利建筑采暖,不仅为建筑节约能耗,还能美化社区环境(图 2-18,图 2-19)。

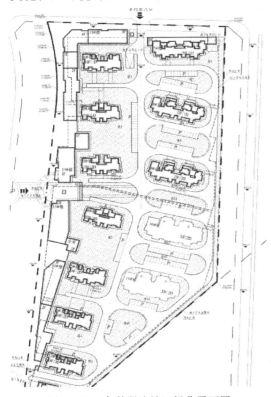

图 2-18 高科麗湾社区绿化平面图

图 2-19 高科麗湾社区效果图

绿化通风方面,成排的植物最好垂直于开窗墙壁,把气流导向窗口(图 2-20)。理想的绿化应该是枝干疏朗、树冠高达,既能提供遮阳,又不阻碍通风。

绿化防风方面,西北地区大多区域风沙较大,合理布置由常绿树木和灌木组成的防风林可以有效保护建筑免受热风和冷风的侵袭。在具体实施过程中应注意避免在南面太近的地方种植常绿植物,冬季无法获得充足的阳光;在临近建筑的地方可以种植灌木和藤蔓,创造冬季和夏季都能隔绝建筑的闭塞空间,低矮灌木在冬季还能阻拦建筑前方的雪(见图 2-21)。

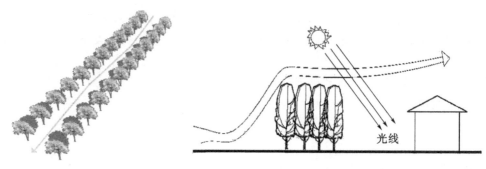

图2-20 植物导风　　　　　　　　图2-21 植物防风

2. 铺地

西北大多数地区常年缺水，在铺地方面更应采用透水性强的材料和设计方法，让水渗透到土壤中，使得地下水得到补充(见图2-22和图2-23)。而在建筑周围的恰当位置铺地有助于加热房屋，延长植物的生长期，砖石、瓷砖、混凝土板铺地都能吸收和储存热量。自然通风的建筑避免在西北方建设大面积沥青停车场和其他硬质地面。铺地具体实施过程中应注意的问题见表2-9。

图2-22 渗水性铺地

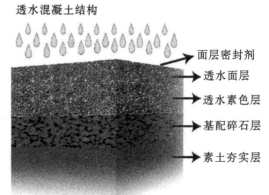

图2-23 渗水性材料

表2-9 铺地具体实施过程中应注意的问题

序号	注意事项
1	限制铺地材料，多使用渗透铺装地面，增强雨水渗透，解决路面积水问题
2	限制草皮的使用，根据本土自然条件，合理绿化种植地域性植被，尽量少用一年生植物，一年生植物比多年生植物需要更多的劳动力和资金

西北地区首个海绵城市西咸新区以沣西新城为试点区域，西咸新区提出让雨水"停一停、流一流、渗一渗"，能够自然积存、自然渗透、自然净化，借助自然力量排水，让城市如同生

态"海绵"般舒畅地"呼吸吐纳",实现雨水在城市中的自然迁移(见图2-24)。

图 2-24 沣西新城雨水收集渗透原理及案例

3. 水景设计

西北区域属于缺水区域,建筑环境建设用水大多是城市供应的可饮用淡水,资源过度浪费。如周边有河流湖泊也应谨慎引入建筑区,因为那些水资源也是城镇环境的一部分,不应造成过度截流污染。西北地区冬季寒冷,水面容易结冰,水冻成冰以后,体积增大容易使管道冻裂或使水池瓷砖炸裂,维护费用较高。因此,不建议在西北地区设计大量的水景环境,我们应有效收集和利用自然降水,解决西北地区缺水的情况,促进表水循环,营造良好的生态环境。具体措施如下。

利用平屋顶蓄水池、地下蓄水池和地面蓄水池收集雨水再利用。雨水池的建立不仅能起到美化环境、提高生态的功能,并能兼备防洪功能(见图2-25)。

通过建设绿地、透水性铺地、渗透管、渗透井、渗透侧沟提高雨水渗透性。

最大可能增加建筑区的绿地面积;在挡土墙、护坡、停车场、负重小的路面采用植草砖、

图 2-25 蓄水池

碎砖、空心水泥砖等透水铺面;在高密度建筑区,采用人工设施辅助雨水渗透,如渗透管、渗透井、渗透侧沟等。

例如西北地区咸阳秦汉新城规划展览中心,收集屋面雨水经处理后作为景观水池用水以及室外绿化、道路浇洒用水,大大节约了水资源,其非传统水源利用率可以达到40.29%(见图2-26、图2-27,图2-28)。

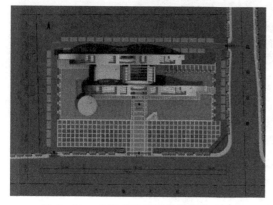

图2-26 咸阳秦汉新城规划展览中心

图2-27 实景拍照

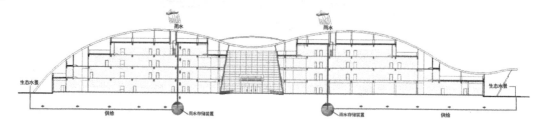

图2-28 咸阳秦汉新城规划展览中心雨水回用系统

2.4.3 西北地区绿色建筑体型系数与能耗

不同的体型对建筑节能效率的影响大不相同。体型设计应该结合西北地区的当地自然条件和节能策略等因素,综合地理性地设计,为建筑体型的节能控制打造一个坚实的基础。建筑体型决定了一定围合体积下接触室外空气和光线的外表面积,以及室内通风气流的路线长度。见表2-10。

表2-10 西北地区建筑体型选择原则

序号	西北地区建筑体型选择原则
1	从保温方面考虑,扩大受热面、整合体块和减少体形系数等方法,以获得最大太阳能,减少热损失。

续表 2 - 10

序号	西北地区建筑体型选择原则
2	布置合理的建筑角度对太阳能的利用更加有利,建筑南向玻璃在向外散热的同时向内吸收热量,吸收的热量大于向外扩散的热能,他们的相互作用的剩余热量补偿给建筑,所以南墙面的集热面越大对太阳能的利用越有利。
3	西北地区宜采用相对紧凑的体型,在满足采光和通风的同时还能减少土地的占用面积,在夏季防止过多的阳光直射,和良好的通风,在冬季又能满足日照要求和减少建筑能源的消耗。

根据以往研究人员对建筑形状与体型系数关系的研究,体型系数和建筑能耗的关系在长宽比方面的关系为:建筑的长 X 宽 Y 比越大,则体型系数越大,能耗比就越大。体型系数与建筑形状和建筑能耗方面的关系为:底面积 A 相同时,平面是正多边形的模型是同边数模型中体形系数最小的,如果底面积 A 和总高度 H 都相同,正多边形的边数越多,平面越趋向圆形,相对的模型体形系数越小。建筑长度 X 和进深 Y 对体形系数的影响以及由此带来的建筑能耗的变化规律。建筑凹凸变化与体形系数 S 和建筑能耗之间的影响关系为:建筑立面越有层次感,凹凸变化越多,建筑体形系数 S 则更大,相应地建筑采暖能耗和建筑总能耗也会增大,而且它们之间呈线性正相关关系。

建筑体型的变化直接影响建筑能耗大小。从节能的角度讲,单位面积对应的外表面积越小,外围护结构的热损失越小,从降低建筑能耗的角度出发,应该将体形系数控制在一个较低的水平。特定体积的建筑物在冬季和夏季冷热作用下,从面积因素考虑,使建筑物的外围护部分接受的冷、热量最少,从而减少冬季的热损失与夏季的冷损失。公共建筑节能设计标准对严寒、寒冷地区建筑的体形系数做了应小于或等于 0.40 的规定,是比较合适的,既保证了建筑的节能,又减少了对建筑师的创造性和建筑功能布局的制约。

通过对西北地区高层办公楼的调查发现,这些高层办公楼建筑体形系数都不超过 0.4,大多都在 0.15~3 之间。另外通过计算分析,计算一个标准层为 $1000m^2$,平面为长方形,高 50 米的比较典型的办公建筑,当其体形系数为 0.4 时,其标准层长宽比约为 34 : 1 (184.6m/5.4m)。实际设计或已经建成的高层办公楼其平面长宽比远小于 34,也就是说其体形系数远小于 0.4。

综上所述,体型系数对建筑能耗有着至关重要的影响,体型系数越高建筑能耗越大。在西北地区绿色建筑,基本可以满足建筑体形系数 0.4 的要求。在满足建筑功能布局和建筑造型要求的前提下,尽量减少建筑的建筑体形系数,尽可能缩短绿色建筑长度,减少绿色建筑的外围护面积,使体形不要太复杂,凹凸面不要过多,宜小于或等于 0.40。在此情况下,西北地区建筑才能在设计根本上解决节能问题。

本章参考文献

[1] 西安建筑科技大学绿色建筑研究中心.绿色建筑[M].北京:中国计划出版社,1999.

[2] 凯文·林奇,加里·海克.总体设计[M].北京:中国建筑工业出版社,2004.

[3] 冉茂宇,刘煜.生态建筑[M].武汉:华中科技大学出版社,2008.

[4] 刘加平.建筑创作中的节能设计[M].北京:中国建筑工业出版社,2009.

[5] 李百战.绿色建筑概论[M].北京:化学工业出版社,2007.

[6] 操雪荣.居住建筑体型系数对建筑能耗影响关系研究[D].重庆大学,2007.

[7] 李晓岚.寒冷地区绿色场地设计研究[D].郑州大学,2013.

[8] 钟春.浅谈建筑能耗模拟与建筑节能技术[J].江西能源,2006.

[9] 高宏遑.夏热冬冷地区办公建筑节能设计对策研究[D].哈尔滨工业大学,2007.

[10] 李华东.高技术生态建筑[M].天津:天津大学出版社,2002.

[11] (美)麦克斯·莱希纳.建筑师技术设计指南[M].北京:中国建筑工业出版社,2004.

[12] 刘磊.场地设计[M].北京:中国建筑工业出版社,2007.

第3章　绿色建筑室内环境

3.1　概述

3.1.1　室内环境

室内环境是根据建筑物的使用性质、所处环境和相应标准,运用物质技术手段和建筑美学原理,创造功能合理、环境优美,满足人们的物质和精神生活需要的室内空间。室内物理环境通常包括室内声环境、室内光环境、室内热环境以及室内空气质量、视觉环境等因素,良好、舒适的室内环境须满足人们生理、心理等各方面的需求。

3.1.2　绿色建筑室内环境

绿色建筑室内环境是在绿色理念的引导下,运用低碳、节能、环保的新建筑技术,同时与艺术设计相结合,创造出亲和自然的室内空间;从早期规划、中期设计与施工,到后期的整个使用过程都是低碳、环保的,保证室内空间的安全性、健康性和舒适性,创造出一个绿色生态的室内空间。

绿色生态其实就是一种最自然的生活方式。就像我们所居住和工作的地方,如果可以不需要人工制造气温,尽量自然通风、自然采光,这样的生活环境才称得上是绿色的。把绿色理念引入室内环境中,满足了人类对室内空间的更高要求,同时可以缓解当前资源短缺的压力,达到节能减排与优化室内环境的目标。绿色室内环境设计是生态节能、可持续发展的艺术设计,是科技和艺术的完美结合,是今后室内设计的必然趋势。

3.1.3　我国绿色建筑室内环境现状

我国绿色室内环境设计现在还是处于不完全发展阶段,很多人对此没有一个系统完整的概念,在实际中生活中的运用也并不普及。在建筑这个高能耗行业中,尤其是室内环境方面,绿色理念执行效果比较有限。具体分析,主要体现在以下几个方面。

1. 绿色生态观念认知不全面

很多人对绿色生态理念没有系统完整的认识,尤其是部分人群追求奢华享受,拒绝简单环保的生活模式,没有意识到绿色理念是对环境和资源的保护。另外,由于人们对绿色观念认知不全面,只是把其作为一个口号,并没有实实在在应用于建筑室内环境中,认为这些与自己本身并没有任何关系。

2. 与建筑等其他环节相脱离

我国设计师团队水平良莠不齐,很多建筑设计师在进行前期设计时,不太考虑后期的室内装修施工,这种相互脱离的设计关系较难形成有机融合、内外一体的优秀设计方案,这也直接导致了我国目前室内设计仍然长期处于相对落后的状态。许多设计师因为自身观念不够先进，或者是为了迎合部分消费者的爱好，没有充分考虑绿色理念，往往把室内环境仅仅看成是室内装饰形式，而忽略其重要性，相关的技术手段及内涵没有得到良好的实施与发展。

3.对绿色建筑材料重视程度不够

绿色理念没有在室内环境中得到很好的普及与推广，导致材料建造商对绿色室内建材不够重视，再加上研制新材料成本较高，从而在源头上限制了绿色设计的形成。另外，由于设计师前期的部分限制，或者是为了节省成本，施工队伍在采购建材时，只能在有限的成品市场中挑选可用的室内设计材料，并没有把绿色环保的室内建材作为首选。种种原因，都限制了我国绿色室内环境的形成与发展。

可持续发展是人类面临的最迫切的课题，绿色节能是室内环境设计创新极为重要的问题。在保护环境、节约资源的大背景下，绿色的室内环境必将发展成为室内设计的主流，并且会在今后的建筑实践中不断被完善，为建筑业的可持续发展做出巨大贡献。

3.2 室内声环境

噪音会对人们生活造成很大的负面影响，长时间生活在噪声环境下不仅会影响人的心情、睡眠，也会对人的听力造成影响，强烈的噪音可能会导致人的失聪。声环境是建筑室内环境设计中的重要内容，良好的室内声环境需要采取一些降噪设计及措施。

3.2.1 隔声量

一般而言，对于特殊建筑物（如音乐厅、录音室、测听室）的构件，可按规范或者标准中对建筑内部构件的噪声级和外部噪声级的大小来确定构件所需的隔声量。对住宅、办公室、学校等这类普通建筑，由于受材料、投资、使用条件等各类因素的限制，选取围护结构隔声量，就要综合各种因素，确定一个相对最佳数值，通常可采用居住建筑隔声标准所规定的隔声量。

3.2.2 平面布置

在室内声环境设计时，最好不用特殊的隔声构造，而是利用一般的构件和合理的布局来满足隔声要求。在建筑平面布局中，需要将安静的空间布置在远离噪声源的一侧，并对室内空间进行合理的功能分区，将较大噪声的空间与需要安静的空间分开布置，中间以走道、通廊等过渡性区域分隔，以减少噪音的干扰。如在设计住宅建筑时，厨房、厕所的位置要远离邻户的卧室、起居室；电梯井道和机房等应该避免与卧室、书房等静空间相贴邻；对于剧院、音乐厅这类建筑物，则可用休息厅、门厅等形成声锁，来满足特殊的隔声要求。为了减少隔声设计的复杂性和投资额，在建筑物内应该尽可能将噪声源集中起来，使之远离需要安静的房间。

3.2.3 降噪

1.门窗降噪

建筑外门窗的隔声设计是室内声环境设计的重点之一，应该引起足够的重视。普通门窗一般达不到隔声效果,主要是因其周边缝隙造成的,因此提高门窗隔声性能的关键是选择安装密封措施。外门可在门扇下部安装有自动下落的密封条,当门关上时门与地面之间能保持密封。经实验测定,门扇下沿与地面之间无密封条与有密封条时的计权隔声量相差2dB,如果能加宽或做两条密封条,隔声效果会更好,当门扇关闭时,室内噪音级可降低5～10dB。外窗除需满足保温隔热性能外,同样需满足隔声要求,当采用密封性能较好,2～3层夹层玻璃的窗户,可达到15dB左右的降噪效果。

2. 墙体与楼板降噪

根据国内外墙体隔声经验,墙体的隔声问题都是从增加墙体空气层厚度或在墙体中添加吸声材料以及分离式结构等方面加以解决的,采取的主要措施如下:

(1)将多层密封材料用多孔弹性材料分隔,做成夹层结构,则其隔声量可以比同重量的单层墙体提高很多;

(2)当将空气间层的厚度增加到7.5cm以上时,在大多数的频带内可加隔声量8～10dB;

(3)用松软的吸声材料填充空气间层,一般可以提高轻墙隔声量2～8bB;

(4)在单排孔混凝土小砌块孔洞内填塞膨胀珍珠岩、矿渣棉或加气混凝土碎块等隔声材料,墙体隔声指数可提高3～5dB;

楼板撞击声隔绝是建筑室内隔声中的比较棘手的问题。目前常见且较为经济的做法是采用楼板下增设分离式吊顶,以减少干扰。此外,较为推广的一种做法是"浮筑楼面",即在结构楼板上铺设弹性材料垫层,再在弹性垫层上做刚性的楼面,垫层与面层共同组成一隔振系统。这种做法大大提高了楼板的抗撞击性,隔声量提高到60dB,而建筑造价(以欧文斯科宁产品为例,选用2cm厚挤塑板,配以橡胶垫层)每 m³ 增加 800 元左右。

3.3 室内光环境

现代室内设计中光环境的营造分为自然照明和人工照明两种。现代室内照明首先需要满足实用性的照明功能,还需要更多地体现特有的文化性作用,即表现出独特的装饰意味、空间格调与文化内涵。

3.3.1 自然照明

通常将室内对自然光的利用,称为"自然采光",也称之为自然照明。自然采光充分利用日照和太阳光,能够减少电气照明的能耗,也减少照明引起的夏季空调冷负荷和冬季采暖负荷,有效降低能源的消耗。同时,自然采光能为使用者提供更为习惯和舒适的视觉感官,心理上也更能与自然亲近、协调。随着现代技术的进步和新材料的不断出现,使用自然照明的方法与手段也日益丰富。在室内光环境设计中,为了充分地利用自然光达到节能的目的,具体的设计手段和措施较多,下面主要介绍三种。

1. 窗洞采光

窗洞采光是最常见的自然采光形式,根据位置的不同可以分为天窗采光、侧窗采光及角窗采光三大类。天窗是顶面采光的主要方式,侧窗采光是最常用的一种采光方式。不同的窗洞采光形式具有不同的优缺点(见表3-1),使用时应根据实际情况扬长避短,达到最佳的自然采光效果。

表3-1 窗洞采光形式及采用建议

采光形式	剖面简图	优点	缺点	采用建议
天窗采光		采光效率比侧窗高出2~3倍,可以引入不同方向的自然光。	易出现室温过高,垂直照度不均匀,产生眩光等问题。	(1)根据所处地理位置不同采用合适的开窗比例;(2)顶面可将大的天窗分散为多个小天窗,使室内照度更加均匀。
侧窗采光		侧窗光线具有明确的方向性,有利于形成阴影。	易出现照度不均匀现象,从近窗处往里光的衰减速度很快。	(1)一般房间的窗洞上口至房间深处的连线与地面所成的角度不小于26度,保证房间进深方向的均匀性;(2)窗户的大小应根据所处地理位置选择合适的窗墙比,提高窗周围墙面的反射能力,减少与窗口的亮度对比,改善室内亮度分布。
角窗采光		角窗有良好的视野和采光,具有一定的独特性。	易产生眩光问题。	(1)墙面和角窗之间适宜的角度,可有效避免眩光;(2)角窗周边墙面采用恰当的面层及工艺,可形成极好的漫反射效果。

2. 中庭采光

中庭就像一个"光通道",能够让天然的光线射入建筑的深处,使进深较大的建筑实现自然采光,降低对电力的消耗。天井、庭院和建筑凹口均可以看作是中庭的特殊形式(见图3-1)。中庭顶部采光,在其他条件相同时,中庭采光面积越大,中庭采光系数就越大,但随着高度和面积的增加,采光系数增长趋向缓慢。英国剑桥大学马丁研究中心研究表明,中庭高宽比在3:1数值范围以内,中庭相邻空间就能得到符合工作照度要求的足够的天然光线。

3. 导光装置

导光装置主要是利用光的反射、衍射、折射等特性,运用先进的技术、设备,将自然光引入到需要的地方,主要设

图3-1 美秀博物馆中庭

备有导光管、反光板、导光棱镜窗、光导纤维等,见表 3 - 2。

表 3 - 2 导光装置及应用建议

类型	做法及优缺点	应用建议
反光板	通常是在高侧窗内下方安装的一块水平或者倾斜的挡板。根据窗户形式的不同,可分为反光板下部有观景窗和无观景窗两种。	(1)反光板安装于观景窗和高侧窗之间时,上部采光窗的玻璃透光率要高,以便使更多光线进入室内被反射到房间后部,下部观景窗的透光率要低,降低近窗处照度,减少直接眩光; (2)反光板的上表面要采用浅色饰面以提高反射率,表面光滑程度要适当,避免晴天由于光滑程度过高导致天花板上产生过亮的光斑。
导光管	导光管主要由日光集光器、传输光的管体和室内出光口三部分组成。	(1)通常要求导光筒反射材料的反射比要高于 0.95,确保导光效率; (2)出光口通常采用凹透镜或抛物柱面反射透镜等制成的漫射器把光传输到需要照明的地方。
光导纤维技术	光导纤维采光系统是由聚光、传光和出光三部分组成。	较适用于大跨度的公共和地下建筑物,不能替代现存的一般照明的方式,但可以作为极有意义的补充手段。
导光棱镜窗	导光棱镜窗的一面是平的,一面带有平行的棱镜,利用棱镜的折射作用改变入射光的方向,有效地减少窗户附近的眩光,提高室内采光的舒适度。	由于导光棱镜窗呈现的室外景象是模糊或变形的,多用于天窗。

3.3.2 人工照明

人工照明即灯光照明,它是白天室内光线昏暗时的重要补充,同时又是夜间室内环境的主要光源。绿色照明指通过科学的照明设计,采用光效高、寿命长、安全和性能稳定的照明电器产品,以达到高效、舒适、安全,有益于环境保护,有益于人们身心健康的目标,同时体现现代文明的照明系统。

研究表明,一个高效节能的电灯可以节约 90% 的电能。优化照明设计,实现绿色照明,也是室内光环境设计的要求之一,具体措施包括:推广使用高效节能的光源,如采用细管高效荧光灯、紧凑型荧光灯、冷反射单端照明卤钨灯、混光灯等;采用低损耗、性能优的光源附件,如电子镇流器、节能型电感镇流器、电子触发器、电子变色器等;改进控制方式和灯具的安装方式,如采用分区控制、调光器和定时器等方式来控制灯光。灯具的悬挂高度、方式、位置应合适,避免直射光和二次反射光造成的视觉疲劳,减少眩光和频闪。

3.4 室内热环境

建筑室内热环境是直接关系人体舒适感的重要因素。影响人体热舒适的环境因素主要有 4 个参数:空气温度、平均辐射温度、湿度以及空气流速。舒适的室内热环境主要从室内布局、竖向通风、开口设计等方面进行营造与改善。

3.4.1 室内布局

穿堂风是解决室内潮湿闷热和通风换气的主要方式。研究表明,在室外风速和窗户开口面积大小一样的情况下,穿堂风通风效果明显好于单侧窗通风(见图 3-2)。不论是在建筑群体布局上,还是单体建筑平面与空间布局上,都应非常注重穿堂风的形成。从有利于穿堂风形成的角度,在建筑室内布局中主要考虑以下因素:

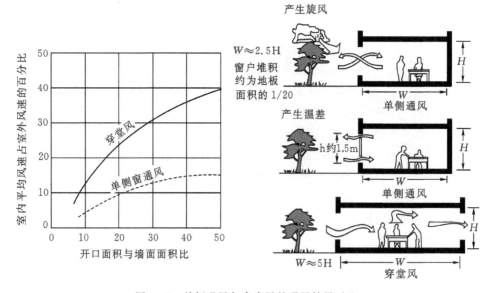

图 3-2 单侧通风与穿堂风的通风效果对比

(1)不同房间因使用性质、重要性和使用时间的不同而对室内热舒适要求有所不同,故而有必要确立优先顺序。室内换气宜采用有利于主要房间的有组织换气,即新鲜空气从主要空间进入,再进入其他次要空间。

(2)房间的面积以满足使用要求为宜,不宜过大;房间的进深应进行有效控制,避免空间过于厚重。

(3)房间内部小空间的划分及隔墙位置应恰当选择,有利于穿堂风的形成。

3.4.2 竖向通风

在室内热环境营造中,建筑的竖向通风其实也十分重要,一般应注意以下两点。

一方面,进出风口的高低决定了室内空气流动的方向,是影响室内气流在高度上的分布和气流速度的重要因素,对人体的舒适度影响较大。一般应结合房间的实际使用功能来设计剖面的通风高度。如办公室,通风高度应以人的坐姿为参考;住宅内的通风高度控制可按不同功能要求确定,起居室、书房、餐厅应以坐姿为参考,厨房应以站姿为参考,卧室可以卧姿为参考。

另一方面,为使建筑形成良好的通风效果,可在大进深的建筑物中部设置若干贯通的垂直空间(如内天井、中庭等),此空间应高于建筑物屋面,并设置相应数量的出风口,由于太阳辐射的加热作用使该空间形成烟囱效应,促进气流上升,实现热压通风散热,这就是所谓的"太阳能烟囱"。建筑内部设置了"太阳能烟囱",可实现无风状态的自然通风,室内温度得到了有效的降低,换气次数得到了明显的增加,在节能方面有

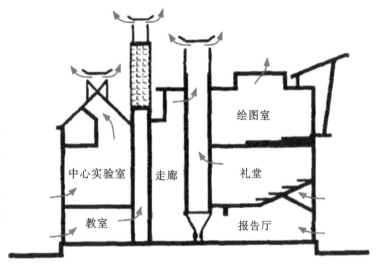

图3-3 蒙特福德大学女王馆的竖向通风

很好的成效。在实际情况中往往是利用风压和热压共同作用,实现自然通风。一般来说,在建筑进深较小的部位多利用风压来直接通风,而在进深较大的部位则多利用热压来达到通风效果。位于英国莱彻斯特的蒙特福德大学女王馆就是这方面的一个优秀实例,除了良好的通风技术,建筑的外围护结构采用厚重的蓄热材料,使得建筑内部的得热量降到最低。实测数据表明,在室外31℃的情况下,该建筑室内温度大多不超过23.5℃,可谓是通风降温效果极佳(见图3-3)。

3.4.3　开口设计

在建筑中要善于利用自然通风原理,进行合理的建筑开口设计,采取必要的建筑设计和技术手段来改变环境中各气候要素对建筑的影响,诱导形成室内通风,使通风成为改善室内热环境的有利因素。

1. 开口位置

开口的位置直接影响到空气流动路线,因此选择适当的开口位置和形式,对形成所期望的空气流十分重要。若进、出风口正对风向,则主导气流可直接由进风口流向出风口,对室内墙角空气流动的影响比较小;若错开进、出风口的位置,使进、出风口分设在相邻的两个墙面上,利用气流的惯性作用,使气流在室内改变方向,可获得较良好的室内通风效果。不同的开窗位置及通风效果见表3-3。

表3-3　平面开窗位置及通风效果

开窗位置	平面示意	优缺点	采用建议
错位型		(1)室内通风覆盖面较广; (2)室内涡流较小,通风较流畅。	建议采用
穿堂型		(1)通风覆盖面较广; (2)通风直接、流畅; (2)室内涡流很小,通风质量佳。	建议采用
侧穿型		(1)通风覆盖面小; (2)通风直接、流畅; (3)室内涡流区明显,涡流区通风质量不佳。	少量采用
垂直型		(1)气流走线直角转弯,有较大阻力; (2)室内涡流区明显,通风质量不佳; (3)下区域相比上区域通风质量较好。	少量采用

2.开口面积

开口位置和面积设置恰当,有利于穿堂风的形成,可保证室内气流流畅、速度均匀。据测定,当开口宽度为开间宽度的 1/3~2/3,开口的大小为地板面积的 15%~25%时,室内通风效果最佳。

3.5 室内空气质量

3.5.1 空气污染来源

室内空气质量是评价建筑室内环境的关键性指标之一。许多建筑因为室内空气质量不良引起人们感染呼吸道疾病,对公众健康造成很大的危害。引起室内空气质量不良的主要因素有:室外污染,室外的空气污染包括工业污染、雾霾等;室内活动,人们日常做饭产生的油烟、抽烟等对室内空气造成的影响;建筑物本身,包括室内家具、建造住房过程中使用的化学颜料等都会释放出有毒气体对室内空气造成污染,这类污染无疑对人体健康威胁最大。因此,有必要控制室内空气中各种有害污染物的含量,使室内有良好的通风系统和一定标准的舒适度,保证安全、健康、舒适的室内空气质量。

3.5.2 优化措施

1.完善气流组织设计

研究数据表明,通风不良是影响室内空气质量最主要的因素。尽管开窗可以引进室外新鲜空气,稀释室内污染气体,但真正要达到室内空气流通,才能将有害的气体尽快地排出,避免对人体产生伤害。

良好的室内通风需要合理的气流组织设计,这样不仅可以将新鲜空气按质按量地送到生活工作区,还可及时地将污染物排出,确保室内空气的良性流通,大大提高室内空气品质。影响房间气流组织的因素主要是送、排风口位置、数量和形式等。设计的关键之一是室内不要存在局部死角,尽量使室内气流均匀,减少涡流的存在。新风口要靠近人的工作区,不要靠近室内污染源,避免新风受到污染。新风送风口与排风口之间不要产生气流短路现象。在室内污染物浓度高的地方应设置排风口。在室内设计通风系统中设置隔断物时,应该有效避免空气流通性变差,确保室内空气的良性循环。

2.注意对室内空气的净化

室内空气的净化手段多种多样,更多采用的是植物净化法。室内植物绿化对室内空气环境具有显著的净化功能,如吸尘、杀毒杀菌(例如茉莉、牵牛花等)、吸入废气(例如茶花、紫罗兰、凤仙等)等。不仅如此,植物的叶子在吸收水分后经过自己的蒸腾作用,把水分散发到空气里面,对室内的空气有很好的湿润作用;此外,植物还具有很好的噪音隔绝以及吸收紫外线辐射的作用和效果。室内绿化常有盆栽、悬挂式栽培、盆景、插花等形式,选择绿化植物应根据室内的光照、空气温湿度等室内生态因子来综合考虑,布置时要与植物形状、大小相宜,与植物色彩及室内环境相协调。(见图 3-4)

图 3-4 某办公楼室内植物绿化

3.6 室内环境设计策略在西北地区的应用

3.6.1 空间组织

由于人们在各种房间的活动情况及使用要求各不相同,因而对各空间室内热环境的需求也有所差异。室内空间组织以一定的设计手段,使建筑本身具备节能的功能与效果。针对人们对不同空间的热需求,以及不同朝向吸收太阳辐射能力的差别,在室内空间组织时应考虑以下几方面因素。

(1)结合西北地区的日照特点,将经常使用的主要房间(如卧室、客厅、工作间等)设置于南面或者东南面,在冬季可最大程度地接受阳光照射,减少冬季采暖能耗;

(2)将室内环境要求较低的房间(如厨房、过厅等)布置在较易散失能源的北面。这样可以利用南向或东南向主要房间与北向房间相互作用,使北向空间为南向空间热量散失提供"屏障",而南向空间的热量同时可为北向空间加温,这样的空间组织既能有效节能,又不会增加投资。

如银川某地区新建的一些生态民居,就是将卫生间、厨房或储藏室等辅助房间布置在北向,而将活动频繁、温度要求较高的客厅和卧室布置在南向,南向同时设置了直接受益窗和阳光间,这样既可以有效利用太阳辐射,又可以使辅助房间成为室内热量散失的屏障,形成"温度缓冲区"(见图 3-5)。

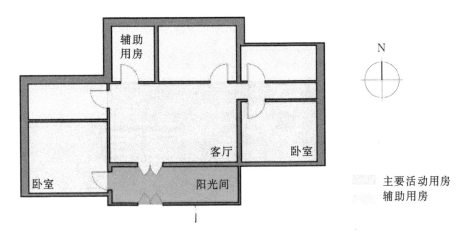

图 3-5 银川某地区新建生态民居平面图

3.6.2 采光与保温

窗户是天然的室内采光和通风构件,从窗户获得的大量能量是西北地区寒冷天气的免费热源,但在夏季却成为空调设备的主要负荷。因此,我们必须结合西北地区的气候特征,根据不同的日照朝向,兼顾室内采光和保温,形成舒适的室内环境。

(1)对于南向和东南向的房间,在满足基本的采光和通风前提下,适合采用较大面积的玻璃窗,冬季室内可获得足够的太阳辐射热。需要说明的是,自然光线的引入强调的是适宜原则,并非越多越好。像部分寒冷地区在进行自然采光设计时,应注意避免夏季过多得热,有针对性地采取遮阳板、通风窗等措施,避免产生光污染和能源浪费。

(2)北面的房间可以适当地减少开窗面积形成较为封闭的立面,阻挡冬季寒流的侵入,起到被动的节能作用。此外,门窗应该结合双层玻璃等节能处理方法,与墙体保温共同作用,避免夏季过多得热以及冬季过多失热。

甘肃省庆阳市的毛寺生态试验小学在建筑节能设计方面,教室南向采用较大面积的玻璃窗,冬季获得尽可能多的日照,同时对南向较大面积的门窗增加室外挑檐或者遮阳构造,避免夏季过多得热;北向和西向的房间在满足基本采光与通风要求的同时,多采用小面积窗户,有效地减少冬季教室内的热损失。宽厚的土坯墙,加入绝热层的传统屋面,双层玻璃等处理方法极大地提升建筑抵御室外恶劣气候的能力,维护室内环境的舒适稳定。与此同时,根据窗户方位的不同,部分窗洞采用切角处理,最大限度地提升了室内的自然采光效果(见图 3-6)。

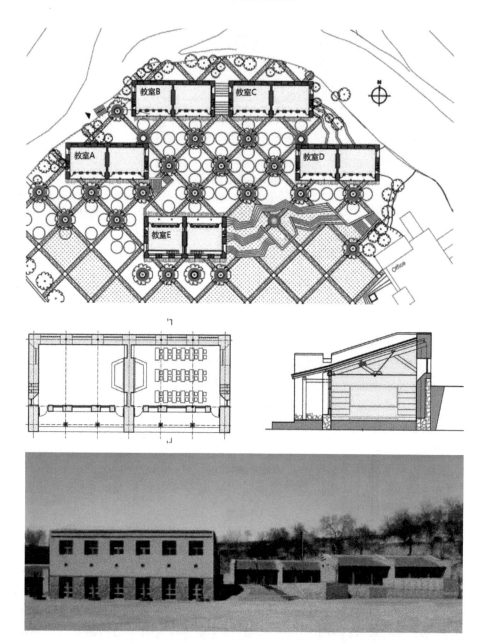

图 3-6　甘肃省庆阳市的毛寺生态试验小学

3.6.3　自然通风

1. 利用风口、风帽强化自然通风

结合室内通风原理和建筑构造特点,对通风口位置进行针对性地选择,并有效地组织室内空气流线,可以保证空气质量,增加室内舒适度。

　　根据西北地区的气候及季风特点,进风口朝向选择:夏季应该选择在房屋的西北侧,这样可以引入背阴面辐射较少温度较低的空气,增加室内通风质量;冬季则应选择房屋的南向或东向,避免冬季的主导风向(北风、西风)进入室内,而降低室内温度。根据冷热空气对流交换的原理,室内通风口应遵循低进高出的原则,进风口可设在外墙面的低处,如窗台、阳台下部。

　　排风口设置有两类方式可以选择:一是根据室内通风宜低进高出的原理,在进风口的对立面上方开设排气口;二是利用贯通的竖向空间作为室内空气交换的垂直风道和出风口,利用烟囱效应,风口产生负压,是优质的排风路径。

　　此外,屋顶可连接"风帽",利用温压和风压共同作用,将新鲜的空气源源不断地输入每个房间,并将室内的污浊空气排出,随时保持室内空气纯净,风帽一般安装在室外的排风系统末端设备,排风管可以直接连到顶层的水平总管上,然后经顶端安有风帽的竖直管道排至室外。如西北地区的某"零能耗"别墅设计,在建筑通风设计上就是利用风帽来很好地引导室内空气流的形成,以达到更佳的自然通风效果(图3-7)。

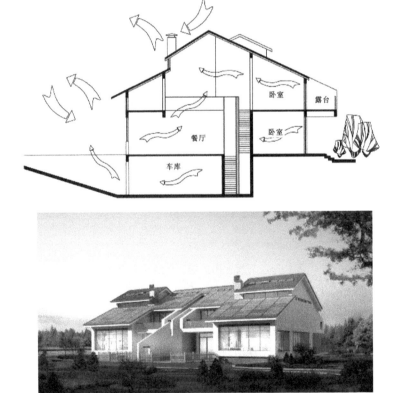

图3-7　某"零能耗"别墅利用风帽强化自然通风示意图

2. 利用太阳能辅助自然通风

西北地区地势高,空气稀薄,干燥少云,太阳辐射被大气层反射和吸收的较少,太阳辐射强烈,平均每天日照时数为 6～10 小时。因此,利用太阳能强化自然通风比单纯依靠热压通风作用要好得多。在夏季,可以利用太阳能烟囱上的可控百叶,在热压作用下将室内空气向外排出;当室外太阳辐射强烈时,可以利用吸热板吸收更多热量,使太阳能烟囱的内部更热,加速热压通风的效果。如果室内空气湿度过大,热压作用并不能满足通风的需要,这时可以打开风机来加强通风,以达到为室内空间通风、降温、除湿的效果。

如西北黄土高原上的窑洞民居,有很厚的黄土层作为天然庇护,在夏天室内温度低于室外温度,在冬季则室内温度高于室外温度,室内外之间的温差促使了它们产生热压,形成自然通风,这是地面其他建筑所不能比拟的巨大优势。因此可以借鉴上文自然通风的一些设计方法,利用太阳能辅助自然通风技术进行可控制的自然通风,达到有效改善室内环境的目的(见图 3-8)。此外,室外热湿空气可以通过土壤预冷,再进入室内就不易结露,能够有效降低室内的湿度。

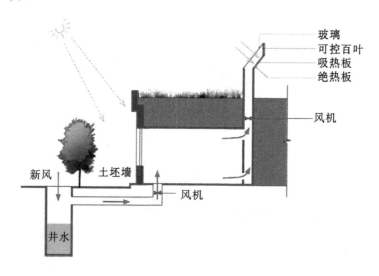

图 3-8　利用太阳能辅助自然通风示意图

3. 中庭遮阳系统辅助自然通风

中庭是建筑中的高大空间,"烟囱效应"较为明显。在西北寒冷和严寒地区,根据不同季节的气候特征,结合一些中庭遮阳手段,加大温差和压差,使中庭内部空气流动更为频繁。这样可以调节建筑室内气候环境,营造舒适的室内热风环境。

为了维持中庭空间良好的物理环境,西安交通大学协同创新中心建筑中庭部分顶部设置了电动遮阳膜系统,针对不同季节采用不同的控制方式,冬季,白天充分利用温室效应,将中庭顶部处于严密封闭状态,开启遮阳系统,让太阳辐射最大限度地射入室内,夜晚则关闭中庭遮阳系统以增大热阻,防止热量散失。夏季,根据太阳辐射的强弱以及温度的改变,打开局部天窗通风,利用遮阳膜调节进入室内的阳光,避免过多太阳辐射进入中庭,利用烟囱效应强化自然通风,排出室内多余热量,提高室内环境的整体舒适度(见图3-9)。建筑中庭设置的电动遮阳膜系统,通过智能控制系统,可以根据太阳辐射的强弱以及温度的改变自动进行开启与变化。在实现低能耗运行的同时,创造出光与影的相互交替,为建筑中庭营造出灵动的空间氛围。

图3-9 西安交通大学协同创新中心

西安欧亚学院行政办公楼,中庭高大空间结合遮阳系统及两侧的高窗出风口,在冬季,关闭进出风口,利用温室效应,提高室内空间及围护结构表面的温度;在夏季,打开顶部两侧的高窗出风口,利用烟囱效应在中庭内部促进自然通风,营造舒适的室内环境(见图3-10)。

上述提出适宜于我国西北地区气候特点的建筑室内环境设计策略,是对绿色建筑众多绿色生态手段中的一种思考。作为一种与地区气候相适宜的绿色技术,在实际运用的过程中,应该在与地域特征相吻合的基础上,综合考虑空间布局、自然采光、建筑材料等众多因素。相信随着生态、可持续发展理念的不断发展,因地制宜地把地域特征这一重要因素考虑到室内环境营造中去,坚持以可实施性为研究原则,绿色的室内环境设计策略在西北地区将会越来越多地被利用,相关技术也会慢慢普及。

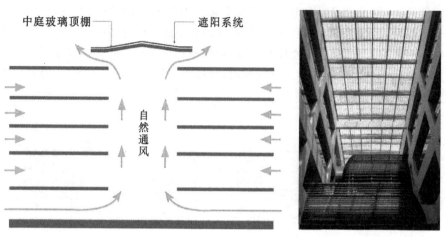

中庭玻璃顶棚　　　遮阳系统

自然通风

图3-10　西安欧亚学院行政办公楼

本章参考文献

[1]吴岳芳. 室内设计的现状分析和改进策略[J]. 设计,2015(11):78-79.

[2]李百战. 室内热环境与人体热舒适[M]. 重庆:重庆大学出版社,2012.

[3]刘辉. 基于节能目的的室内自然光环境设计研究[J]. 中外建筑,2015(04):92-93.

[4]杨辉,杨闯,郭兴忠,杨庭贵. 建筑节能门窗及技术研究现状[J]. 新型建筑材料,2012 (09):84-89.

[5]杨宝. 绿色建筑中节能门窗的应用现状与发展趋势[J]. 绿色科技,2015(05):250-252.

[6]王战友. 自然通风技术在建筑中的应用探析[J]. 建筑节能,2007(07):20-23.

[7]孙金金. 自然通风技术在绿色建筑中的应用实践[J]. 智能建筑与城市信息,2014(10): 50-53.

[8]朱轶韵,刘加平. 西北农村建筑冬季室内热环境研究[J]. 土木工程学报,2010(2):400-403.

[9]李秋实,陈琛,胡哲铭. 我国西北地区建筑防沙尘及通风策略研究[J]. 住区,2014(1): 123-125.

[10]吴恩融,穆钧. 毛寺生态实验小学,毛寺村,庆阳,甘肃,中国[J]. 世界建筑,2008,07:34-43.

[11](美国)阿尔温德·克里尚,尼克·贝克,西莫斯·扬纳斯. 建筑节能设计手册:气候与 建筑[M]. 北京:中国建筑工业出版社,2005.

第4章 绿色建筑围护结构

4.1 建筑围护结构节能概述

建筑物的围护结构通常包括屋顶、门窗、外墙、地面四个部分。建筑物室内外热量的交换主要通过围护结构的这四个部分来进行。其中,外墙的散热量占到了总散热量的 25%～28%,门窗也占到了总散热的 25%～28%,由于门窗气密性的原因损失的热量占到了总散热量的 23%～25%,屋顶占到了总散热量 10%,楼梯间隔墙及地面占到了总散热量的 10%。由此可见,建筑围护结构的保温性能直接影响到建筑的耗能水平,保温越好,建筑的能耗就越低,建筑的节能效果就越好。

4.2 外墙节能

4.2.1 概述

墙体作为建筑物的围护结构,首先起到了承重和分割空间的作用,同时在保证室内热稳定性上同样也发挥重要的作用。在一栋建筑的外围护结构中,外墙是与室外接触的主要部分,与室外环境的热交换量巨大。因此,提升外墙的保温隔热性能就成了建筑外围护结构节能的研究重点。实现建筑外墙节能主要有外墙保温隔热和外墙集热蓄热两种途径。

4.2.2 外墙保温隔热

建筑保温是指建筑外围护结构在冬季阻止室内向室外传热,从而能够保证建筑室内的热舒适度。提高建筑物的保温性能必须控制围护结构的传热系数 K 或热绝缘系数。为此,我们应选择传热系数较小、热绝缘系数较大的墙体结构材料,从而满足建筑外墙保温的需求。建筑隔热则通常是指围护结构在夏天隔离太阳辐射热和室外高温的影响,从而使其内表面保持适当温度的能力。

目前来说,提高建筑物外墙的保温隔热性能主要有以下两种途径。

节能保温材料附着于建筑外墙,形成多层复合保温外墙,从而达到国家相关的节能标准。根据保温层与建筑外墙的相对位置,复合保温外墙又分为了保温材料附着于外墙外侧的外墙外保温、保温材料附着于外墙内侧的外墙内保温、保温材料位于双层外墙之间的外墙夹芯保温等几类。

外墙自保温是指在外墙设计施工过程中,利用无机墙体材料自身的高热阻的热工特性来达到国家相应的节能指标。

外墙保温隔热通常有四种做法(见表 4-1),分别是:

表4-1 各种外墙保温类型优缺点比较

外墙保温类型	优点	缺点
外墙外保温	消除了热桥现象,避免了外墙内表面发霉结露,不占用室内空间,保护建筑主体结构,相对节约保温材料,便于对建筑进行节能改造	耐火性、耐候性、耐久性要求严格,施工程序复杂、技术要求较高
外墙内保温	技术简单、施工便捷,造价便宜,对保温材料的性能要求较低,不影响建筑外立面的装修	节能效果不理想,容易产生热桥现象,外墙内表面结露、发霉,减少室内使用面积,二次装修可能破坏保温层
外墙夹芯保温	保温材料技术性能要求较低,墙体可有效地保护保温材料,不影响建筑外立面的装修	容易产生热桥现象,施工程序复杂、技术要求较高,影响建筑结构的强度
外墙自保温	使用寿命长,施工相对简单,缩短工期,不影响建筑外立面的装修	造价相对较高,部分外墙热桥部位仍需外保温,技术适应性较差,广泛普及难

1. 外墙外保温

墙体外保温是在主体结构外侧加保温层,再做饰面层。这种构造作法具有能够发挥材料的固有性能的特点。此种保温形式可用于新建墙体,也可以用于即有建筑外墙的改造,是目前大力推广和发展的一种建筑保温节能技术。

2. 外墙内保温

内保温复合墙体是由主体结构与内侧保温结构两部分组成。内保温复合墙体的主体结构一般为砖、砌块和混凝土墙体等。这种构造作法施工比较容易,保温材料的面层不受外界气候变化的影响,保温层的修补或更换也比较方便。但内保温复合墙体在保温节点构造方面不可避免会形成一些热桥,如丁字墙、圈梁、抗震构造柱、洞口过梁、楼板与外墙搭接处、外墙拐角部位等。必须加强这些部位的保温措施,至少应使这些部位的内表面温度高于相应室内温度与湿度下的结露点,保证其在正常使用状态不会出现结露现象。

3. 外墙夹芯保温

外墙夹心保温是将保温材料置于外墙的内、外侧墙片之间,内、外侧墙片可采用混凝土空心砌块。这种方式的优点是对内侧墙片和保温材料形成有效的保护,对保温材料的选材要求不高,聚苯乙烯、玻璃棉以及脲醛现场浇注材料等均可使用,且对施工季节和施工条件的要求不十分高,不影响冬期施工。

4. 外墙自保温

外墙自保温系统是墙体自身的材料具有节能阻热的功能,其优点是将维护结构和保温隔热功能合二为一,无须另外附加其他保温隔热材料,在满足建筑维护要求的同时又能满足隔热节能要求。在夏热冬暖气候区内外墙自保温尤为适合,因此近年来外墙自保温越来越受青睐,关键只要窗墙面积比和窗地面积比适当,建筑朝向为南北向,采用外墙自保温隔热的设计,一般都能满足本地区的节能标准。

4.2.3 外墙集热蓄热

外墙集热蓄热是一种新型的外墙节能技术。它是通过太阳能技术,将太阳能组件与建筑墙体相结合,充分利用太阳能资源,将热量收集起来,从而起到了改善室内热舒适度的作用,这是外墙节能技术发展的一个趋势。在外墙保温隔热研究的基础上,着力研究外墙的集热蓄热,是发展建筑围护结构节能技术的有效途径。

1."隐藏"太阳能构件

太阳能构件在建筑中运用的初期,人们并不认为构件本身能够增加建筑造型的美感和趣味性,通常的做法是将这些集热蓄热的太阳能构件"隐藏"起来,从建筑外观上很难发现这些构件。

2."一体化设计"

随着技术的进步,人们的观念也随之发生了改变。建筑是一个完整的统一体,要将太阳能技术融入到建筑设计中,就应该从技术和美学两方面入手,使建筑设计与太阳能构件有机结合,即"一体化设计",巧妙地将太阳能系统的各个部件融入建筑之中,使太阳能构件成为建筑不可分割的一部分。

4.2.4 节能墙体

1.特朗勃墙体

特朗勃墙体(见图 4-1、图 4-2、图 4-3、图 4-4)是利用阳光照射到外面有玻璃罩的深色蓄热墙体上,加热透明盖板和厚墙外表面之间的夹层空气,通过热压作用使空气流入室内,向室内供热,同时墙体本身直接通过热传导向室内放热并储存部分能量,夜间墙体储存的能量释放到室内;另一方面,特朗勃墙体通过玻璃盖层等将热量以传导、对流及辐射的方式损失到室外。这种做法非常适用于我国西北太阳能资源丰富、昼夜温差比较大的地区,如青海、新疆等,它将大大改善该地居民的居住环境,减少这些地区的采暖能耗。

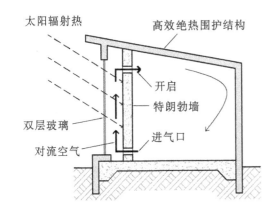

图 4-1　特朗勃墙体冬季白天工作原理

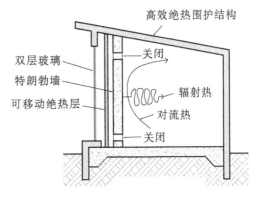

图 4-2　特朗勃墙体冬季夜间工作原理

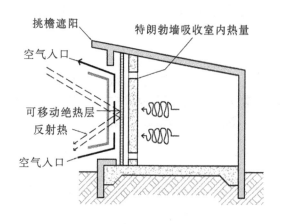

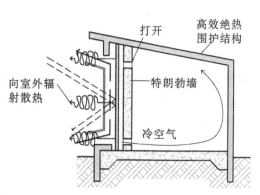

图4-3 特朗勃墙体夏季白天工作原理　　图4-4 特朗勃墙体夏季夜间工作原理

2.双层墙体

双层墙体通常是指分层的、内部有空腔的墙。理论和实践都证明,如将单层墙做成分割的双层墙,虽然密度不变,但隔声量可提高10dB或更多。但对很低频率的声音,隔声量的增加甚微。另外,为使双层墙发挥其优势,两墙之间的分隔空腔中应填加多孔性吸声材料,以抑制可能出现的空腔共振。对工程实践很有意义的一点是,双层墙中的一层可用轻板(如波纹纸板一类的材料),按其重量来说几乎没有增加,但空腔产生的隔声改善作用仍存在。

3."呼吸式"玻璃幕墙

"呼吸式"玻璃幕墙(见图4-5)又称气循环幕墙、热通道幕墙、生态幕墙、绿色幕墙等。它是由一层外层玻璃幕墙和一层内层玻璃幕墙(或玻璃窗)组成的双层玻璃幕墙,两层玻璃幕墙之间留有一个空气通道,这个通道称为热通道。"呼吸式"玻璃幕墙自20世纪80年代后期出现在欧美发达国家,经过几十年的发展,已经在许多绿色生态建筑中广泛运用。

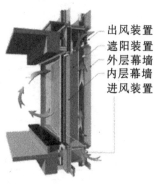

图4-5 "呼吸式"玻璃幕墙

4. 通风遮阳墙

通风墙主要利用通风间层排除一部分热量。例如空斗砖墙或空心圆孔板墙之类的墙体,在墙上部开排风口,在下部开进风口,利用风压与热压的综合作用,使间层内空气流通排除热量。通风遮阳墙是墙体既设通风间层,又设遮阳构件,既遮挡阳光直射减少日辐射的吸收,又通过间层的空气流动带走部分热量的墙体。

5. 充水墙体

水的比热是 $4.18 \times 10^3 \mathrm{J/(kg \cdot K)}$,其他一般建筑材料如砖、混凝土、土坯、木材等比热都在水的比热的 1/5 左右,故用同质量的水蓄热比其他材料蓄集的热量多,且水要比其他材料重量轻,因此发展充水墙体有着重要的现实意义。将水充入墙体内的间层或导管内,通过调节间层或导管内水量的多少来控制墙体的隔热性能以及热容量,还可以借此形式的水流的往复循环系统在夏季带走墙体吸收的多余热量。这种做法在西北地区推广有一定的难度,夏天能够起到集热蓄热的效果,冬天往往因为气候原因导致水管结冻破裂等问题,需要因地制宜综合考虑。

6. 绿化墙体

绿化墙体(见图4-6),是指充分利用不同的立面条件,选择攀援植物及其他植物栽植并依附或者铺贴于各种构筑物及其他空间结构上的绿化方式。绿化墙体做法主要包括两种:模块化墙体绿化和铺贴式墙体绿化。

图4-6 绿化墙体示意

4.3 外窗节能

建筑外窗是建筑围护结构的一个重要组成部分,通常也是保温、隔热及节能的薄弱环节,是影响室内热环境质量的重要因素之一。一方面,提高门窗的保温隔热性能,减少其能耗,是改善建筑热环境质量和提高窗户节能水平的重要环节。另一方面,建筑外窗承担着沟通室内外环境和保温隔热两个相互矛盾的作用,不仅要求它具有良好的保温隔热性能,同时还应具有采光、通风、隔音、防火、美观等多项性能。因此在技术处理上相对于其他的围护构件,难度更大,涉及的问题也就更为复杂。

目前,在寒冷地区的外围护墙体结构的平均传热系数 K 值可以达到 $1.0W/(m^2 \cdot K)$,在部分节能小区甚至达到 $0.4W/(m^2 \cdot K)$,建筑设计在外墙节能技术应用方面已经可以与发达国家媲美。但是对于建筑门窗的节能性能,虽然一些节能规范标准中已经强调各地区必须达到的热工指标,实际上,多数整体门窗的传热系数 K 值超过 $2.5W/(m^2 \cdot K)$。普遍使用的单层钢窗,其传热系数超过 $6.4W/(m^2 \cdot K)$。随着外墙的节能设计越来越好,为满足舒适性要求,窗墙比也越来越大,门窗的热洞效应越来越突出,门窗能耗问题将越来越严重,可见门窗是外围护结构节能设计的最薄弱环节。

在门窗上的能量损失方式主要为:辐射传递、对流传递、空气渗漏和传导传递。相应地,如何处理好各朝向窗的配置、构造、尺寸形状及保温隔热措施是居住建筑节能设计中的关键问题。

4.3.1　外窗开启形式

1. 侧面采光窗

侧面采光窗是指开设在建筑物垂直墙体上的从侧面方向为建筑室内提供自然光的窗户形式。常规的侧面采光窗能够起到自然采光,自然通风和提供景观视野的功能,甚至有些开启高度较低的外窗能够在一些自然灾害时作为紧急逃生出口。

1)侧窗的位置和形式

各个朝向的窗户均有采光的可能性。窗户的最佳朝向由建筑用途决定。例如,学校教室需要南向的采光,图书馆则需要避免阳光直射,更适合北向采光;冬天采用被动式太阳能采暖,无疑南向玻璃是有利的;北向玻璃几乎没有直射阳光,但自然采光条件优越。然而为了获得最佳效果,每个朝向应区别对待。

南向是西北地区的办公、住宅建筑的最佳朝向,南向采光能够提供最大的得热量,能够带给建筑室内空间良好的热舒适性;相比较而言,北向采光能获得高质量的均匀光线和最小的得热量,但在采暖期存在着热损失大和随之而来的热舒适性差的问题;东西两向光线不均匀,会有短暂的强烈光线影响室内空间的舒适性,通常不作为主要的采光朝向。

双面采光优于单面采光(见图 4-7、图 4-8)。因此,在条件允许的情况下,要尽可能地采用双面侧窗采光,改善光线分布,减少炫光,提高室内空间的舒适度。

窗户越大,采光量和得热量越大,会造成夏季室内温度过高,需要选用合适的玻璃材质和遮阳方式,冬季又会造成热损失量大,增加采暖保温的成本。因此,我们需要根据建筑功能来确定外窗的采光面积,合理设计。

2)侧窗的增效措施

大面积玻璃并不能保证良好的采光。有几种装置和建筑设计技巧可以获得满意的光线质量和数量。这些装置的大体功能有三:漫射或反射阳光使其重新分布;消除室内表面过多的亮光;消除眩光和直接阳光辐射。诸如反光板、百叶和深窗洞等建筑元素都可以改善光线分布。如果是浅色的,采光会更加均匀。另外,建筑的遮阳板以及室外的植物都能阻挡直射阳光,减少得热;在冬季阳光仍能进入建筑提供热量。

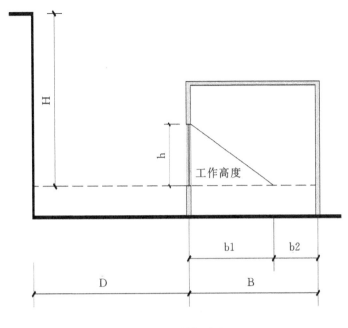

图 4-7　单侧采光

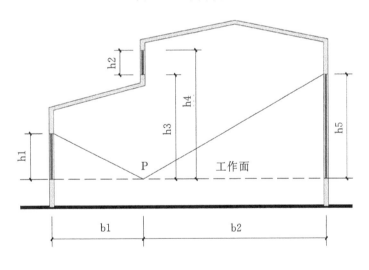

图 4-8　双侧采光

3）侧窗的自然通风

　　良好的自然通风效果依赖于设计。窗户的形式对室内气流的路径和降温效果有很大的影响。当窗口不能朝向主导风向，或房间只有一面墙开窗时，可利用翼墙改变建筑周围的正压区、负压区，引导气流穿过平行于风向的窗口。

2. 顶部采光窗

建筑中心采光是通过天窗实现的,一般类型包括平天窗、高侧窗、矩形天窗和锯齿型天窗四种形式(图4-9)。天窗最适合厂房、仓库等大空间单层建筑的采光,而不适合多层建筑。顶部采光窗的优点在于,能够获得较为均匀、亮度较高的光线,有利于建筑物的自然通风;缺点是很难采取有效的遮阳措施,产生直接眩光或光幕反射的可能性增大,且由于光源高于视线平面,所以没有向外的视野。

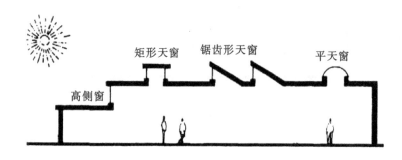

图4-9 顶部采光窗的各种形式

1)平天窗

平天窗(图4-10)的形式很多,有共同点是采光口位于水平面或接近水平面,因此,它们比所有其他类型的窗户采光效率都高得多,为矩形天窗的2~2.5倍。小型的采光罩更有布置灵活、构造简单、防水可靠等优点。平天窗采用透明的窗玻璃材料时,自然光很容易长时间照进室内,不仅产生眩光,而且夏季强烈的辐射会造成室内过热,所以,热带地区使用平天窗一定要采取措施遮蔽直射自然光,加强通风降温。

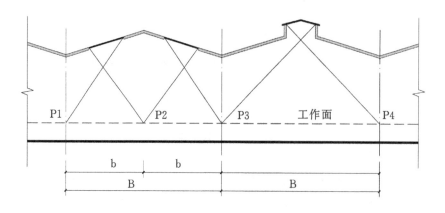

图4-10 平天窗采光

由于平天窗可能造成眩光等问题,通常我们需要选取低可见光透射比的玻璃,同时利用墙壁、反光百叶等漫射表面扩散光线;或是将采光设计成喇叭口状;通过设置遮阳构件解决问题。

2)高侧窗

高侧窗是视线以上的竖直玻璃窗,可以增加房间深处的照度。因为平天窗在夏季存在隔热问题,在冬季收集的光线和热量又不足,所以常常用竖直或近似竖直的高侧窗替代平天窗。高侧窗最适合室内布局开敞的建筑,不会阻挡光线进入空间深处,推荐在教室、办公室、图书馆、多功能房间、体育馆和行政管理建筑中采用。

高侧窗最好朝南或朝北。南向高侧窗在冬季可以收集更多阳光,并且水平遮阳板可以有效地为朝南的高侧窗遮蔽夏季直射阳光。北向高侧窗以最大的太阳高度角倾斜,即纬度加23°,这样在避免眩光的同时增加引入的光线,并且引入的是低角度的、稳定的光线,无需遮阳。东西向的高侧窗应该避免。因为阳光角度低,很难遮蔽,并带来眩光和过多的太阳能热。

3)矩形天窗

矩形天窗(见图4-11)在公共空间及工业建筑中应用很普遍,它实质上相当于提高位置的成对高侧窗。在各类天窗中,它的采光效率,也就是进光量与窗洞的面积之比达到最低,但眩光小,便于组织自然通风。

没有遮阳的南向、东向和西向玻璃会导致很高的得热量。如果各面都装玻璃,经常会导致比高侧窗更多的热损失和得热量,而且遮阳也比较困难。东西向窗和北向窗利用反光板可以增加引入的光线。朝南的开口利用室内墙面反射光线,或利用遮阳板和扩散反光板,可以使光线均匀扩散。

4)锯齿形天窗

锯齿形天窗(见图4-12)属单面顶部采光,具有高侧窗的效果,加上有倾斜顶棚作为反射面增加反射光,因此较高侧窗光线更均匀。其特点是屋顶倾斜,可以充分利用顶棚的反射光,采用效率比矩形天窗高15%~20%。当窗口朝北布置时,完全接受北向天空漫射光,光线稳定,直射日光不会照进室内,因此减少了室内温度的波动及眩光。根据这些特点,锯齿形天窗非常适于纺织车间、美术馆等建筑。

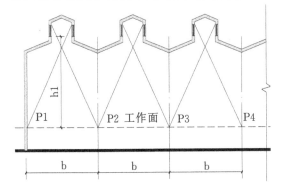

图4-11 矩形天窗采光

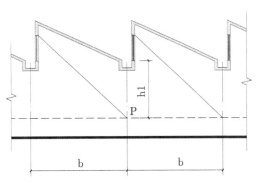

图4-12 锯齿形天窗采光

4.3.2 窗地比

窗户是墙体之外,外围护结构中热量损失的又一个重要因素。一般而言,窗户的传热系数要远大于墙体的传热系数,所以尽管窗户在外围护表面中占的比例不如墙面大,但通过窗户的传热损失却有可能接近甚至超过墙体。单一朝向外窗(门)面积和墙面积(含窗面积)的比值一般称窗墙面积比。相同面积门窗的导热系数远远大于墙体,窗墙比将直接影响建筑保温隔热性能。建筑各朝向的太阳辐射量不尽相同,因此不同朝向窗墙比对建筑负荷的影响亦有所不同。窗墙比是建筑围护结构热工性能的一个重要参数,窗墙比增大将会有两方面的影响,一方面会导致房间太阳辐射得热增加,这部分热量有利于冬季改善室内热环境,另一方面会增加室内、外热交换量,而造成进一步增大冬季室内的热量消耗,但却有利于夏季散热,如此而来,窗墙比的增加对冬季和夏季的室内热环境影响均有利有弊。

《民用建筑热工设计规范(GB 50176—93)》中规定:居住建筑各朝向的窗墙面积比,北向不大于0.2,东西向不大于0.25,南向不大于0.35。在确定建筑窗墙比时,应该根据所在地区的气候特点以及不同的建筑朝向,选择合适的窗墙比值,以利于建筑节能。

根据《公共建筑节能设计标准》规定,建筑每个朝向的窗(包括透明幕墙)墙面积比均不应大于0.70。当窗(包括透明幕墙)墙面积比小于0.40时,玻璃(或其他透明材料)的可见光透射比不应小于0.40。对于玻璃幕墙建筑,窗面积是指幕墙的透明部分,不是幕墙的总面积,应在幕墙的总面积中扣除各层楼板以及楼板下面梁的面积,所以窗墙面积比一般不会超过0.70。近年来公共建筑的窗墙面积比有越来越大的趋势,当窗墙比超过规定值后,就需要通过将窗的热工性能做得更好,来弥补因窗面积增大带来的能耗超标。

4.3.3 保温隔热

1. 多层玻璃窗

采用多层玻璃窗提高窗户保温性能的方法,早已被设计人员和使用者所采用。西北地区早已普遍采用双层玻璃窗,近几年,新疆的部分城市还采用了三层玻璃窗。采用多层玻璃窗,其目的不仅是为了增加玻璃的厚度,其更重要的目的是为了形成有一定厚度的空气间层,因为空气的导热系数远远小于玻璃的导热系数。从热工学角度看,由于间层内空气对流状态对换热程度的影响,当空气间层的厚度小于40mm时,其热阻值是随厚度的增加而增大的,但当空气间层达到40mm后,其热阻接近定值。所以,采用双层玻璃窗时,其空气间层的厚度应不小于40mm,这样才能充分地发挥空气间层的作用。

2. 改善空气间层的保温性能

空气的导热传热性能差,但对流换热性能比较好,所以为提高空气间层的保温性能,应避免或减少空气间层与户外空气的对流换热,所以空气间层应该处于密闭状态(亦称中空状态),甚至是真空状态或充填惰性气体。它是避免间层内的气体与外部的空气进行对流换热,从而确保空气间层发挥保温作用和提高空气间层热阻的关键措施。

3. 窗框材料选择

窗框材料是整个窗户节能设计中另外一个薄弱环节,整个窗户中约有1/4面积是窗框材料,高性能窗框材料较传统的钢制窗框材料具有更好的隔热性能(见表4-2)。窗框是不同材料的组合,如果选择门窗使用充气(充气中空玻璃)、LOW-E镀膜和低传导间隔条中空玻璃,那么窗框材料就应该选择传导热损失最低的材料,这是窗框材料选择的基本条件。常用的窗框材料有钢材、木材、铝合金、塑料。其中,木、塑料的隔热保温性能优于铝合金、钢。塑钢门窗在寒冷地区使用比较广泛,能够满足人们对门窗的一般需求。塑钢门窗的出现,改善了人们的室内热环境和声环境,因此推广塑钢门窗是节约能耗的需要。玻璃钢窗是新一代绿色环保型节能窗。具有轻质高强(无需加钢衬补强)、不易变形、尺寸稳定、耐腐蚀、耐老化、结构设计合理等优点。该窗框传热系数小,与中空玻璃组合,外窗的保温隔热性能更加优良。

表4-2 窗户的传热系数与传热阻

窗框材料	窗户类型	空气层厚度(mm)	窗框窗洞面积比(%)	传热系数 K w/(m²·k)
钢、铝	单层窗	—	20~30	6.4
	单框双层玻璃	12	20~30	3.9
		16	20~30	3.7
		20~30	20~30	3.6
	双层窗	100~140	20~30	3
	单层窗+单框双层玻璃	100~140	20~30	2.5
木、塑料	单层窗	—	30~40	4.7
	单框双层玻璃	12	30~40	2.7
		16	30~40	2.6
		20~30	30~40	2.5
	双层窗	100~140	30~40	2.3
	单层窗+单框双层玻璃	100~140	30~40	2

4. 采用具有"透短反长"特性的镀膜玻璃

窗户节能关键是玻璃节能,因为窗户是采光构件,玻璃占有其主要的面积,由于对住宅采光要求越来越高,玻璃甚至达到窗户面积的80%~90%,所以窗节能的关键在于玻璃的节能(见表4-3)。玻璃按其性能不同主要分为平板玻璃、镀膜玻璃、中空玻璃和彩色玻璃(吸热玻璃)。

表 4-3 玻璃镀膜与不镀膜的当量辐射系数 C_n 比较

玻璃结构	玻璃镀膜状况	玻璃辐射系数 $C[W/(m^2 \cdot K^4)]$		当量辐射系数 C_n $[W/(m^2 \cdot K^4)]$
		不镀膜玻璃	镀膜玻璃	
双层玻璃	两块玻璃均不镀膜	4.9	—	4.29
	任意一块玻璃镀膜	4.9	0.5	0.49
	两块玻璃同时镀膜	—	0.5	0.26
三层玻璃	三块玻璃均不镀膜	4.9		2.15
	中间一块玻璃镀膜	4.9	0.5	0.25
	任意一块玻璃镀膜	4.9	0.5	0.47

镀膜玻璃窗是在双层玻璃窗的里层涂(贴)上含有氧化锡或氧化锌的透明薄膜,形成"透短反长"(LOW-E)玻璃的热镜效应,既能在白天使室外的短波热能顺利地辐射到室内,夜间又能避免或减少室内的长波热能向外辐射,增强室内的温室效应,对于采暖地区冬季提高室温将起到非常好的作用。

5. 减少窗户在夜间的热损耗

由于窗户的热损失主要是在夜间及阴天发生,所以在这些时候给窗户增加一些辅助保温措施是十分必要的。例如可在窗户上加一层绝热性能好的保温窗板,或者在玻璃窗内侧增设带有反射绝热材料的保温窗帘,这些措施都可以使窗户的保温效果得到提高,达到明显的节能效果。

6. 改善窗际的热舒适环境

为了避免对供热(冷)建筑内外分区所造成的混合能量损失,需改善窗际的热舒适环境,基本方法有以下两点。

通风窗方式:北欧国家早在 60 年代就采用过这种方式,它由内层玻璃窗,外层玻璃窗,百叶遮阳及排气系统构成。由于这种窗构造严密,空气通道排热效果好,在冬季,可使室内一侧玻璃表面温度接近室温,减小冷辐射小;在夏季,遮阳百叶在双层幕墙中间,绝大部分的太阳热能被挡住,并通过自然通风系统排到室外,从而大大减少室内空调制冷负荷。

空气屏障方式:它是利用室内回风,空调送风从窗沿下面向上流动,再由吊顶吸入,从而使得空气在百叶窗和玻璃之间流动,窗际产生的负荷由风机系统强制排出以达到节能效果。

4.4 屋面节能

4.4.1 屋面保温隔热的一般做法

1. 正铺法

实体材料保温屋面适用于平屋面和坡屋面。根据保温材料的所处结构层位置又分为外保温隔热正置式屋面和倒置式屋面。外保温隔热正置式保温屋面(见图 4-13)是把保温层置于屋面防水层和结构层之间,这是我国过去经常采用的一种保温措施,比较成熟。

2. 反铺法

外保温隔热倒置式屋面(见图4-14)是把保温层置于屋面防水层之上,而保温层不作封闭,是一种先进的屋面保温方法,也是西方等发达国家常用的一种做法。倒置式屋面具有构造简单、不必设置排气沟和排气管道、保护防水层、寿命持久、施工简单快捷、维修方便、可以采用保温隔热高效材料等优点,所以在可能的条件下应优先采用。

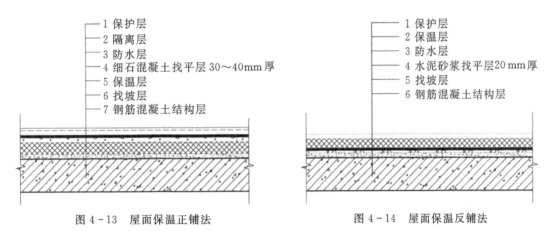

图4-13 屋面保温正铺法　　　　　图4-14 屋面保温反铺法

3. 加盖保温隔热的岩棉板

这种做法是用水泥膨胀珍珠岩制成方形的箱子,内填岩棉板,倒放在屋面上,在板与屋面之间形成3cm的空气间层。此外屋面材料应尽量选用节能、传热系数小、稳定性好、价格低、节土、利废、重量轻、力学性能好的材料。施工时,应确保保温层内不产生冷凝水。在采用屋面保温和隔热技术的同时,坡屋面通风屋顶不仅使用效果良好,而且也美化了城市。

4.4.2 双层屋面

双层屋面按其目的不同,可分为双层隔热屋面和双层集热屋面,也可以根据季节的不同,通过转换风口将双层屋面的隔热和集热功能集于一身。

1. 双层隔热屋面

双层隔热屋面即通风隔热屋面。这里指在屋顶设置通风间层,上层表面遮挡阳光辐射,同时利用风压和热压作用将间层中的热空气不断带走,使通过屋面板传入室内的热量大为减少,从而达到隔热降温的目的。这种做法多用在我国南方地区,由于夏季太阳辐射比较强,而屋顶又是防热的首要部位,因此,多做通风间层。

屋顶平台上的遮阳棚架也是双层隔热屋面的一种。特别是在热带和亚热带地区,全年无冬,夏季炎热,太阳辐射强烈,出于遮阳声能和建筑艺术的需要,热带、亚热带地区的建筑师们纷纷创造了很多屋顶遮阳形式。2004年建成使用的深圳市民中心的设计中,建筑师通过屋顶巨大的飘板将几个建筑体量串联起来,建筑具有强烈的"一体化"特点,巨大的屋顶阻挡了太阳辐射对建筑屋面的影响,使原本分散的建筑产生连续完整的视觉效果(见图4-15)。杨经文自宅的设计中也采用了双层隔热屋面(见图4-16),在住宅的顶部设置了遮阳格片,根据太阳季节性的运行轨迹,将格片做成不同的角度,以控制采光量,从而达到通风隔热的作用。

图4-15 深圳市民中心

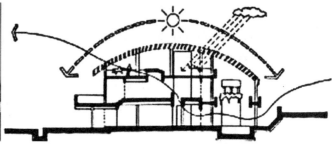

图4-16 杨经文自宅

2. 双层集热屋面

双层集热屋面即空气集热屋面。建筑屋面作为集热部件有其特有的优势:不影响建筑立面;日照条件好,不受朝向影响,不易受到遮挡,可以充分地接受太阳辐射;系统可以紧贴屋顶结构安装,减少风力的不利影响;集热器可替代隔热层遮蔽屋面。

双层集热屋面的上层表面实际是太阳能集热器,收集太阳能,加热间层中的空气。集热屋面根据其气流通路的不同,可分为两种类型:一种是封闭循环式的。间层中的空气和室内空气形成环路,其原理类似于有通风口的特朗勃墙。另一种气流环路是开放式的。不断从檐下引入室外新鲜空气,在间层中预热,热空气上升,经风扇吹入室内,适合于白天需要大量新风的建筑,其原理类似于呼吸式太阳能集热墙。

4.4.3 屋面绿化

在我国夏热冬冷地区和华南等地一直就有"蓄土种植"屋面的应用实例,通常我们称为种植屋面。目前在建筑中此种屋顶被更加广泛应用着,利用屋顶植草栽花,甚至种灌木、堆假山、设喷泉形成了"草场屋顶"或屋顶花园,它是一种生态型的节能屋面。

1. 分层构造开敞型绿化屋面

先在屋面上覆种植土,将种植土混合堆积成设计要求的形态后,进行植物的播种或扦插育苗(见图4-17)。其优点相对预种植模块化绿化屋面成本较低;缺点在于在施工完成后约两三个月的时间才能形成成熟的屋面绿化效果。

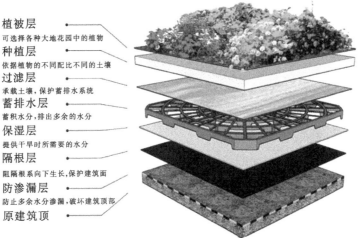

植被层
可选择各种大地花园中的植物
种植层
依据植物的不同配比不同的土壤
过滤层
承载土壤,保护蓄排水系统
蓄排水层
蓄积水分,排出多余的水分
保湿层
提供干旱时所需要的水分
隔根层
阻隔根系向下生长,保护建筑面
防渗漏层
防止多余水分渗漏,破坏建筑顶部
原建筑顶

图4-17 国内某商业屋面分层构造开敞型绿化屋面

2. 预种植模块化绿化屋面

其做法是预先将植物种植在相应规格的绿化模块中,后期需要安装绿化屋面时,将绿化模块直接放置在屋面上进行拼合,形成大面积的绿化屋面(见图4-18)。其优点在于以一层平板的形式与屋面构造层相对独立,便于后期的检修与维护,因为预种植,在施工上较为便捷,屋面在安装后可立即实现其景观与节能效果;缺点是相对于分层构造开敞型屋面成本较高。

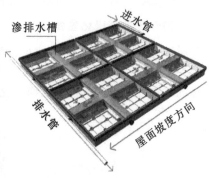

图 4 - 18 　国外某公共建筑预种植绿化屋面

4.4.4 蓄水屋顶

蓄水屋顶是在平屋顶上蓄存一定厚度的水层,利用水的比热容较大的优势,作为隔热材料,每蒸发 1kg 可以带走 2428KJ 的热量,蓄水屋顶不仅在气候干热地区是非常有效的隔热形式,在湿热地区也有很明显效果。蓄水屋顶有良好的隔热能力,非常有利于建筑节能。

提高蓄水屋顶的隔热能力,可在水面上敷设铝箔等浅色漂浮物,减少水面对太阳辐射热的吸收,从综合利用的生态学观念出发,在水面种植漂浮物(如水浮莲、水葫芦)将更为理想,此时仅有 10% 的太阳辐射能可以透过密集的叶片加热水层;同时由于植物的呼吸作用及光合作用,叶面将吸收大量的太阳辐射能;叶面的蒸发散热量增加。这些综合作用大大减少屋顶上的综合温度,能有效减低水温,提高隔热性能。

当然蓄水屋顶的选址需要因地制宜,在我国严寒地区和寒冷地区需要谨慎使用,以免冬天因为气候原因带来的诸多问题。

4.5　地面节能

作为围护结构的一部分,地面的热工性能与人体的健康可谓密切相关,地面承担了人们日常活动的大部分功能,人们不可避免地需要与地面相接触,为了保证健康,就必须维持与周围环境的热平衡关系。过高或过低的地面温度都会使人脚部感受到不适,更甚者会引起各种疾病。因此,良好的建筑地面,不但能提高室内热舒适度,而且有利于建筑的节能保温。

4.6　绿色建筑围护结构在西北地区的应用研究

4.6.1 建筑围护结构与建筑能耗的关系

研究节能技术外围护结构节能技术的一般方法是采用能耗模拟分析的方法找到各种节能技术在西北地区应用时对应的节能贡献率,从节能贡献率的角度对各种节能技术进行优化组合,从而建立起与西北地区相对应的围护结构节能技术体系。

全国不同气候区办公建筑采暖空调系统的能耗指标与外墙传热系数、屋面传热系数、外窗玻璃传热系数、外窗窗框传热系数、外窗玻璃太阳得热系数、外窗玻璃太阳能反射率、外遮阳系数、内遮阳系数等 8 个建筑围护结构因素密切相关。

我们通过 Design builder 能耗模拟结果定量确定了办公建筑能耗指标与上述围护结构因素之间的相互关系，重点研究了严寒 A 区、严寒 B 区和寒冷地区三个我国西北地区主要的气候分区。研究结果表明：

1）在严寒地区 A，影响办公建筑能耗水平的围护结构因素从主到次依次为：外墙传热系数＞外窗传热系数＞屋面传热系数＞窗框传热系数＞太阳得热系数＞外遮阳系数＞太阳能反射率＞内遮阳系数。

2）在严寒地区 B，影响办公建筑能耗水平的围护结构因素从主到次依次为：外墙传热系数＞外窗传热系数＞太阳能反射率＞太阳得热系数＞屋面传热系数＞外遮阳系数＞内遮阳系数＞窗框传热系数。

3）在寒冷地区，影响办公建筑能耗水平的围护结构因素从主到次依次为：外墙传热系数＞外窗传热系数＞太阳能反射率＞屋面传热系数＞太阳得热系数＞外遮阳系数＞内遮阳系数＞窗框传热系数。

对上述结果进一步的分析可知，严寒 A 区和严寒 B 区最适宜的围护结构节能技术为围护结构保温、Low-e 外窗玻璃；寒冷地区最适宜的围护结构节能技术为围护结构保温、Low-e 外窗玻璃以及内、外遮阳措施。研究表明，严寒 A 区、严寒 B 区和寒冷地区，建筑外围护结构冬季保温性能对于建筑节能的贡献大于建筑外围护结构夏季隔热对于建筑节能的贡献。

通过之前的分析我们已经确定无论是在严寒 A 区、严寒 B 区或是寒冷地区，建筑外围护结构保温是影响建筑能耗最主要的因素。外围护结构中外墙、屋顶和窗户不同部位在传热中发挥不同的作用，其中外墙和窗户占维护结构外表面积的 90% 以上，是维护结构最主要的部分。对此我们进行了外墙和窗户传热系数变化对建筑能耗影响的模拟分析。分析表明，外墙传热系数从 0.55 增加到 1.15，每次增量为 0.1，其他部位传热系数保持不变，模拟结果如图 4-19 所示，单位面积采暖能耗与外墙传热系数呈现良好的线性关系，传热系数增加 0.1W/(m² · K)，单位科技采暖能耗增加约 3W。窗户传热系数从 2.2 增加到 2.8，步长为 0.1，其他部分传热系数保持不变，模拟结果如图 4-20 所示，单位面积采暖能耗与窗户传热系数呈现线性关系，窗户传热系数每增加 0.1W/(m² · K)，单位面积采暖能耗增加约

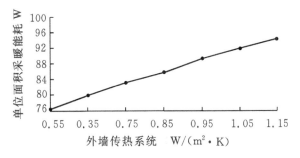

图 4-19　外墙传热系数与采暖能耗的关系曲线

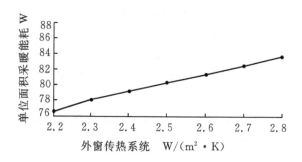

图 4-20 外窗传热系数与采暖能耗的关系曲线

1.2W。由此可见,外墙传热系数的改变对采暖能耗的影响更加显著,这跟外墙面积所占比例较大密不可分。

4.6.2 绿色建筑围护结构在西北地区的应用

1.建筑外墙节能在西北地区的应用

通过上述建筑围护结构与建筑能耗的关系研究,结合西北地区的严寒 A 区、严寒 B 区和寒冷地区三个气候分区的各自情况:严寒 A 区气候寒冷,冬季寒冷夏季凉爽,冬季需要大量采暖,而夏季一般不使用空调,因此只对墙体保温要求较高;严寒 B 区冬季需要采暖,夏季有短暂的炎热天气需要用到空调,因此除对墙体保温有较高要求外,也需要考虑外墙夏季通风散热;寒冷地区冬冷夏热,需要同时考虑建筑物保温隔热的要求(表 4-4)。

表 4-4 西北地区不同气候区域适用的外墙节能做法

气候分区	外墙外保温	外墙内保温	外墙夹心保温	外墙自保温	特朗勃墙体	热通道玻璃幕墙	通风遮阳墙	充水墙体	绿化墙体
严寒 A 区	★	☆	★	☆	★	☆	☆	☆	☆
严寒 B 区	★	☆	★	☆	★	☆	☆	☆	☆
寒冷地区	★	☆	★	☆	★	★	★	★	★

(注:图中★代表适宜这一气候区域的节能手段,☆代表不适宜。)

外墙保温方面,适宜西北地区外墙保温的技术主要是外墙外保温和外墙夹心保温技术,其中,外墙外保温中聚氨酯泡沫和聚苯颗粒保温浆料两种材料具有导热系数低,保温隔热性能好的特点,特别适用于对保温隔热性能要求极高的严寒 A 区和严寒 B 区;寒冷地区由于气候特点的特殊性,以西安为例,冬季寒冷需要采暖,夏季炎热对空调的依赖性较大,目前国内采用最为广泛、施工技术最为成熟的是 EPS 保温材料较聚氨酯泡沫和聚苯颗粒保温浆料两种材料造价更低,在寒冷地区应用广泛。外墙夹心保温的技术由于保温材料是夹在墙体内部的,避开了雨水、日照等天气变化带来的不利影响,聚苯乙烯、玻璃棉、岩棉等各种材料均可使用,也适用于严寒 A 区、严寒 B 区和寒冷地区。

在墙体设计方面,特朗勃墙体非常适用于我国北方太阳能资源丰富、昼夜温差比较大的地区如新疆等严寒 A 区和严寒 B 区,它将大大改善该地居民的居住环境,减少这些地区的采暖能耗;而"呼吸式"幕墙,通风遮阳墙,充水墙体和绿化墙体多是通过设计达到通风散热、减少墙体直接受到热辐射的效果,相比较严寒 A 区和严寒 B 区,这些做法更适用于寒冷地区。

陕西省科技资源中心办公楼(见图 4-21)的设计中,玻璃幕墙选用了传热系数超低的被动外循环式呼吸幕墙体系,外层为单层玻璃结构,内层由中空玻璃与断热型材组成。两层幕墙形成的通风换气层两端装有进风和排风装置,通道内也可设置百页等遮阳装置。该幕墙的综合传热系数仅为 $1.0W/(m^2 \cdot k)$,远低于国标的设计要求,它比传统的幕墙采暖时节约能源 42%～52%,制冷时节约能源 38%～60%,隔音性能可以达到 55dB。

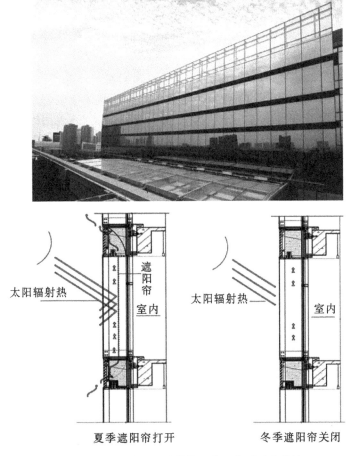

图 4-21　陕西省科技资源中心的呼吸式幕墙

陕西神华富平热电厂厂前办公楼(见图4-22)是墙体节能的一个典型案例。该建筑位于陕西神华富平热电厂厂区北侧,主要功能为行政办公和工业旅游展览。整栋建筑利用富平当地的陶砖资源,寻求现代陶砖的表达方式。在建筑外墙的设计中,建筑采用了双层砌体的方式,陶砖的砌筑方式体现出韵律的变化,不仅增加了建筑的美感,同时夏季达到了通风遮阳的效果,冬季加强了墙体保温的性能,降低了建筑的能耗。

图4-22 陕西神华富平热电厂厂前办公楼双层砌体

2.建筑外窗节能在西北地区的应用

通过上述建筑围护结构与建筑能耗的关系研究,我们发现适宜西北地区的外窗保温技术有:采用多层玻璃窗,在每层玻璃之间形成有不小于40mm的空气间层,因为空气的导热系数远远小于玻璃的导热系数,因此这种外窗做法保温性能良好;采用镀膜玻璃窗,即在双层玻璃窗的里层涂(贴)上含有氧化锡或氧化锌的透明薄膜,形成"透短反长"(LOW-E)玻璃的热镜效应,增强室内的温室效应,对于采暖地区冬季提高室温将起到非常好的作用,适用于严寒A区和严寒B区;可在窗户上加一层绝热性能好的保温窗板,或者在玻璃窗内侧增设带有反射绝热材料的保温窗帘,这些措施都可以使窗户的保温效果得到提高,达到明显的节能效果(见表4-5)。

表4-5 西北地区不同气候区域适用的外窗节能做法

气候分区	采用双层或多层玻璃	提高外窗密闭性	"热镜"镀膜	加强窗框保温	采用保温窗板或窗帘
严寒A区	★	★	★	★	★
严寒B区	★	★	★	★	★
寒冷地区	★	★	☆	★	☆

(注:图中★代表适宜这一气候区域的节能手段,☆代表不适宜。)

新疆缔森君悦海棠绿筑小区的项目中(图4-23),住宅的建筑外窗采用了塑钢型材65系列"单框三玻"——保温隔热性能较好的三层密封中空玻璃(4+9A+4+9A+4)保温节能窗,窗缝采用橡胶密封胶条密封,设计隔声量也达到了不小于30dB(A)的标准。

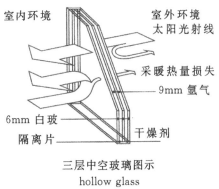

图 4 - 23 新疆缔森君悦海棠绿筑小区

乌鲁木齐"幸福堡"项目(图 4 - 24)是西北地区首个被动式建筑,总建筑面积 7791 平方米,是一座地下两层、地上六层单体建筑。项目采用保温性能极强的窗框,三层中空 low-E 玻璃,并充满惰性气体,传热系数为 0.8W/(m² · K),是常规节能建筑的 1/2 使其具有超强的保温性能。同时为防止夏季光照对室内温度的影响,"幸福堡"还安装有遮阳系统,可根据阳光的光照强度进行调整。经计算,"幸福堡"被动式建筑示范项目建筑年均采暖能耗折合天然气 1.5 立方米/平方米,是乌鲁木齐市冬季平均采暖能耗的 1/10,与传统的非节能建筑相比,其节能率达到 90% 以上。

图 4 - 24 新疆"幸福堡"被动式建筑项目

3. 建筑屋面节能在西北地区的应用

屋面保温方面:屋面保温正铺法,这种做法是把保温层置于屋面防水层和结构层之间,这是我国过去经常采用的一种保温措施,比较成熟;屋面保温反铺法,外保温隔热倒置式屋面是把保温层置于屋面防水层之上,而保温层不作封闭,是一种先进的屋面保温方法;加盖保温隔热的岩棉板。这种做法是用水泥膨胀珍珠岩制成方形的箱子,内填岩棉板,倒放在屋面上,在板与屋面之间形成 3cm 的空气间层。这三种屋面保温做法均可满足西北地区屋面保温节能的要求,而在条件允许的情况下,可优先考虑屋面保温反铺法。

屋面设计方面,双层集热屋面特别适用于严寒 A 区和严寒 B 区,上层表面实际是太阳能集热器,收集太阳能,加热间层中的空气,其原理类似于特朗勃墙体和呼吸式太阳能集热墙。双层隔热屋面,绿化屋面,蓄水屋面更适用于对夏季有隔热需求的寒冷地区,通过这些屋面做法能够有效地减小空调负荷,从而达到理想的节能效果(见表 4-6)。

表 4-6 西北地区不同气候区域适用的屋面节能做法

气候分区	屋面保温正铺法	屋面保温反铺法	屋面加盖岩棉板	双层隔热屋面	双层集热屋面	屋面绿化节能技术	屋面蓄水节能技术
严寒A区	★	★	☆	☆	★	☆	☆
严寒B区	★	★	☆	☆	★	☆	☆
寒冷地区	★	★	★	★	☆	★	★

(注:图中★代表适宜这一气候区域的节能手段,☆代表不适宜。)

在西安浐灞商务中心二期的项目中(见图 4-25),采用了屋面种植的技术,绿色屋面不仅能有效提高室内的保湿隔热效果,还能减少热岛效应,净化空气,降解空气中的浮尘,该项目采用多地面种植屋面的设计手法,注重绿色屋面与室内空间的渗透,不同标高的人工绿化屋面,与地面绿化景观共同形成了完整的绿色体系。

咸阳市秦汉新城规划展览中心(见图 4-26)的建筑屋面节能设计别具匠心。规划展览中心是一座集展示、办公、会议等多功能为一体的综合性展览类公共建筑。该建筑运用双层屋面的设计,通过连续流动的飘板突出建筑"一体化"的特点,加强了屋面的通风隔热,同时突出屋顶种植的生态优势,在建筑两端设计了跌落式的屋顶绿化空间,旨在改造建筑微环境,营造视觉舒适性,提高建筑空间品质的同时,降低建筑的综合能耗。

图 4-25 西安浐灞商务中心屋面绿化

图4-26 咸阳市秦汉新城规划展览中心

本章参考文献

[1]清华大学建筑节能研究中心. 中国建筑节能年度发展研究报告2016[M]. 北京:中国建筑工业出版社,2016.

[2]中华人民共和国建设部. 严寒和寒冷地区居住建筑节能设计标准(JGJ26—2010)[S]. 中国建筑工业出版社,2001.

[3]刘加平,等. 绿色建筑概论[M]. 北京:中国建筑工业出版社,2010.

[4]张季超,等. 绿色低碳建筑节能——关键技术的创新与实践[M]. 北京:科学出版社,2014.

[5]中国建筑科学研究院. 绿色建筑技术导则[M]. 北京:建设部,科技部印发,2005.

[6]李华东,等. 高技术生态建筑[M]. 天津:天津大学出版社,2002.

[7]桑德拉·门德勒,威廉·奥德尔. 建筑师实践手册——HOK可持续设计指南[M]. 北京:中国水利水电出版社,2006.

[8](美)诺伯特·莱希纳. 建筑师技术设计指南——采暖·降温·照明(原著第2版)[M]. 北京:中国建筑工业出版社,2004.

[9]刘加平. 建筑物理[M]. 北京:中国建筑工业出版社,2009.

[10](美)布劳克. 外墙设计:竖向围护结构建设设计指南[M]. 沈阳:辽宁科学技术出版社,2007.

[11]叶凌,姚杨,王清勤. 节能建筑评价指标体系初探[J]. 建筑科学,2006,22(6A):1-4.

[12]刘大龙,刘加平,杨柳. 严寒地区节能建筑应对气候变暖的围护结构热工参数[J]. 西安建筑科技大学学报(自然科学版),2014.

[13]唐鸣放. 围护结构传热系数动态分析[J]. 暖通空调,2005,35(7):1-3.

[14]兰勇,万朝均. 建筑外墙传热系数对能耗的影响[J]. 重庆工学院学报(自然科学版),2008,22(6):31-34.

[15]于翔,张宏,苏中华. 中空玻璃传热系数等级划分[J]. 门窗,2012(10):30-32.

第 5 章　建筑遮阳技术

5.1　建筑遮阳概述

5.1.1　建筑遮阳技术的研究背景和意义

1. 研究背景

建筑遮阳作为人们用来抵御太阳辐射的主要手段,一直以来深受建筑师的广泛关注。我国西北地区多属于寒冷和严寒气候区,虽然冬季寒冷,但夏季某些月份也非常炎热且太阳辐射强度大,因此夏季的遮阳与冬季的采光保温同等重要。在古代,我国建筑的挑檐、院子,西方建筑的柱廊等遮阳方式为人们提供了荫凉。随着社会的不断发展,新技术、新材料使得建筑的形式、构造发生了巨大的变化。人们普遍采用了空调系统和人工照明来维持舒适的室内环境。到 20 世纪 70 年代能源危机爆发后,人们开始反思和检讨由高能耗维持人工环境的方式并质疑人工环境的品质,建筑遮阳重新成为建筑中的一个重要措施。

随着绿色、节能、环保理念的不断深入,建筑遮阳技术越来越被人们所重视和接受,在发达国家尤其是欧洲城市,几乎家家户户都会根据不同的需求安装各种外遮阳设备,外遮阳技术已成为建筑中不可缺少的部分。缺少外遮阳设备的建筑,在他们看来是不完整的建筑。对于西方发达国家的建筑师而言,建筑遮阳已经成为建筑造型设计中不可缺少的环节。而我国现代建筑遮阳系统研究起步较晚,近几年取得了一定的进步,其中某些遮阳技术也达到了国际先进水平,但多集中在夏热冬冷和夏热冬暖等发达地区,对于西北寒冷和严寒等欠发达地区,相关的研究和工程实践则相对滞后,其发展存在一定的不平衡性,呈现地区化发展。

2. 研究意义

1)建筑遮阳是节能减排事业发展的必然需求

在我国,建筑能耗已达全社会能源消费量的 27.6%。随着经济发展和人民生活质量、居住环境的提高,这个比例还会不断增长。据调查,目前我国有 5 亿 m² 左右的公共建筑,耗电量为 70～300kwh/m² 年,已占全国建筑总能耗的 30% 以上。外窗作为保温节能最薄弱的环节,能耗列居建筑总能耗首位,占全部建筑能耗的 40%～50%。因此,建筑节能刻不容缓,是我国节能工作的重要部分,也是我国建筑发展的必由之路。其中,建筑遮阳是最简单而又行之有效的建筑节能措施之一。在夏季,建筑遮阳设施可有效降低太阳对于建筑的直接辐射,减少建筑内的辐射热,明显降低室内温度,从而可减少夏季空调的工作能耗;在冬季,建筑遮阳设施可以阻碍室内的热量通过门窗逸散至室外,对室内起到保温作用。

2)建筑遮阳是改善建筑光环境的有效手段

建筑遮阳能够有效地防止眩光,起到改善室内光环境的作用。直射阳光会在工作面上造成很强烈的眩光,同时也会造成室内天然光的照度分布差别过大。事实上,选用合适的遮阳措施,可以阻挡直射阳光进入,或将其转化为比较柔和的漫射光,从而满足人们对照明质量的要求,减少日间人工照明的耗能。某些特殊设计的遮阳措施同时也可起到导光的作用,可以有效地帮助提高室内深处的自然光照度。

3)建筑遮阳是建筑节能技术与艺术的结合

建筑遮阳不是一项独立于建筑设计之外的节能措施,它贯通了建筑设计的全过程,从建筑的选址、布局到建筑立面的设计,从环境植物的配置到结构、暖通设计的配合等。除了节能的技术要求,还需要将建筑遮阳与建筑美学艺术相融合,不仅使得建筑遮阳设计有助于降低建筑能耗,而且也可以强烈地表达建筑的地域性和文化性,成为影响建筑形体和美学的重要组成部分。建筑遮阳与建筑视觉造型的相辅相成,使建筑物与周围的生态环境相和谐,不仅仅是视觉上的和谐,同时也是建筑使用功能和环境、城市的可持续发展上的和谐。

5.1.2 国内外研究现状

1.国内研究现状

建筑遮阳的运用在我国有很悠久的历史,国人很早就意识到建筑遮阳的重要性和必要性,并且应用到建筑中。但是系统化、全面化的研究是近些年才开始的。

许多专业论文、著作从不同层次对建筑遮阳进行了研究,取得了一些成果,并且国内建筑高校也加大了对建筑遮阳的特定研究。比较典型的有"同济大学建筑节能评估研究室""华南理工大学建筑节能与研究中心"等。其发展特点是积极针对特定地区的地域性研究,积累了大量的宝贵数据。

但是大部分的研究着重于建筑遮阳的物理和热工性能,其采用的遮阳计算方法虽然可以较为准确地得出遮阳的适合尺度和角度,但要设计者翻阅资料并经历较复杂的计算过程;同时缺少对遮阳与节能、采光、通风、视线遮挡以及建筑造型等问题的综合性研究。在设计上,国内建筑师对正确遮阳措施的重要性认识不足,很少在设计中主动采取遮阳手段,许多新建建筑仅仅局限于从立面上对国外优秀案例进行简单模仿,而不了解其原理及适应范围,更缺少创新的遮阳手段。与此同时,在建筑实践上,国内也出现了一些采用现代遮阳系统的示范性建筑,如2004年上海建成的首座生态建筑示范办公楼(图5-1);2005年清华的超低能耗楼(图5-2)。

图 5 - 1　上海生态建筑示范楼

图 5 - 2　清华超低能耗楼

2. 国外研究现状

　　国外对建筑遮阳的研究起步较早,研究得也更全面。很多建筑师根据当地的气候地域条件,发展适合当地发展的遮阳方式,起到了很好的效果。例如以研究适合热带气候条件下的生态建筑策略而著称的建筑师哈桑·法赛和杨经文,在他们的各种气候应对策略中,都把建筑物的遮阳放在相当重要的位置。此外,如伦敦行政大楼、阿布扎比投资委员会总部大楼等建筑作品中均采用了许多创新的遮阳措施,不仅形式新颖,而且遮阳效率也有很大提高。见图 5 - 3 至图 5 - 6。

图 5 - 3　新加坡国立图书馆新楼(杨经文)

图 5 - 4　伦敦行政大楼(诺曼·福斯特)

图5-5 阿布扎比独特的建筑遮阳

图5-6 阿布扎比投资委员会总部大楼

在欧洲和北美等发达国家,建筑遮阳已作为建筑中的一个重要部分。从研究单位的试验数据,工厂的模拟模型到建筑师对于遮阳美学上的认识,完整地贯穿建筑的整个过程。许多建筑师也致力于建筑遮阳及节能方面的研究,并取得了丰富的成果。

5.1.3 西北地区建筑遮阳技术的发展现状与趋势

首先,寒冷地区建筑的节能研究长期以来主要针对的是如何减少冬季采暖能耗,相比夏热冬暖和夏热冬冷地区而言,寒冷地区对于改善夏季室内热环境状况以及节能问题的研究还不够重视。而今夏热问题和空调能耗问题越来越严重。与此同时,现今城市高层点式建筑越来越多,其集中式的布局对于节约城市用地、处理高层建筑的结构体系以及解决建筑日照遮挡等方面都有着积极的作用,但点式建筑中势必存在不利朝向的房间,东西向的夏季太阳辐射量约是南向的两倍,因此增加建筑遮阳措施就显得尤为重要。

其次,作为全国欠发达的西北地区,建筑遮阳技术的发展与发达地区也呈现出不平衡的特点。缺少专业的遮阳厂家和适合西北地区气候特点的建筑遮阳措施。此外,我国现有的建筑遮阳研究成果多数是以夏热冬暖地区为气候模型,这种气候条件下的遮阳设计主要是为了遮挡夏季直射光线,其设计经验不能完全用于指导寒冷地区和严寒地区。而适合西北地区气候特点的建筑遮阳设计理论也还处于起步阶段。

再次,目前虽然对建筑遮阳技术的研究以及应用的探讨有很多,而且也出台了众多规范准则,但是规范中针对"建筑遮阳"的规定条款都过于笼统,如"建筑物的夏季防热应采取建筑遮阳措施"、"向阳面窗户应采取遮阳措施"等概念性条款,并没有明确的规定。这些模糊的语言直接导致了建筑遮阳在建筑设计中的不受重视。而国外一些建筑规范对于遮阳产品有着明确的规定指标,如新加坡的"太阳辐射投射热量",日本的"太阳辐射透过滤指标"等。在瑞士规范要求,对于需要使用空调的建筑,它必须要证明已经配备了所有可以隔热的措施后,才能够获得安装空调的许可。

最后,西北地区现有的很多建筑遮阳设计由于缺少合理的理论指导,导致建筑遮阳形式没有按照建筑朝向进行合理区分,遮阳板或遮阳百叶的尺寸也没有经过设计计算,因此在夏季无法达到最佳的遮阳效果,或者在冬季影响了建筑室内的光环境。

5.2 建筑遮阳的形式与材料

5.2.1 建筑遮阳的形式分类

1. 水平遮阳

在窗口上方设置一定宽度的水平方向的遮阳板,能够遮挡从窗口上方照射下来的阳光。水平遮阳能有效遮挡太阳高度角较大、从窗口上方投射的阳光,适用于南向窗口或北回归线以南低纬度地区北向附近窗口遮阳。见图5-7。

在我国的广大地区,夏季遮挡炙热的阳光是必要的,而在多数季节中,充分吸收阳光中的热量则更加关键。因而,最简单也最有效的方式就是利用冬季、夏季太阳高度角的差异来确定合适的出檐距离,使得屋檐在遮挡住夏季灼热阳光的同时又不会阻隔冬季温暖的阳光。见图5-8。

图5-7 水平遮阳

图5-8 屋檐遮阳

2. 垂直遮阳

决定垂直遮阳效果的因素也是太阳方位角,由于它能够有效地遮挡高度角较小、从窗侧面斜射过来的阳光。但弱点是,对于从窗口正上方投射的阳光,或者接近日出日没时正对窗口照射的阳光,垂直式遮阳都起不到遮阳的作用。见图5-9。

3. 综合遮阳

综合遮阳实际上是水平遮阳和垂直遮阳的组合,可根据窗口朝向的方位而定,设计成对称或不对称,能有效遮挡高度角中等、从窗口前方斜射下来的阳光,遮阳效果均匀。见图5-10。

图 5-9 垂直遮阳 　　　　　　　　图 5-10 综合遮阳

5.2.2 建筑遮阳的材料

随着科技的不断发展,建筑遮阳的材料越来越多,材料选择的不同所获得的遮阳效果也不同,同种材质颜色越浅遮阳效果越好。

1. 绿色生态植物

植物遮阳是通过在建筑物周围及建筑构件上配置各种生态植物来遮挡太阳辐射。植物遮阳不同于建筑构件遮阳之处还在于它的能量流向。人工遮阳构件在吸收太阳能后温度会显著升高,其中一部分热量通过传导、辐射等方式向室内传递。而植被通过光合作用将太阳能转化为生物能,蒸腾作用又使得叶片本身的温度维持在较低的波动范围之内,从而切断了能量的二次传播。而且植物在这一过程中,还能吸收周围环境中的能量,从而降低了局部环境温度,造成能量的良性循环利用。另外,植物还起到降低风速、提高空气质量的作用,综合效能优势明显。见图 5-11。

2. 木材

木材是人类最早使用的建筑材料之一,它有着天然的花纹色泽,可以表现淳朴、典雅的气质。木材可以加工成百叶等遮阳构件,也可以利用自然形态的植物枝条编制构成遮阳构件,以体现建筑的原生态性。木质表皮遮阳系统既可遮阳又不阻碍通风,同时还具有轻质高强、易加工、导电导热性低,弹性、塑性好的特点。木材的缺点也非常明显:使用寿命和耐腐性较差。因此,通常会在木质遮阳构件外喷刷防腐保护剂。见图 5-12。

3. 竹子

随着城镇化的加速,森林资源不断减少,生命周期长成为木材的最大缺点,而竹子作为生长周期最短的低碳建材,是木材最好的替代品。利用竹子、藤等天然材料设计出的遮阳构件不仅满足了建筑功能的需要,更是地域文化特征的最好体现。而且这些天然材料,在未来若需要拆除或改建时,对环境造成的伤害也是最低的。见图 5-13。

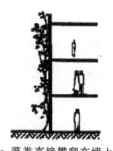
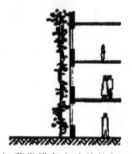
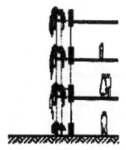

a. 藻类直接攀爬在墙上　　　b. 藻类攀爬在墙前构架上　　　c. 墙前花盆种植垂钓植物

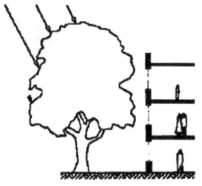
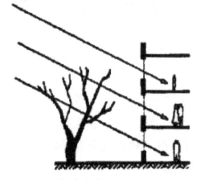

d. 落叶乔木夏季遮挡太阳辐射　　　　　e. 冬季叶落不会遮挡太阳辐射

图 5-11　常见的植物遮阳方式

图 5-12　木质遮阳构件

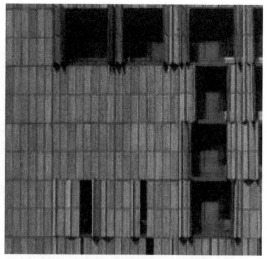

图 5-13　竹质遮阳(马德里实践馆)

4. 石材

石材有着特殊的纹理效果,可以切成薄片来透光,也可加工成遮阳板。毛石叠加也可形成具有自然气息的外表皮遮阳。见图 5-14 和图 5-15。

图 5-14 石材遮阳板　　　　　　图 5-15 毛石叠加的表皮遮阳

5. 金属

金属材料,它经历了长期的研究发展过程,具有工艺成熟、质量稳定、性能优良等优点。见图 5-16。用金属材料制作的遮阳系统不仅符合标准化批量生产的要求,还使遮阳构件具有了精确、精密的特点。金属遮阳系统的材料多选用自重轻、耐腐蚀性好的铝合金材料。同时,金属材料的可塑性好,也使得遮阳系统的造型处理更加灵活,可以做出不同形状的遮阳构件,如机翼形百叶、方形百叶、翼帘形百叶等。

6. 玻璃

运用具有一定遮阳效果的镀膜玻璃或彩釉玻璃做成百叶等遮阳构件,其通透性好艺术效果强烈,但遮阳效果相对较弱,仅适合于日照并不十分强烈的区域。见图 5-17。

图 5-16 金属材料的遮阳　　　　　图 5-17 镀膜玻璃遮阳板

7. 织物

织物具有质地柔软、开启方便、使用自如等特点。一般常采用的是玻璃纤维或聚酯纤维面料。织物材料应用于室内的居多,当应用于外遮阳时,织物通常在完成的编织纤维上进行复合材料涂层来保护表面,提高抗污性,容易清洁。见图 5-18。

8. 其他

常采用的建筑遮阳塑料薄膜主要有玻璃纤维薄膜、PVC-PAS 聚酯膜(图 5-19)等。这些薄膜具有自重轻、易加工等优点;其缺点也非常明显,如会老化、强度和弹性较差。

图 5-18 织物遮阳

图 5-19 PVC-PAS 聚酯膜遮阳(索尼中心)

5.3 高大空间中的建筑遮阳

高大空间中有两种明显的气候控制特点:温室效应和烟囱效应。见图 5-20。

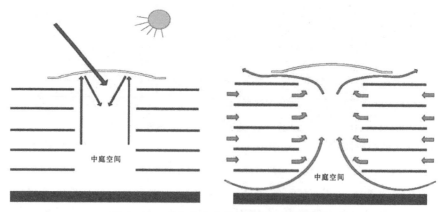

图 5-20 高大空间中的两种气候控制特点

温室效应是大面积的玻璃维护结构在透射阳光的同时,阻挡了室内的长波辐射,防止了室内热量的流失,有利于提高冬季建筑室内温度,降低建筑能源消耗。但是在夏季,温室效应依然存在,当设计中缺乏针对性的节能措施,将导致室内过热,空调能耗急剧增加。

烟囱效应是由于高大空间内外部空间压力差引起室内外空气流动,较高的空间加快了气流速度,该效应虽然加速了室内多余热量的对外排放,降低了室内温湿度,节省了夏季空调能耗。但是冬季的烟囱效应却又引入了大量的寒冷空气,对建筑节能极为不利。

为了维持空间良好的物理环境,其遮阳系统必须充分考虑上述气候控制特点。高大空间遮阳系统不仅需要在冬季最大限度地让光线进入室内形成温室效应,降低烟囱效应,以提高冬季建筑室内温度;更需要在夏季有效地阻止温室效应,促进烟囱效应,防止室内过热。

因此,高大空间遮阳系统的设计应该是在合理组织空间自然通风的前提下,通过有效的遮阳措施进一步阻挡多余太阳辐射,来改善室内环境温度,降低能源消耗,同时通过智能控制系统,使得遮阳系统能够根据太阳辐射强度和温度的变化自动进行图案变化,在实现低能耗运行的同时又能创造出光与影的相互交替,营造出灵动、浪漫的空间氛围。见图 5-21。

图 5-21　高大空间中的建筑遮阳

5.4　建筑设备遮阳一体化设计

建筑设备遮阳一体化设计不是简单地将外遮阳设施与建筑设备等"相加",而是要通过建筑的建造技术、设备的安装技术与外遮阳的利用技术相互整合集成,最终达到资源配置的最大化、建筑性能的最佳化。

随着科学技术的发展,以及可持续发展理念、绿色生态建筑理念等建筑思潮的不断涌现,人们对建筑遮阳的发展有了新的要求,建筑遮阳也呈现出新的发展趋势。而从遮阳的发展与趋势中可以看出,建筑遮阳一体化设计是未来遮阳设计发展的主要趋势和重要方向。建筑设备遮阳一体化设计将指导建筑师从"单一的'被动式'降温和节能技术的遮阳设计"转向到"将建筑设备、遮阳技术与自然通风、自然采光、太阳能利用技术等有机结合的'主动式节能设计'"。

太阳能作为新型的绿色能源越来越受到人们的关注,遮阳系统和太阳能应用的一体化设计,也就成为了建筑节能的必然发展方向。该一体化设计不仅避免了遮阳构件自身可能存在的吸热导致升温和热传递等问题,更加巧妙地将吸收的能量转换为对建筑有用的资源加以利用,成为了建筑遮阳构件向复合多功能发展的新方向。

太阳能应用与遮阳系统的一体化设计,通常包括太阳能集热器遮阳系统和太阳能光电板遮阳系统两方面。

5.4.1 太阳能集热器遮阳系统

太阳能集热器遮阳系统的核心是通过各种主动或者被动的吸热蓄热构件在对太阳辐射进行吸收储存的同时对建筑提供遮阳保障。该遮阳系统通过一些整合在遮阳构件当中的蓄热元件对热能进行收集,通过管道将其输送到需要供暖的房间中去,从而让遮阳与热能利用两不误。由于受到集热器安装的限制,采用时并不是十分方便,通常可以安装在屋顶、阳台、挑檐以及墙面等位置。见图5-22。若将太阳能集热器与建筑窗口遮阳相结合,则需要在窗口上方设置托架来安装太阳能集热器。

图5-22 太阳能集热器遮阳系统

5.4.2 太阳能光电板遮阳系统

太阳能光电板遮阳系统是通过光伏组件接受太阳辐射产生电能的同时阻挡太阳光对室内的照射从而达到节能效果。在这种遮阳体系中,光伏组件多被直接应用于屋面以及窗口遮阳当中,同时其在能耗较高且热工性能较差的建筑玻璃幕墙中的应用更是能解决许多建筑能耗居高不下的问题。见图5-23。

图5-23 太阳能光电板遮阳系统

随着太阳能薄膜电池的出现和发展,使得光伏遮阳系统在比以前更加轻盈便捷的同时还能有一定的透明度。这样的光伏遮阳系统不仅能起到遮阳发电的基本作用,同时还不会影响到建筑的外观和日常采光。太阳能光电板根据其物理特性不同有数十种颜色、透明度和表面形状可供选择。如:单晶硅通常呈黑色,光能利用率14%~16%;多晶硅呈微蓝色,光能利用率12%~14%;为提高光能利用率,太阳能光电版遮阳系统通常安装在朝南、接收到太阳直射光多的部位,其倾斜角度根据光线的强度和方向而定。

5.5 建筑遮阳技术在西北地区的应用

结合具体的项目实例,分析研究在西北地区不同朝向下的建筑遮阳技术的应用情况,从而总结归纳出适合于西北地区的建筑遮阳系统及设计策略。

5.5.1 工程案例

西安作为西北地区经济、科研的中心,在诸多方面都处于领先地位。就建筑遮阳技术而言,许多先进的现代化遮阳措施如金属遮阳百叶、智能控制遮阳技术等均得到了应用。而西北地区其他省份,由于经济、科技的相对落后,建筑节能技术的应用也非常地缺乏,多数建筑并没有采用外遮阳技术。而在建筑运行后,由于夏季太阳辐射较强,室内舒适度较差,许多建筑后期采用加装内遮阳帘等来遮挡太阳辐射。

1.西安某办公建筑

项目位于陕西省西安市高新区。

项目根据西安地区的气候特征针对建筑的不同朝向设计了不同形式的建筑遮阳系统。

建筑南向:该朝向受太阳高度角影响较大,采用了智能控制的水平金属机翼遮阳。见图5-24。该遮阳百叶的叶片宽度为350mm,每4个叶片为一组,每组叶片均设置了独立的自控系统,可根据太阳高度自动调节百叶的角度,阻挡多余光线的照射,降低建筑室内的辐射热。在夏季,能够节约空调能耗约20%以上;在冬季,南向窗是获得太阳辐射的主要部位,为了获得太阳辐射,遮阳百叶完全收起,若窗口直射阳光造成了室内眩光及不舒适感,可适当打开百叶调整角度,适量地减少直射光线。

建筑东西向:东西立面的日照强度较大,多以实墙面来减少太阳辐射强度,在有开窗的部位则采用了固定式的竖向金属机翼遮阳。见图5-25。该遮阳百叶的叶片宽度为400mm,叶片间距为200mm,不仅可以有效地阻挡高度角较低的阳光,而且还可以满足必要的视线需求。

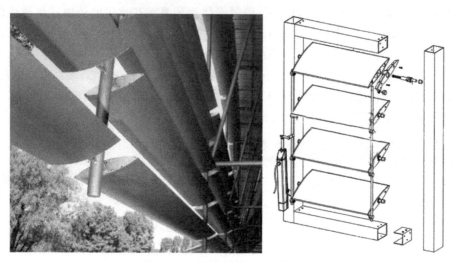

图 5-24　智能控制水平机翼遮阳

图 5-25　竖向遮阳

建筑中庭部分：为防止因为温室效应而造成的中庭过热，该项目不仅通过空气对流、通风设计来改善中庭环境温度，降低能耗，并且在中庭顶部还设计了电动遮阳膜系统。见图 5-26。

该系统可以根据辐射的强弱以及温度的改变自动进行图案变化，不仅形成了光与影的相互交替，营造出灵动、浪漫的空间氛围，更可有效地减少太阳辐射热，综合提高节能效率40%以上。见图 5-27。遮阳膜的图案变化并不是简单随意的，而是通过计算机模拟计算，得到的遮阳膜开启面积与室内温度的耦合关系。

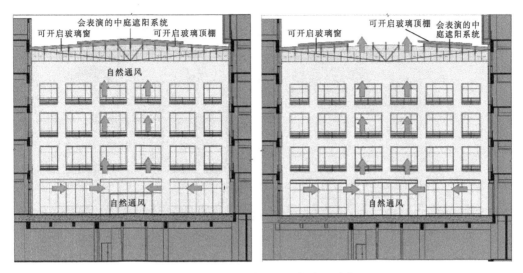

图 5-26 中庭自然通风与遮阳系统

图 5-27 会表演的中庭遮阳系统

2. 西安某设计企业办公楼

项目位于陕西省西安市高新区。

该项目于 2014 年获得国家三星级绿色建筑设计标识。在项目的工程实践中,运用了多种智能遮阳技术。

建筑的东侧裙楼,创新设计了一种具有生命力的外遮阳系统。该系统可以根据太阳辐射的强弱以及室内光环境舒适度的要求,分别自动折叠开启遮阳构件,或者自动调节百叶旋转角度。在达到节能要求的同时赋予了建筑旺盛的生命力。见图 5-28 和图 5-29。

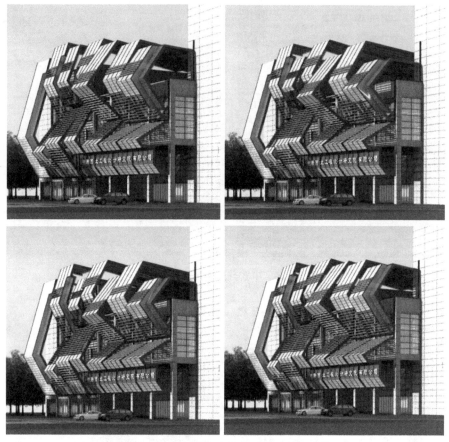

图 5-28 具有生命力的外遮阳系统的变化

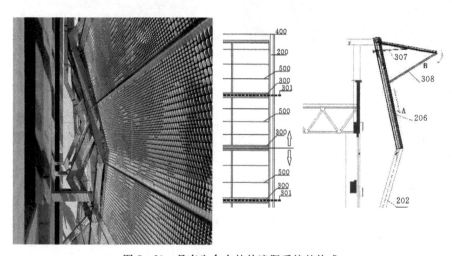

图 5-29 具有生命力的外遮阳系统的构成

建筑的南侧窗口部位,设计了叶片宽度 400mm 的智能旋转金属百叶遮阳系统。该系统也可以根据太阳辐射的强度对百叶角度进行调整,达到理想的遮阳效果。见图 5-30。

建筑西裙楼及屋面部分,结合建筑空间,进行了智能遮阳与光伏发电一体化设计。将建筑智能遮阳、光伏发电与建筑空间相互结合,在满足遮阳要求的基础上,不仅实现了可再生能源的充分利用,更创造出了奇妙、浪漫的建筑空间感受。见图 5-31。

图 5-30 金属百叶遮阳

图 5-31 智能遮阳、光伏、空间一体化

3. 思普瑞城市广场

项目位于陕西省西安市浐灞新区。

在项目中,我们结合建筑的寓意设计了一种犹如"羽翼"的智能遮阳系统。该遮阳构件呈不规则的三角形,可以随着太阳高度角及使用者的需求自动调整遮阳构件的旋转角度。见图 5-32。

4. 航空基地第一实验小学

项目位于陕西省西安市阎良区。

该项目采用了金属穿孔板作为遮阳构件。该金属表皮的运用,在满足遮阳需求的基础上,体现了教育建筑的时代感和未来感。见图 5-33。

5. 创汇 C 小学

项目位于陕西省西安市高新区。

现代建筑表皮讲求绿色、低碳、环保。创汇 C 小学采用了天然的竹质材料作为建筑遮阳构件,在满足遮阳要求的同时,其通风、隔音功能也被充分利用。见图 5-34。

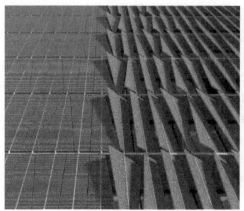

图 5-32 犹如"羽翼"的智能遮阳

图 5-33 金属表皮遮阳系统

图 5-34 竹质表皮遮阳系统

6. 富平热电厂办公楼

项目位于陕西省西安市富平县。

该项目将建筑遮阳系统与光伏电池组件相互结合设计在建筑窗口部位,在满足建筑遮阳需求的同时,还可以利用太阳能进行光伏发电。见图 5-35。

图 5-35 光伏、遮阳一体化

7. 西安广汇汽车产业园办公楼

项目位于陕西省西安国际港务区。

该设计将遮阳构件作为建筑表皮进行处理,不仅使建筑外观虚实结合,体现了灵动浪漫的视觉感受,更可有效地遮挡了大部分时间的直射光线,遮阳百叶成一定角度布置也改善了室内视线遮挡问题。但是这样的设计也存在一定的问题:竖向遮阳对于建筑南向遮阳效果较差,对于室内采光以及冬季建筑得热也有一定的不利影响。见图 5-36。

图 5-36 竖向遮阳

8. 西安沣东新城政务中心

目位于陕西省西安市沣东新城。

该建筑在南立面设计了双层表皮。内表皮为竖向划分的 LOW-E 中空玻璃幕墙,外表皮设计为 380mm 宽的横向单面板穿孔百叶。根据西安地区南向太阳辐射的特点,遮阳百叶成倾斜 30 度角安装,在有效遮挡直射光线的基础上,降低了室内外视线的遮挡问题。见图 5-37。

图 5-37 水平翼帘遮阳百叶

9. 宝马西部培训中心

项目位于陕西省西安市。

该建筑南向结合玻璃幕墙,设计了 200mm 宽的固定水平遮阳百叶,建筑顶部设计了出挑 1.5m 的遮阳挑檐;建筑东西立面尽量减少开窗面积,并结合整体造型设计了百叶遮阳棚。见图 5-38 和图 5-39。

图 5-38 固定水平遮阳　　　　　　图 5-39 百叶遮阳棚

10. 新疆大学南校区 2♯ 实验楼

项目位于新疆乌鲁木齐市。

建筑南立面设计了叶片宽度为 350mm 的可电动调节的竖向金属百叶遮阳系统。电动调节的遮阳百叶可以根据阳光强弱程度调节百叶角度。见图 5-40。

图 5-40　电动调节的竖向金属百叶

11. 乌鲁木齐美美百货

项目位于新疆乌鲁木齐市(图 5-41)。

图 5-41　乌鲁木齐美美百货

该商业建筑的中庭部分采用了 FCS 电动天棚帘系统,该系统可以针对不同的太阳辐射强度来调整天棚帘的开启大小,以达到遮挡太阳辐射、降低建筑室内温度的目的。建筑的各个立面在前期设计中并没有考虑建筑外遮阳,而在后期运营中,由各个商家自行加装了成本较低、遮阳性能较弱的内遮阳帘系统来实现建筑节能的目标。见图 5-42。

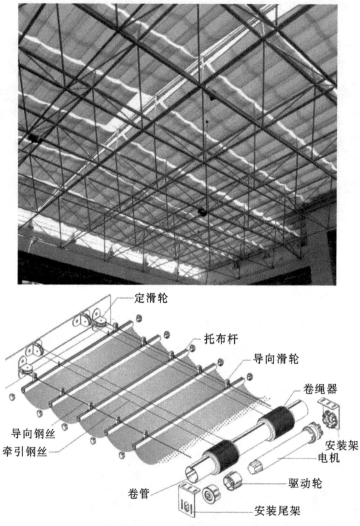

图 5-42　FCS 电动天棚帘系统

12. 银川宝马 4S 店

项目位于宁夏回族自治区银川市。

该建筑为全玻璃幕墙结构,在玻璃幕墙外部设计了一定高度的固定水平遮阳百叶。这些遮阳百叶均成 30 度角倾斜安装,在遮挡夏季太阳辐射的基础上,最大限度地让太阳光在其他季节射入室内。而在玻璃幕墙近人的尺度范围则设计为内遮阳帘。建筑顶部设计的出挑 1.5 米的挑檐,也起到了一定的遮阳作用(见图 5-43)。

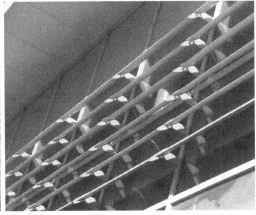

图 5-43　银川宝马 4S 店

5.5.2　设计的基本策略

1. 设计的基本策略

地域性原则：由于各地的地理纬度、气候的差异，建筑的遮阳时间和遮阳形式不尽相同。西北地区多属于寒冷和严寒地区，其中严寒 A 区的气候是冬季严寒漫长，夏季短促凉爽，夏季遮阳并不具有普遍性。而寒冷地区和严寒 B 区的气候特点较为相似：冬季寒冷，夏季某些月份非常炎热且辐射强度大，夏季的遮阳与冬季的采光保温同等重要。因此，在严寒 B 区和寒冷地区的遮阳设计应该遵循：

(1)夏季，东、西向窗户比南向窗户具有更高的遮阳要求；

(2)过渡季节，应满足根据实际要求确定的阳光进入量；

(3)冬季，要充分保证南向窗户的太阳能获取量。

根据上述原则，尽可能在现有的遮阳模式中，选择较为合理的建筑遮阳方式，如可调节建筑遮阳技术、绿色生态种植遮阳技术等对其加以分析改造，以形成具有鲜明地域特色的遮阳手法。

功能性原则：建筑的功能性与建筑遮阳系统是交叉联动并相互影响的。选择适宜的建筑遮阳方式需要在保证建筑遮阳功能的基础上，兼顾与之相关的其他建筑功能。可以总结为：

(1)满足建筑空间的不同使用功能。

(2)减少对自然通风的阻挡。

(3)有效防止眩光，同时保证阴天不影响室内照度。

(4)尽量不阻挡人们视线需求。

2. 选择适合的建筑遮阳形式

根据大量的实践和实验分析得出，户外遮阳的遮阳节能效果要比室内遮阳高 30%～40%。见图 5-44。因此，在建筑节能不断发展的今天，应当优先选择建筑外遮阳技术。

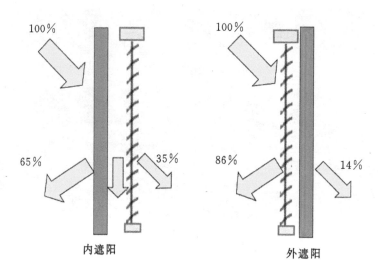

100% 100%

65% 35% 86% 14%

内遮阳 外遮阳

图 5-44　外遮阳与内遮阳比较

建筑外遮阳设计根据不同朝向选择不同遮阳方式。不同气候区的特点和建筑各方位与太阳的位置关系使得不同朝向的太阳辐射也不同。

南向，夏季太阳位置较高，设置水平遮阳非常有效。

东西向，太阳高度角较小，但光线变化比较复杂，在一天的不同时段，太阳的位置变化较大。东、西向的窗户受到太阳高度角变化的影响最大。采用综合遮阳虽然可以满足防热要求，但会遮挡视线，影响室内采光；而固定式垂直遮阳也只能在一定程度上减少太阳辐射。因此东西向最为适宜的遮阳形式应该采用可调节的竖向遮阳系统。该遮阳系统可以在未有太阳直射的时段，可以打开遮阳装置，以满足视线的要求。

北向，由于西北地区正北方向基本不考虑太阳辐射，因此可以不考虑建筑遮阳。

此外，由于寒冷地区和严寒地区不仅需要阻挡夏季的太阳辐射，还需要兼顾其他季节尤其是冬季的室内得热问题。由此可见，可调节的建筑外遮阳更加适合寒冷地区和严寒地区的气候特点。

3. 建筑遮阳构件的适合尺度

（1）根据西北地区的气候特点，通过 IES-VE 模拟技术研究建立了固定式百叶遮阳系统与建筑能耗之间的关系：

建筑南向：采用固定横百叶遮阳构件，其建筑的全年能耗可取的较低值。采用横百叶式时，选择叶片宽度 200mm，叶片间距 300mm 较为适合。

建筑东西向：宜采用固定竖百叶式遮阳构件，其建筑的全年能耗值较低。当叶片宽度 350mm，叶片间距 200mm 时全年能耗值处于最低水平。见图 5-45。

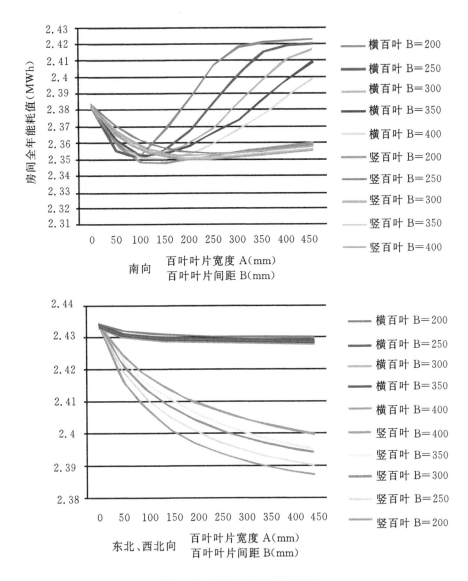

图 5-45 遮阳构件与能耗关系

（3）采用 DEST 数据模拟技术设计可调节遮阳系统。

夏季：综合室内照度和外窗辐射，夏季晴天的时候，百叶设置为 60 度或 90 度时，可以最大程度地减少日照辐射，降低空调负荷。而 60 度比 90 度可以更好地降低室内过高照度，提高室内舒适度。见图 5-46 和图 5-47。

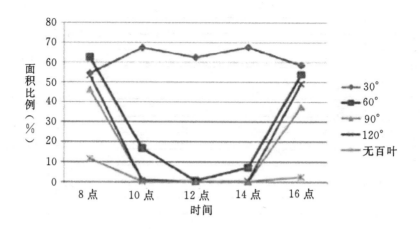

图 5-46 夏至日室内照度舒适范围比例

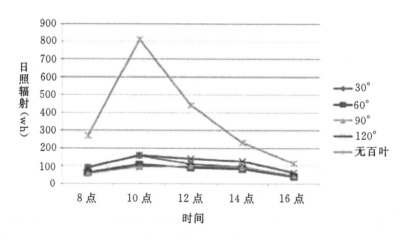

图 5-47 夏至日百叶不同角度的日照辐射强度

冬季：晴天只有当百叶角度小于 60 度时才能较好地改善室内照度，但对于日照辐射影响大，对于西北地区，会增加采暖负荷。因此，建议冬季百叶角度设为 120 度或 180 度（全部打开），对日照辐射影响很小，室内亮度可通过增设室内窗帘等方式解决。见图 5-48 和图5-49。

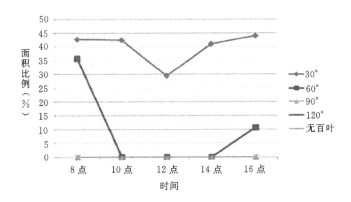

图 5-48 冬至日室内照度舒适范围比例

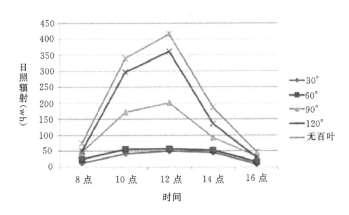

图 5-49 冬至日百叶不同角度的日照辐射强度

过渡季节:过渡季节气温较高时,百叶可以设置为 30 度,在保证日照辐射强度的情况下可较好地改善室内采光;气温较低时,百叶设置为 120 度可以最大限度地增加日照辐射。见图 5-50 和图 5-51。

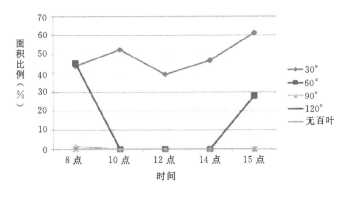

图 5-50 过渡季室内照度舒适范围比例

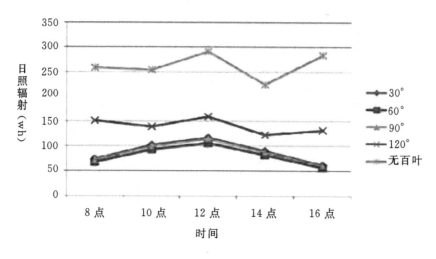

图 5-51 过渡季百叶不同角度的日照辐射强度

本章参考文献

［1］北京中建建筑科学研究院有限公司.建筑遮阳工程技术规范(JGJ237-2011)[S].北京：中国建筑工业出版社,2011.

［2］岳鹏.建筑遮阳技术手册[M].北京:化学工业出版社,2014.

［3］涂逢祥.中国建筑遮阳技术[M].北京:中国标准出版社,2015.

［4］顾端青.建筑遮阳产品应用手册[M].北京:中国建筑工业出版社,2010.

［5］白胜芳.建筑遮阳案例集锦——公共建筑篇[M].北京:中国建筑工业出版社,2013.

［6］住房和城乡建设部标准定额司.建筑遮阳产品推广应用技术指南[M].北京:中国建筑工业出版社,2011.

第6章　健康舒适的空调系统

空调就是使用人工的手段,借助各种设备和方法处理室内空气的温度、湿度、洁净度和气流速度的系统,可使某些场所获得具有一定温度、湿度和空气品质的空气,以满足使用者及生产过程的要求和改善劳动卫生和室内气候条件,创造适宜的人工室内气候环境来满足人类生产生活的各种需要。因此,空调的主要功能就包括以下五方面。

1. 降温

在空调器设计中,一般允许将温度控制在16~32℃之间。若温度设定过低,一方面增加不必要的能耗,另一方面造成室内外温差偏大,人们进出房间不能很快适应温度变化,容易感冒。

2. 除湿

空调器在制冷过程中伴有除湿作用。人们感觉舒适的环境相对湿度应在40%~60%,当相对湿度过大,如在90%以上,即使温度在舒适范围内,人仍然会感觉不舒适。

3. 升温

热泵型与电热型空调器都有升温功能。升温能力随室外环境温度下降逐渐变小,当温度低于-5℃时几乎不能满足供热要求。

4. 净化空气

空气中含有一定量有害气体如 NH_3、SO_2 等,以及汗臭、体臭和浴厕臭等各种臭气。空调器净化方法有换新风、过滤、利用活性炭或光触媒吸附和吸收等。换新风指利用通风系统将室内潮湿空气排至室外,使室内形成一定程度负压,新鲜空气从四周门缝、窗缝进入室内,改善室内空气品质。光触媒在光的照射下可以再生,将吸附(收)的氨气、尼古丁、醋酸、硫化氢等有害物质释放掉,可重复使用。

5. 增加空气负离子浓度

空气中带电微粒浓度大小,会影响人体舒适感。空调上安装负离子发生器可增加空气负离子浓度,使环境更舒适,同时对降低血压、抑制哮喘等方面有一定医疗效果。

但是,空调的运转需要消耗大量的电能和热能,热能是通过石油、煤、天然气等燃料经过燃烧获得的,所以这样不但污染空气,而且消耗了大量的能源。因此,空调系统的能源有效利用和节能就成为亟待解决的问题。

6.1 空调建筑节能基本原理

在夏季,太阳辐射热通过窗户进入建筑室内,构成太阳辐射得热,同时被外围护结构吸收,然后传入室内,再加上通过外围护结构的室内外温差传热,构成传热得热,以及通过门窗的空气渗透换热,构成空气渗透得热,此外还有建筑物内部的炊事、家电、照明、人体等散热,构成内部得热。

太阳辐射得热、传热得热、空气渗透得热以及内部得热四部分构成空调建筑得热。这些得热是随时间而变的,且部分得热被内部围护结构所吸收和暂时贮存,其余部分构成空调负荷。空调负荷有设计日冷负荷和运行负荷之分。设计日冷负荷系指在空调室内外设计条件下,空调逐时冷负荷的峰值,其目的在于确定空调设备的容量。运行负荷系指在夏季空调期间,空调设备在连续或间歇运行时,为将室温维持在允许的范围内,需要从室内除去的热量。

空调建筑节能除了可以采取建筑措施,如窗户遮阳以减少太阳辐射得热,围护结构隔热以减少传热得热,加强门窗的气密性以减少空气渗透得热,采用重质内墙等以降低空调负荷的峰值等,降低空调运行能耗之外,还可以采用高效的空调节能设备或系统,以及合理的运行方式来提高空调设备的运行效率。

6.1.1 围护结构节能措施

围护结构热阻和热容量对空调负荷有直接的影响,对于非顶层房间,当窗墙比为30%时,各朝向外墙热阻值的增加,对空调设计日冷负荷和运行负荷的降低并不显著,但当热阻值从 $0.34m^2 \cdot K/W$ 增至 $0.50m^2 \cdot K/W$,设计日冷负荷和运行负荷的降低较为明显。对于顶层房间,当窗墙比为30%时,屋顶热阻值的增加,能使设计日冷负荷降低42%,运行负荷降低32%,效果显著。

当外墙和屋顶的热容量较高时,增加热阻,降低空调负荷的效果较差;当外墙和屋顶的热容量较低时,增加热阻,降低空调负荷的效果较为明显。对降低空调负荷而言,热阻的作用要大于热容量,也就是说,采用热阻值较大、热容量较小的轻型围护结构,对空调建筑节能是有利的。

6.1.2 窗墙面积比和遮阳节能措施

空调设计日冷负荷和运行负荷是随着窗墙面积比的增大而增加的。窗墙面积比为50%的房间,与窗墙面积比30%的房间相比,设计日冷负荷要增加25%~42%,运行负荷要增加17%~25%。大面积窗户,特别是东、西向大面积窗户,对空调建筑节能极为不利。提高窗户的遮阳性能,能较大幅度地降低空调负荷,特别是运行负荷。

6.1.3 建筑朝向节能

建筑朝向对空调负荷的影响很大。顶层及东、西向房间的空调负荷都大于南北向房间,在窗墙面积比为30%时,东西向房间的设计日冷负荷和运行负荷,分别要比南北向房间大37%~56%及24%~26%;顶层房间的设计负荷和运行负荷分别比南向房间的大14%~80%及25%~69%。因此,避免在顶层设置空调房间,减少东西向空调房间是朝向建筑节能的重要措施。

6.1.4 空气渗透节能

室外空气通过门窗缝隙的渗透对空调负荷有一定的影响,当房间的换气量由0.5L/h增大至 1.5L/h 时,设计日冷负荷及运行负荷分别要增加 41% 及 27%。因此,加强门窗的气密性,对空调建筑节能有一定意义。

6.2　空调系统介绍

空调系统的分类很多,可以按照不同的功能要求进行分类,比如按照空气处理设备的集中程度可以分为集中式空调系统、半集中式空调系统以及分散式空调系统。

集中式空调系统是指在同一建筑内对空气进行集中净化、冷却(或加热)、加湿(或除湿)等处理,然后统一进行输送和分配的空调系统。集中式空调系统的特点是空气处理设备和送、回风机等集中在空调机房内,通过送回风管道与空气调节区域相连,对空气进行集中处理和分配;集中式中央空调系统有集中的冷源和热源,称为冷冻站和热交换站;其处理空气量大,运行安全可靠,便于维修和管理,但机房占地面积较大。

半集中式空调系统又称为混合式空调系统,它是建立在集中式空调系统的基础上,除有集中空调系统的空气处理设备处理部分空气外,还有分散在空调房间的空气处理设备,对其室内空气进行就地处理,或对来自集中处理设备的空气再进行补充处理,如诱导器系统、风机盘管系统等。这种空调适用于空气调节房间较多,而且各房间空气参数要求单独调节的建筑物中。集中式空调系统和半集中式空调系统通常可以称为中央空调系统。

分散式空调系统又称为局部式或独立式空调系统。它的特点是将空气处理设备分散放置在各个房间内。人们常见的窗式空调器、分体式空调器等都属于此类。

分散式系统因为不存在输配系统和集中处理系统,因此其节能设计比较简单,只要选择制冷效率高、主机变频的设备,一般来说节能效果都比较好。

而集中式和半集中式都属于中央空调,系统复杂,类型多样,各有优缺点,在此我们仅重点分析适宜于西北地区的中央空调系统。

6.2.1 中央空调系统介绍

中央空调系统的功能是对一个建筑物(群),以集中、半集中的方式对空调区域的空气进行净化(或纯化)、冷却(或加热)、加湿(或除湿)等处理,创造出一个满足生活或生产工艺标准(其中包括温度、湿度、洁净度和新鲜度)所需的环境。常规的中央空调应包括如下部分。

1. 中央空调机组

其功能是提供空气调节所需要的冷(热)水源。按制冷方式划分有电制冷与热制冷。电制冷机组有活塞式冷水机组、离心式冷水机组、螺杆式冷水机组。热制冷机组有直燃型溴化锂吸收式冷水机组。

2. 空气处理末端设备

其功能是对空气进行降温、加热、加湿、除湿以及净化过滤等。常规设备有风机盘管、风柜、组合式空调机组、新风机组等。

3. 风管系统

其功能是引入室外新风、输送处理过的空气到各空调区域或把待处理的空气输送到空气处理末端设备。常规设备有各类送风口和通风机等。

4. 空调水系统

其功能是把机组冷冻水输送到空气处理设备或末端的水力管路系统,对于冷水机组来说,还有把机组热量输送到冷却塔的冷却水系统,输送冷冻水或冷却水的动力设备是水泵。

5. 控制系统

其功能是在空调系统运行中,对机组、空气处理设备运行过程中进行人工或自动调节与监控。常规控制装置包括传感元件、执行与调节机构。

6.2.2 中央空调系统分类

中央空调系统分类见表 6-1。

表 6-1　中央空调系统分类

空调类别	空调系统形式	空调输送方式
集中式	全空气系统	单风管系统
		双风管系统
		全空气诱导系统
		变风量系统
	空气—水系统	新风加风机盘管空调系统
		置换通风加热辐射板系统
		再热系统加诱导器系统
	全水系统	无新风的风机盘管空调系统
		冷辐射板系统
	冷剂式系统	多联式系统
分散式	直接蒸发式	分体式空调
		窗式空调

6.3　适宜于西北地区的绿色空调冷热源形式

6.3.1　土壤源热泵

土壤源热泵空调系统是一种利用地下浅层地热资源既可以供热又可以制冷的高效节能空调系统。土壤源热泵空调系统通过输入少量的高品位能源如电能,实现从低温热源向高温热源转移。地热能源可以分别在冬季作为热泵供暖的热源和夏季制冷的冷源,与此同时还提供生活用热水。

土壤源热泵空调系统在冬季,热泵机组将地热能源中的热量"取"出来,提高温度后,供给室内进行采暖;在夏季,热泵机组将室内的热量"取"出来,释放到地热能源中去。通常土壤源热泵空调系统每消耗 1kW 的能量,用户就可以得到 4kW 以上的热量或冷量。与其他(锅炉、电、燃料)供热系统相比,采用锅炉供热只能将 90% 以上的电能或 70%~90% 的燃料内能转化为热量,供用户使用。因此,运用土壤源热泵空调系统要比电锅炉加热节省三分之二以上的电能,比燃料锅炉节省二分之一以上的能量。另外,由于土壤源热泵空调系统的热源温度全年较为稳定,一般为 10~25℃,其制冷、制热系数可达 3.5~4.4,与传统的空气源热泵相比,要高出 40% 左右。土壤源热泵空调系统的运行费用仅为普通空调的 50%~60%。

　　土壤源热泵空调系统主要由室外换热系统、室内换热系统和热泵机组三大部分组成,三部分又各有多种不同的系统形式。室外换热系统有闭式和开式两种系统方式。三个系统之间靠水或空气换热进行热量的传递,热泵机组与地能之间换热介质为水,与建筑物采暖空调末端换热介质可以是水或空气。土壤源热泵空调的室内末端系统和常规中央空调的末端系统并没有什么不同,可以是风管系统,也可以是风机盘管系统,而土壤源热泵机组的工作原理也和常规的水冷热泵是相同的。土壤源热泵与传统空气源热泵空调的最大不同就是采用地下换热系统取代了常规空调的冷却塔和辅助热源。土壤源热泵(GSHP)是一种利用地下浅层地热资源的既能供热又能制冷的高效节能环保型空调系统。土壤源热泵通过输入少量的能源(如电能),即可实现热量从低温热源向高温热源的转移,地热能资源分别在夏季和冬季作为高温热源和低温热源。在冬季,土壤源热泵系统把地能中的热量"取"出来,提高温度后供给室内采暖;在夏季,土壤源热泵系统把室内的热量"取"出来释放到地层中去,并且常年能保证地下温度的均衡(见图 6-1)。

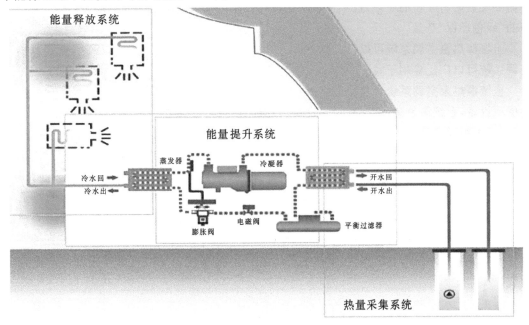

图 6-1　土壤源热泵工作原理示意图

土壤源热泵机组在工作时与传统的热泵循环一样,它本身消耗一部分电能,把环境介质中贮存的能量加以挖掘,而整个热泵装置所消耗的功仅为输出功中的一小部分,因此,采用热泵技术可以节约大量高品位能源。土壤源热泵装置,主要由蒸发器、压缩机、冷凝器和膨胀阀等部分组成,通过让工质(制冷剂)不断完成蒸发、压缩、冷凝、节流、再蒸发的热力循环过程,实现冷、热量转移以达到制冷、制热的功效。

土壤源热泵空调系统是利用了地球表面浅层地热资源(通常小于 400 米深)作为冷热源,进行能量转换的空调系统。地表浅层地热资源可以称之为地能,是指地表土壤中吸收太阳能、地热能而蕴藏的低品位热能。地表浅层是一个巨大的太阳能集热器,收集了约 47% 的太阳能量,它不受地域、资源等限制,真正是量大面广、无处不在。这种储存于地表浅层近乎无限的可再生能源,使得地能也成为一种清洁的可再生能源。

地能或地表浅层地热资源的温度一年四季相对稳定,冬季比环境空气温度高,夏季比环境空气温度低,是很好的热泵热源和空调冷源。这种温度特性使得土壤源热泵空调系统比传统空调系统运行效率要高 40%;使能量输入和输出之比,在供热状态可达 1∶3 以上,制冷状态可达 1∶5 左右,即使在部分负荷状态下,也能高效运行。而运行费用仅为传统空调的40%~60%,因此可以节省运行费用 40% 左右。

土壤源热泵空调系统的污染物排放,与空气源热泵相比,减少了 40% 以上,与常规的电供热空调系统相比,减少了 70% 以上,如果结合其他节能措施节能优势会更明显。土壤源热泵空调系统虽然也采用制冷剂,但比常规空调装置减少了 25% 的充灌量。因此,土壤源热泵空调系统的运行没有任何污染,可以建造在居民区内,没有燃烧,没有排烟,也没有废弃物,不需要堆放燃料废物的场地,且不用远距离输送热量,噪声大大低于传统空调,属于国家认定的"绿色环保"产品。

土壤源热泵空调系统可以替换原来的锅炉加空调的两套装置或系统,因此,土壤源热泵空调系统可以广泛应用于宾馆、商场、办公楼等建筑,更适合于别墅住宅的采暖、供冷。

土壤源热泵空调系统不必设置大型中央主机机组和锅炉,无需锅炉房、无需冷却塔和其他屋顶设备,系统简单清楚,容易与建筑装饰相配合,保持建筑外形美观无室外机部件,无需除霜,不占用室外地表面积。

此外,土壤源热泵空调系统无任何爆炸或燃烧隐患,水下换热器采用高密度聚乙烯塑料管,寿命可长达 50 年。系统主机设备使用寿命长达 25 年,机组实行自动运行,维修简单,维护费用低廉,系统自动控制程度高,可无人值守。不过,由于土壤源热泵空调系统的热量来自水,因此若想安装使用地能空调系统,必须有丰富的地下水、天然湖泊或其他可用的地表水等充足水源,其水量大概为每 100 平方米采暖面积需 600kg/h 水。地下水源在距系统 1 公里内均属于可利用的经济水源,天然水源(如湖泊、河流)3 公里以内可作为经济水源充分利用。

6.3.2 水源热泵

地下水是一个巨大的天然资源,其热惰性极大,全年的温度波动很小,一般说来,埋藏于地表 20m 以下的浅表层地下水可常年维持在该地区年平均温度左右,是理想的天然冷热源。水源热泵系统正是利用地下水的特性而工作的一种新型节能空调。在水源热泵的水井系统中,水源热泵一般成井深度为 50 米到 300 米,因为此部分地下水主要由地表水补给,且不适宜饮用,故用于水源热泵中央空调是极佳选择。

水源热泵是目前空调系统中能效比(cop)最高的制冷、制热方式,理论计算可达到 7,实际运行为 4～6。水源热泵机组可利用的水体温度冬季为 12～22℃,水体温度比环境空气温度高,所以热泵循环的蒸发温度提高,能效比也提高。而夏季水体温度为 18～35℃,水体温度比环境空气温度低,所以制冷的冷凝温度降低,使得冷却效果好于风冷式和冷却塔式,从而提高机组运行效率。

水源热泵理论上可以利用一切的水资源,其实在实际工程中,不同的水资源利用的成本差异是相当大的。所以在不同的地区是否有合适的水源成为水源热泵应用的一个关键。目前的水源热泵利用方式中,闭式系统一般成本较高。而开式系统,能否寻找到合适的水源就成为使用水源热泵的限制条件。对开式系统,水源要求必须满足一定的温度、水量和清洁度。

另外,对于从地下抽水回灌的使用,必须考虑到使用地的地质结构,确保可以在经济条件下打井并找到合适的水源,同时还应当考虑当地的地质和土壤的条件,保证用后尾水的回灌可以实现。

因此,水源热泵虽然节能效果还要优于土壤源热泵,但是在缺水的西北地区,使用前一定要认真论证,解决好水源质量和回灌问题。

6.3.3　太阳能

太阳能是一种取之不尽、用之不竭的可再生绿色能源,地球每年接受的太阳能总量为 $1×10^{18}$ kWh。我国太阳能资源呈现出西富东贫的特点,西北地区大部分区域太阳日照充足,具备采用太阳能制冷空调技术的条件。

太阳能的利用途径分为以下三种:光热转换、光电转换和光化转换。光热转换是利用各种集热器把太阳能收集起来,然后用收集到的热能来驱动太阳能制冷空调装置;光电转换是将太阳能转化为电能来驱动制冷系统;光化转换是先将太阳能转化为化学能,然后进行制冷/制热。太阳能制冷空调系统主要由太阳能集热装置、热驱动制冷装置和辅助热源以及相关控制设备组成。主要的太阳能制冷方法见图 6-2。

图 6-2　太阳能制冷方法

1. 光热转换方式太阳能制冷空调

1）太阳能吸收式制冷

吸收式制冷是利用溶液浓度的变化来获取冷量的，稀溶液吸收来自蒸发器的低压蒸气，释放出热量由冷却介质带走，溶液变浓后经溶液泵升压送至发生器，经过高温热源加热产生高压蒸汽进入冷凝器冷凝、节流后进入蒸发器蒸发制冷。太阳能吸收式制冷机有三种：间歇式太阳能吸收式制冷机、连续式太阳能吸收式制冷机（分为直接式和间接式）和无泵吸收式制冷机（分气泡泵式和双吸收器式）。

溴化锂吸收式制冷机存在易结晶、腐蚀性强、蒸发温度在 0℃ 以上的缺点，但 COP 比氨水吸收式要高，而且氨水吸收式制冷存在工作压力高，具有一定的危险性，氨有毒，要防止泄漏到环境大气中；同时系统还要精馏装置，但可以制得很低的蒸发温度。总体来说吸收式制冷技术相对比较成熟，但由于初投资大，一般应用于大型的中央空调场所。

2）太阳能吸附式制冷

太阳能驱动吸附制冷基本原理是以多孔性固体作为吸附剂，以某种气体作为制冷剂，形成吸附制冷工质对，固体吸附剂吸附制冷剂气体，使得制冷剂液体不断蒸发制冷，固体吸附剂吸附饱和之后通过太阳能加热解吸。太阳能吸附式制冷根据制冷系统的运行方式一般可分为连续式制冷系统和间歇式制冷系统。目前吸附式制冷主要集中在吸附－制冷工质对性能、吸附床的传热传质强化、吸附过程机理分析等方面的研究。

太阳能固体吸附式制冷技术存在导热系数低、传热效果差、解吸周期长、单位质量吸附剂制冷功率小、设备庞大、系统热量利用率不高、性能系数低、难以长期保证系统的高真空度等缺点，但固体吸附式制冷有一些自身的优势：结构简单，无运动部件，无噪音，无污染，运行稳定，不存在结晶问题，可靠性高，特别是还能适用于一些振动或者旋转场所。

3）太阳能除湿蒸发冷却空调系统

太阳能除湿蒸发冷却制冷方式分为固体除湿蒸发冷却和液体除湿蒸发冷却两种，固体除湿存在系统庞大，再生温度高、系统相对比较复杂等缺点，应用较少；溶液除湿蒸发冷却制冷系统由于其在低品位热能驱动，越来越受到重视。

溶液除湿蒸发冷却空调系统利用溶液除湿剂对湿空气进行除湿干燥，然后对这部分空气送入直接蒸发冷却器产生冷水或者温度较低的湿空气，常用的除湿剂有氯化锂、氯化钙、溴化锂及其它们的混合物。溶液再生温度通常在 55～75℃，能较好地利用太阳能作为系统主要驱动能源，太阳能驱动的溶液除湿蒸发冷却空调系统的热力系数可达到 0.7，是一种具有节能和环保双重优势的新型制冷空调方法。

溶液除湿蒸发冷却空调系统跟吸收式制冷系统一样，都是利用溶液浓度的变化来制取冷量，但相对于吸收式制冷方式，溶液除湿蒸发冷却系统有以下几条显著的优势：

①需要的驱动热源温度低，一般 55～75℃ 均能满足系统运行要求，能有效地利用如太阳能、工业余热、废气余热等低品位热源；

②空调系统所有装置设备均在大气压环境下运行，无真空密封要求；

③系统主要部件少,结构简单;

④系统风量大,温湿度容易控制调节,新风量大,空气品质好。

4)太阳能喷射式制冷

太阳能喷射式制冷是利用制冷剂经太阳能集热器产生一定压力的蒸汽,再通过喷嘴喷射制冷。该系统一般分为两个循环:动力循环和制冷循环。制冷剂在集热器中汽化、增压,产生饱和蒸汽,进入喷射器,经喷嘴高速喷出并膨胀,在喷嘴附近产生真空,将蒸发器中的低压蒸汽吸入喷射器,经过喷射器的混合气体进入冷凝器放热、凝结,然后冷凝液的一部分通过节流阀进入蒸发器吸收热量后汽化,完成制冷循环。

2. 光电转化方式制冷

光电转化方式制冷就是先将太阳能转化为电能,然后利用电能驱动传统的制冷空调系统完成制冷循化实现制冷。光伏发电是应用半导体器件将太阳光能转换为电能,目前发电成本比起煤电和水电要高一些,但是具有安全可靠、无噪声、无污染、无需燃料、无机械转动部件等优点,并且不受地域限制,规模大小很灵活,与建筑结合方便,建站周期短,故障率低,维护简便。

3. 光化转换方式制冷

光化转换是将太阳能转化为化学能,利用化学反应进行制冷或者供热。以太阳能等低品位热源驱动的化学热泵系统,既节能降耗,又绿色环保,并且太阳能化学储能密度大,是一般显热储能的 50 倍,是潜热储能的 10 倍,并且能在常温储存。太阳能热泵主要有三种利用形式:利用太阳能驱动化学热泵以实现升温、贮能;利用太阳能和其他废热驱动化学热泵来提高能量品位;太阳能、化学热泵和其他废热三者整合用以升温、贮能。化学热泵工质对一般有:金属卤化盐和氨,金属氧化物和水,金属氧化物和二氧化碳,金属氢化物和氢,丙酮和氢,环己烷和氢等,有关研究表明,系统制冷 COP 在 0.5 左右,供热 COP 在 1.5~1.6 之间。

6.3.4 天然气冷热电联产技术

西北地区天然气资源丰富,尤其是陕西北部、新疆、西宁等地区,均具备充足的天然气资源。

冷热电联产(combined cooling heating and power,CCHP)是一种建立在能源梯级利用概念基础上,将制冷、制热(包括供暖和供热水)及发电过程一体化的总能系统。其最大的特点就是对不同品质的能源进行梯级利用,温度比较高的、具有较大可用能的热能被用来发电,温度比较低的低品位热能则被用来供热或制冷。这样不仅提高了能源的利用效率,而且减少了碳化物和有害气体的排放,具有良好的经济效益和社会效益。

初期的冷热电联产是在热电联产的基础上发展起来的,它将热电联产与吸收式制冷相结合,使热电厂在生产电能的同时供热和制冷,故初期只立足于热电厂。随着分布式供电概念的提出,冷热电联产得到新的发展,其中分布式供电是指将发电系统以小规模(数千瓦至50MW 的小型模块式)、分散式的方式布置在用户附近,可独立输出冷、热、电能的系统。与常规的集中供电电站相比,其输配电损耗较低甚至为零,可按需要灵活运行排气热量实现热电联产或冷热电三联产,提高能源利用率,可广泛运用于同时具有电力、冷热量需求的场所,如商业区、居民区、工业园区、医院等。

1998 年 1 月 1 日起实施的《中华人民共和国节约能源法》第三十九条中指出："国家鼓励发展下列通用节能技术:推广热电联产、集中供热,提高热电机组的利用率,发展热能梯级利用技术,热、电、冷联产技术和热、电、煤气三联供技术,提高热能综合利用率。"政府有关部门十分重视热电联产技术的发展,2000 年 8 月 22 日国家计委、国家经贸委、建设部、国家环保局联合发布了计基础(2000)1268 号《关于发展热电联产的规定》,为热电联产和冷热电联产的发展提供了法律和政策保证。

天然气冷热电联产系统的模式有许多种,无论哪种模式都包括动力设备和发电机、制冷系统及余热回收装置等主要装置。动力设备主要有燃气轮机、内燃机、微燃机及燃料电池等,制冷装置可选择压缩式、吸收式或其他热驱动制冷方式,主要采用溴化锂吸收式制冷剂,包括单效、双效、直燃机等。总的来说,冷热电联产有以下几个经典模式:

燃气轮机排烟余热中烟气型吸收式冷热水机系统(如图 6-3 所示)。

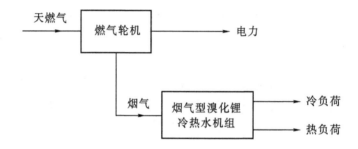

图 6-3　燃气轮机+烟气型溴化锂冷热机组系统图

燃气轮机排烟余热蒸汽系统中,燃气—蒸汽轮机联合循环,即燃气轮机+余热锅炉+汽轮发电机+蒸汽型吸收式制冷机组系统(如图 6-4 所示),以及常用内燃机冷热电联供系统模式(如图 6-5 所示)。

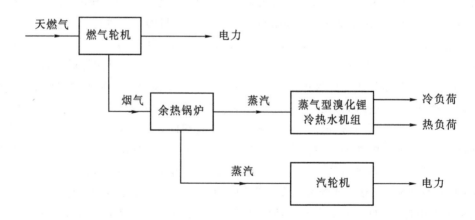

图 6-4　燃气轮机+余热锅炉+汽轮发电机+蒸汽型吸收式制冷机组系统图

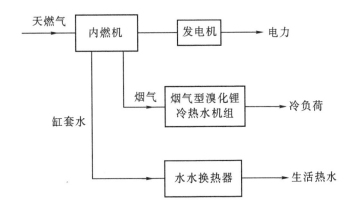

图6-5 内燃机＋水水换热器＋烟气型溴化锂机组系统图

6.3.5 蒸发冷却制冷技术

蒸发冷却制冷技术是利用室外空气中的干湿球温度差所具有的"干空气能",通过水与空气之间的热湿交换对被处理的空气或水进行降温或除湿处理,以满足室内空调系统的要求。它是一种环保高效且经济的空调技术,具有投资省、能耗低、减少温室气体和CFCs物质排放量的特点。该技术主要适用于在室外空气干球温度与湿球温度差大的地区(如干热或半干热地区)进行空调制冷,在保证建筑环境安全舒适条件下,它为减少建筑总能耗提供了新的技术,节约了大量的煤炭和电量,降低了建筑物二氧化碳和其他有害气体的排放。

干热气候区主要气候特征是太阳辐射资源丰富,夏季温度高,日温差大,空气干燥等,与其他气候区的气候特征有明显的差异,如新疆、内蒙古、甘肃、宁夏、青海、西藏等地区,这为蒸发冷却制冷空调的应用提供了有利的条件。因此,对干热气候区而言,当夏季空调室外设计露点温度较低时,可采用蒸发冷却技术生产用于空调系统的冷水或冷风,以减少人工制冷的能耗,如:当室外空气的露点温度低于14～15℃时,可采用蒸发冷却技术生产接近16℃的空调冷水,作为空调系统的高温冷源。另外,空调系统也可充分利用室外干燥空气,一方面直接来消除空调区的湿负荷,另一方面通过蒸发冷却技术来消除空调区的显热负荷,从而大量减少空调系统的能耗,因此,符合条件的地区应大力推广采用蒸发冷却制冷空调。

蒸发冷却制冷空调系统中,主要的空调制冷设备有蒸发冷却空调机组和间接蒸发冷却冷水机组两类,所采用的蒸发冷却制冷技术可分为直接蒸发冷却和间接蒸发冷却两种基本形式。

蒸发冷却制冷空调系统的形式与传统空调一样,可分为蒸发冷却全空气系统和蒸发冷却空气—水空调系统两种形式。对建筑空间高大、人员较密集场所,如剧院、体育馆等,空调系统优先选蒸发冷却全空气空调系统,即通过蒸发冷却处理后的空气,承担空调区的全部显热负荷和散湿量;对空间较矮、空调区较多的建筑,如办公建筑等,空调系统应优选蒸发冷却空气—水空调系统;考虑到系统的节能以及高温冷水的应用,蒸发冷却空气—水空调系统优选温湿度独立控制空调形式,即通过蒸发冷却处理后的室外空气承担空调区的全部散湿量,而显热负荷主要由冷水系统承担，其冷水系统的末端设备可选用辐射板、干式风机盘管机组等。

当室外空气含湿量和温度低于室内状态时，蒸发冷却空调系统增大水蒸发技术处理后的新风量反而有利于利用室外空气干湿球温度差具有的干空气能量对室内空气降温，这点与常规空调系统通过控制新风量来减小新风负荷不同。

由于蒸发冷却制冷空调是利用水的蒸发来实现供冷的目的，因此，所在地区的水资源条件应引起重视，应合理利用水资源，并满足当地有关法规及卫生等要求。

6.4 适宜于西北地区的绿色空调末端设备

6.4.1 风机盘管类

主动式冷梁系统是一种具有辐射能力的诱导式气水换热末端装置。主要由外壳、喷嘴、一次空气连接管、换热器（盘管）、面板等构成。

主动式冷梁系统夏季工作过程为：经过热湿处理的一次干冷空气（多采用全新风）进入冷梁顶部的静压箱并以较高的速度经喷嘴（可调节）喷出，高速气流在混合腔内产生负压，从而诱导室内低速的二次空气（室内回风）经过盘管进行冷却。冷却后的二次空气与一次空气混合形成速度足够大的混合空气，通过两个封闭的导流槽形成贴附射流，沿着吊顶向室内贴附送风，达到调节室内温度、满足空调负荷的目的。冬季向换热器中送入热水，以相似的原理向室内送风进行供热。

主动式冷梁系统属于半集中式空调系统，可以用于许多场所，特别是显热负荷较大的办公场所。由于主动式冷梁末端通常在干工况条件下运行，不产生凝水，潜热负荷由一次风系统承担，故该系统也可作为温度湿度独立控制空调系统进行设计，该系统在设计过程中具有以下特点：

选用高温冷水机组为系统提供 14℃/20℃ 的高温冷水。研究表明，冷水机组蒸发温度提高 1℃，机组的能耗降低约 3%～5%，与供水温度为 7℃ 的冷水机组相比，提供 14℃ 高温冷水的机组可以减少 30% 以上的制冷耗功。

主动式冷梁末端在夏季主要用于处理室内的显热冷负荷，无法承担室内的潜热负荷，所以需要新风系统具有处理湿负荷的能力。与传统空调系统中新风的处理方式不同，主动式冷梁系统中新风需要承担室内全部的潜热负荷以及部分显热冷负荷，所以新风处理后状态点的温湿度较低，同时，主动式冷梁的空气循环动力由新风送风机提供，故新风机组不仅要具有较强的调湿能力，还应具有较大的机外余压。

主动式冷梁对室内的湿度及冷水温度的要求较高，为避免发生结露现象，应严格保证室内的正压条件，提高房间门窗的密闭性，减少冷风渗透等不利因素。采用高效灵敏的露点温度监控措施，严格控制冷水的供给情况以避免结露现象的产生。主动式冷梁末端设备的常用高度为 250mm，可以应用于大多数层高受限制的建筑物吊顶内。根据该产品的特点，它特别适用于舒适度和噪声要求高、维修空间小且换气次数要求较小的办公区域。但是主动式冷梁内部的盘管为干盘管，在我国的气候条件下不适用于餐厅、健身房、游泳池等室内潜热负荷比较大且有冷凝风险的场所;对于各等级工业洁净室、生物洁净室以及化学实验室等对室内换气次数要求较高的场所也不适用。

6.4.2 辐射类

毛细管辐射空调系统是一种可代替常规中央空调的新型节能舒适空调。系统以水作为冷媒载体,通过均匀紧密的毛细管席(一般管体 4.3mm×0.8mm,间距 20mm)辐射传热。由于该系统所需的夏季冷冻源供水温度只需 17/19℃供回水温度,冬季只需 32/30℃供回水温度,大大低于常规水空调夏季 7/12℃和冬季 45/40℃供回水所需的能耗,因而系统更节能。

6.4.3 热回收类

对于常规空调系统,排风都是直接排到室外,结果是损失了全部的排风能量。如果能利用排风经过热交换器来处理新风(预冷或预热),从而回收排风中的能量,则可以降低新风负荷,进而可以降低整个空调系统总能耗。

排风热回收装置有多种,常用的热回收设备有转轮式全热换热器、板式显热换热器、板翅式全热换热器、中间热媒式换热器和热管换热器、热泵式溶液热回收型新风机组等。

其中热泵式溶液调湿新风机组具有以下优势:

(1)充分利用热泵机组产生的冷量和热量,机组 COP 较高,能源利用效率高;

(2)采用独特的溶液全热回收装置,高效回收排风能量;

(3)无需再热,空气可被直接处理到要求的送风点,避免常规冷冻除湿方式导致的过度冷却,再热造成的能源浪费;

(4)可承担全部潜热负荷,使得处理显热的空调冷冻水温度提高,从而提高其系统制冷机组的 COP 值;

(5)先进的湿度处理方式,避免冷冻除湿带来的潮湿表面,防止在风道、盘管表面滋生霉菌和微生物;

(6)通过喷淋溶液可有效去除细菌和可吸入颗粒物,净化空气;

(7)新风、排风通道完全独立,杜绝新风、排风之间的交叉污染。

同时,在西北地区,因部分地区良好的室外空气条件或昼夜温差,利用过渡季或夜晚低温等条件自然冷却或预冷时,在新风与排风道上分别设旁通风道及密闭性能好的旁通风阀,就可以把排风热回收系统变为利用室外新风自然冷却的直流式系统。

6.4.4 空气处理机组类

通过保持空气处理机组的送风温度稳定,改变空气处理机组或空调末端装置的送风量,实现室内空气温度参数控制的全空气空调系统,简称变风量(VAV)空调系统。

全空气变风量空调系统属于全空气空调系统形式之一,它又分为区域变风量空调系统和带末端装置的变风量空调系统两种形式。

区域变风量空调系统是指空调系统服务于单个空调区,其系统组成通常由空气处理机组、风管系统及自动控制系统 3 个基本部分构成。当空调区负荷变化时,区域变风量空调系统通过改变空气处理机组送风机的转速来实现空调区风量的调节,以达到维持空调区设计参数及节省风机能耗的目的。

带末端装置的变风量空调系统是指空调系统服务于多个空调区,其系统组成通常由变风量末端装置、空气处理机组、风管系统及自动控制系统四个基本部分构成。当空调区负荷变化时,带末端装置的变风量空调系统是通过改变空气处理机组送风机的转速以及各末端装置的送风量来实现各空调区风量的独立调节,以达到维持各空调区设计参数及节省风机能耗的目的。

变风量空调系统相对于定风量空调系统而言,具有控制灵活,空气品质好,节电节能等特点:

(1)温度可控性。对带末端装置的变风量空调系统而言,由于末端装置的一次风量调节采用比例调节方式,空调区温度的控制质量优于风机盘管机组的风量双位调节方式。

(2)系统节能性。相对于定风量空调系统而言,当变风量空调系统部分负荷运行时,它可通过变频装置来改变空气处理机组送风机的转速,以达到调节送风机风量,降低了风机能耗的目的;另外,也可通过改变系统新风比来实现利用室外新风进行自然冷却的目的。

(3)系统可靠性。由于变风量空调系统无空调水管道或至少无空调冷水管道进入空调区内,可避免因冷凝水造成的滴水、滋生的微生物和病菌等对系统可靠性、空气质量等造成的影响。

(4)设备容量减小。在设计工况下,系统总的送风量及冷(热)量少于定风量系统的总送风量和冷(热)量,使系统的空调机组减小,冷源和热源使用量减小,并减小了占用机房的面积。

(5)房间分隔灵活。系统末端装置布置灵活,用户可根据各自的使用要求对房间进行二次分隔及装修,能较好地满足用户的需求。

综上,变风量空调系统适用于在同一个空气调节风系统中,各空调区的冷、热负荷差异和变化大,低负荷运行时间长,且需要分别控制各空调区温度和建筑内区全年需要送冷风的场合,如区域控制要求高、空气品质要求高的高等级办公、商业场所等。

6.5 适宜于西北地区的节能空调技术案例

西北地区气候具有很强的大陆性气候特征,年温差大,冬季气温较低,平均温度低于同纬度地区,冷季时间长;而夏季与南方的温差相差不大,平均温度还高于同纬度地区;这就导致西北大部分地区冬季寒冷、夏季炎热,既需要采暖,还需要制冷。

建筑空调系统能耗占建筑总能耗的一半以上,因此,控制建筑空调能耗是降低建筑能耗最直接、最有效的方式。

随着科技的发展,空调技术日新月异,新技术新产品不断推出,很多空调冷热源以及末端技术均具有良好的节能效果,因此设计师要刨除传统观念,大胆尝试勇于创新并接受新技术,通过不断实践找到适宜于西北地区不同气候类型的空调系统形式。

6.5.1 土壤源热泵＋高温水末端空调系统节能效果分析

某项目为西北地区首次使用技术先进的"土壤源热泵＋高温水制冷系统",其节能效率优于常规空调 45% 以上。由于地域和气候的差异,建筑功能的不同,我们在该技术的运用上也因地制宜地进行了适当的创新和发展。

该项目采用的绿色节能技术覆盖建筑、结构、暖通空调、给排水、电气、景观与室内装修等七大专业,涉及十三个类别的系统和专业的设计。项目 2009 年立项,2010 年开始主体施工,2012 年 8 月底竣工并投入使用。

1. 土壤源热泵技术

该项目冬、夏逐时负荷见图 6-6。

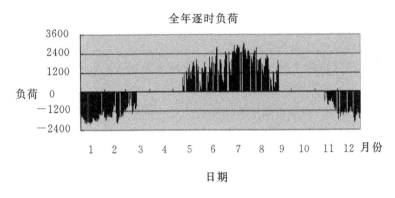

图 6-6 冬、夏逐时负荷

由图 6-6 可得到建筑负荷计算表,见表 6-2:

表 6-2 建筑负荷计算表

季节 运行参数	最大负荷 kW	累计负荷 MWh	运行天数 d	每天运行时间 h
夏季	3100	1781	120	10
冬季	1900	1013	120	10

由此可见:夏季累计负荷大于冬季负荷的,为保证地下换热的热平衡,该项目选用土壤源热泵复合式系统,既土壤源热泵机组和常规冷水机组联合运行,共同承担冷、热负荷。

精确的地热参数对于地源热泵系统的设计至关重要。本项目通过热响应试验得出:地下土壤的综合比热容 ρCp 为 2.3MJ/(m³·K),地下埋管深度内平均导热系数 λ 为 1.685 W/(m·K),地下土壤的初始平均温度为 17.3℃。

根据热响应试验得出的参数,对地下换热器进行模拟计算和分析,得出表 6-3 所示数据:

表6-3 地下换热器进行模拟数据

负荷参数	夏季	冬季
峰值负荷 kW	3100	1900
地下换热器承担峰值负荷 kW	2022	1900
累计负荷 MWH	1781	1013
地下换热器承担累计负荷 MWh	721	1013
地下换热器承担的累计吸、排热量 MWh	865	810

由表6-3可以看出：

(1)冬季，土壤热泵机组承担全部热负荷。

(2)夏季，土壤热泵机组承担的冷负荷占峰值冷负荷的62%，承担的累计冷负荷占夏季累计冷负荷41%；其余冷负荷由常规冷水机组来承担。

根据表6-3数据，计算确定地下换热器312个，采用双U型，有效深度120m，地下换热器间距为5m，矩阵形布置，孔径为150mm。

根据表6-2、表6-3数据，选择下列机组，见表6-4：

表6-4 机组额定参数

机组参数 机组形式	额定制冷量 kW	额定制热量 kWh	输入功率 kW	COP 值
1♯热泵机组	1267	1407	237/323	5.34/4.36
2♯热泵机组	638	600	116/144	5.50/4.17
常规制冷机组	1267	—	237	5.34

注：①制冷工况：冷冻水进出口温度为7/12℃；冷却水进口温度为32/37℃；

②制热工况：热水进出口温度为45/40℃；蒸发器(井水)进出口温度为10/6℃；

③蒸发器和冷凝器侧的换热系数分别为 $0.018/0.044m^2 \cdot ℃/kW$。

对地下换热器运行25年进行模拟，地下换热器的温度变化曲线如图6-7和图6-8所示：

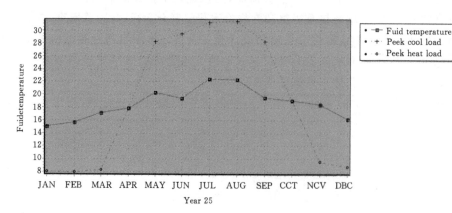

图6-7 运行第25年地下换热器温度曲线

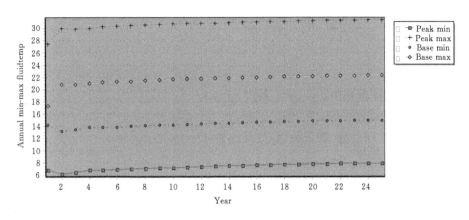

图 6-8 运行 25 年地下换热器温度曲线

由以上的模拟结果可以看出：

地下换热器的冬季取热量与夏季排热量平衡,地下换热器运行 25 年温度曲线水平;地下换热器运行 25 年,冬季最低平均运行温度 8℃,冬季最高运行平均温度 15℃;夏季最低平均运行温度 22℃,夏季最高运行平均温度 32℃,均在热泵机组高效运行温度范围内。地下换热器内的流体介质不须加防冻液,流体介质为水即可。

2. 吊顶式诱导式冷梁技术

冷梁技术:盘管内的水和管外的空气,在温差驱动下形成气流循环,通过室内空气和盘管之间的对流和辐射来达到空气调节目的的技术。冷梁分为主动式冷梁和被动式冷梁两种形式。主动型冷梁的工作原理为:一次风经过热、湿处理后,进入冷梁顶部的静压箱,经喷嘴喷入到冷梁的下部。根据文丘里效应(当高速流动的气流通过阻挡物时,在阻挡物的背风面上方端口附近气压相对较低,从而产生吸附作用),冷梁下方的房间空气由于这一作用而向上流动,与冷梁进行冷、热交换。被动型冷梁则完全依靠温差对流原理进行制冷换热,热气流上升、冷气流下沉。因此,被动式冷梁则只能在夏天制冷而不能在冬天制热,从而不适合应用于热泵系统;主动式冷梁可以完成制冷和制热的功能。

冷梁系统的一次空气通常是新风,也可以使用部分回风。采用新回风混合可以节省能量,风管系统会比较复杂,投资增加,并且回风的经济性并不明显。故本工程中不设回风管,一次风为新风。

该项目采用新风＋主动式冷梁系统。夏季,冷冻水系统需要给新风机组提供 7/12℃低温冷冻水,给冷梁提供 16/19℃高温冷冻水。所以热泵站房选用两套冷水系统,即高温冷水机组和低温冷水机组,其中 2♯热泵机组在夏季为冷梁提供高温冷水。冬季,空调末端的供回水温度均为 45/40℃。

冷梁的设计步骤:

(1)在焓湿图上过室内状态点 N,由送风温差 Δt_0 确定送风状态点 O。

(2)根据空调房间热湿比 ε,确定空调房间的露点温度点 K($\phi=90\%$)。将新风处理到点 K。

（3）根据诱导比，确定送风温度 C 点。

诱导比 $n = qm_2/qm_1 = \overline{CK}/\overline{CO} = \overline{KM}/\overline{NO}$

其中：$qm_1 \cdots\cdots$

$\qquad qm_2 \cdots\cdots$

（4）室内余热量 Q 分别由 qm_1，qm_2 负担，

故 $Q = qm_1(h_o - h_k) + qm_2(h_n - h_o)$

其中：一次空气处理机组（新风机组）处理冷量：$Q_1 = qm_1(h_o - h_k)$

冷梁内盘管处理冷量：$Q_2 = qm_2(h_n - h_o)$

（5）根据一次空气量和诱导比及生产厂家提供的产品样本选择型号合适的冷梁，并根据冷梁的热效率对换热器的供冷量进行校核。

（6）目前市场上常见的的主动式冷梁末端有宽度 300mm 和 600mm 两种标准模数，长度可以在 1200mm～3000mm 之间选择。

本项目根据房间平面和吊顶的形式，确定选用 600mm 宽度，1800mm 和 1500mm 长度的两种吊顶式诱导器。其性能参数如下：两排管，侧接送风管，室内空气温度 26℃，一次风送风温度 16℃，冷水供水温度 16℃，冷水流量 110L/h。

（7）为保证房间空调系统正常运行，冷梁供水管安装有一个电动调节阀，由房间温控器控制电动调节阀的开启度，当房间温度高于设定值时，增大阀门开启度；低于设定值时，减小阀门开启度，以维持房间内温度恒定。诱导新风经过空气处理器处理后通过冷梁送入房间，由于室内办公人数变化不大，须要的新风量基本恒定，所以送风机采用定频运行模式。

（8）冷梁预防结露控制系统：为了保证冷梁不产生结露，室内空气相对湿度一般控制在 50% 以下，同时也需安装结露预防进水温度感应器测出进入冷梁的冷却水的温度，温度控制器通过测出室内空气温度，湿度然后计算出露点温度，与在冷吊顶控制器内进行比较得出偏差，当偏差 e 是负偏差时，则电动阀关闭，诱导空气停止冷却，室内温度升高，冷梁盘管处便不会结露。

3. 土壤源热泵＋吊顶式诱导式冷梁系统

（1）由于冷梁系统所需冷冻水为 16℃/19℃，在夏季大大提高了热泵机组的进水温度。热泵机组的 COP 值（夏季）也相应得到提高。见表 6-5。

表 6-5　2#机组负荷参数

参数 主机	额定制冷量 kW	额定制热量 kWh	输入功率 kW	COP 值
2#热泵机组	638	600	101.2/144	6.30/4.17

由表 6-5 可以看出，热泵机组 COP 值提高 14.5%。

（2）冷梁技术在夏季，由于在干工况下运行，无冷凝水产生，不会形成细菌的滋生和冷凝水的二次污染，大大提高了室内空气的品质；辐射方式供冷供热，室内温度均匀分布，热舒适性好；具有较小的热惯性，在系统关闭或停电等状态下的较长时间内温度都不会升高（夏季）

或降低(冬季)。

(3)通过 EQUEST 能耗分析软件,我们对上述系统进行了模拟计算,其节能贡献率分别达到了 35.65% 和 22.32%。每年分别节电约 114.5 万 kWh 和 71.69 万 kWh。

本项目实际运行过程中央空调系统中一整个空调季的逐月耗电量如图 6-9、图 6-10 所示:

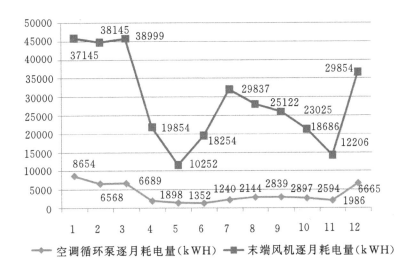

图 6-9　空调循环泵及末端风机逐月耗电量

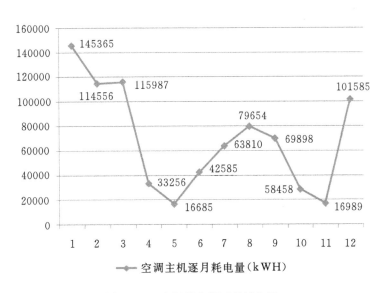

图 6-10　空调循主机逐月耗电量

可以看出采用土壤源热泵+高温水制冷系统在过渡季节以及负荷不太高的空调季节节电效果非常明显。

6.5.2　间接蒸发冷却＋温湿度独立控制空调系统节能效果分析

西北某地区属于严寒B区，该地区一医院门诊内科综合病房楼地上17层，地下1层，裙房3层，主楼高68米。

本工程设计充分结合当地夏季空气干燥，湿球温度低的特点，抛弃传统的机械式冷源，全部采用适用于风系统，水系统的间接蒸发冷却设备——天然冷源，实现了大楼室内的新风、除湿、降温的要求。

该工程属病房医疗建筑，应采用高温冷源，而高温冷源中最高能效的当属间接蒸发冷却设备。两种冷源分别是：

水系统冷源：干空气能—间接蒸发冷源。屋顶设一台蒸发冷水机组，内置循环水泵与风机，提供16～21℃的冷水，承担室内显热冷量。

空气系统冷源：干空气能—间接＋直接多级蒸发冷源。新风经过滤，间接蒸发冷却，直接蒸发冷却后送出，不仅承担室内全部潜热冷负荷，还承担部分显热负荷。

本项目特点如下：

首先，利用高效间接蒸发冷却机组（$E \geqslant 80\%$）处理新风，可获得较低的送风温度（17℃），新风承担起部分室内显热冷负荷和室内全部潜热冷负荷——温湿度独立控制设计。

其次，当时是首次在全国医疗建筑中仅设一套地面辐射热水盘管，按夏季、冬季工况分别切换阀门实现冬天供热、夏天供冷，使得空调系统既节省投资又经济、可靠。

再次，工程的地面供冷辐射温度，送风风口温度均高于室内空气的露点温度，干工况末端运行不给病菌在潮湿环境中的生存机会。

最后，通过综合统计及计算，空调系统能效高，风系统综合能效比为12.2，水系统能效比为8.0。以上数值是常规机械制冷空调系统能效无法比拟的，节能效果显著。

综上可知：第一，蒸发冷却空调系统与传统的压缩机空调系统相比，它是利用水的蒸发而获得冷量，省去了压缩功耗（占整个功率的60％以上），蒸发型空调设备中除了所需风机和水泵动力外，无需输入能量，因此性能系数COP值很高（约为机械制冷的2～5倍）；第二，由于蒸发型空调设备采用全新风，且具有空气过滤器和加湿功能，对空气进行净化和加湿处理，大大改善其室内空气品质；第三，蒸发型空调是以水而不是以有环保公害的氟利昂为制冷剂，对大气无污染。故蒸发冷却空调系统特别适合于我国气候比较干燥的西部和北部地区。

6.5.3　温度湿度独立控制空调系统

T3A航站楼是西安咸阳国际机场二期扩建工程项目之一，航站楼面积约28万 m^2，地上2层、地下1层，地上最大高度37m，地下深度8.6m，最大层高（办票大厅）27m，属于典型的高大空间建筑。

航站楼高大空间采用温度湿度独立控制系统的面积为4.7万 m^2，其余面积使用常规空调系统。空调制冷采用冰蓄冷系统，充分利用当地峰谷电价的差异，以节省运行费用。系统实行冷水大温差运行，以减少从制冷站到航站楼的冷水输配能耗。

冷水系统采用直接供冷的多级泵系统形式，即制冷站设一次和二次循环泵，满足机房内压头和必要的外网扬程。用户侧由于不同的管网阻抗及水温要求,各支路设置了空调末端循环泵,提供末端循环压头。末端空调水系统采用的串联及混水循环系统见图6-11。

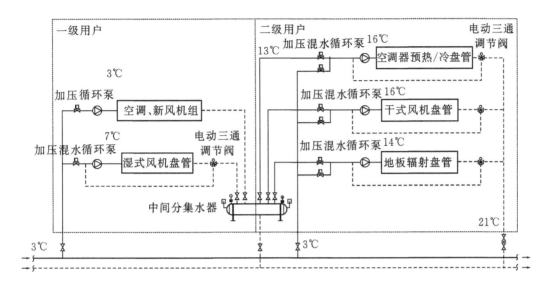

图6-11 末端串联及混水系统

根据设计的供水温度的高低,将末端用户分为低温用户和高温用户,即一级用户和二级用户。其中,低温用户设备包括常规空调新风机组、空调机组和湿式风机盘管,新风机组与空调机组的设计总供水温度为3℃,湿式风机盘管的设计供水温度为7℃;高温用户设备包括辐射地板、干式风机盘管和溶液新风机组预冷盘管,辐射地板和干式风机盘管的设计供水温度为14℃,溶液新风机组预冷盘管的设计供水温度为16℃,设计工况下总回水温度为21℃,总供回水温差为18℃。

温度湿度独立控制系统。温度控制方面,用地板辐射盘管承担空调基本冷负荷;湿度控制方面,采用带预冷的溶液热泵新风机组对新风进行除湿降温。

在T3A航站楼2楼办票大厅和南指廊的候机大厅布置温湿度测点,对其温湿度进行测量。测试日7月21日10:00时,室外温度为27.8℃。

图6-12和图6-13所示的测试结果表明,主楼办票大厅和南指廊候机大厅的室内温度范围为22~24℃,其中少数室温为24℃的测点位于人流量较大的区域。主楼和南指廊的空气含湿量均在11g/kg左右,测点间含湿量的极差在2g/kg以内,室内空气含湿量分布均匀性好。说明辐射地板盘管配合置换式送风的方式达到了室内人员活动区温湿度分布高度均匀的设计目标。

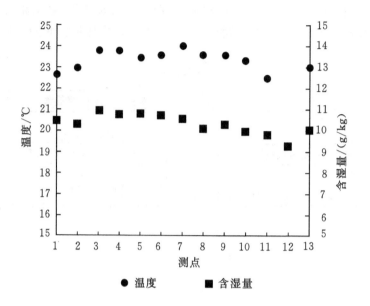

图 6-12 主楼办票大厅温湿度分布

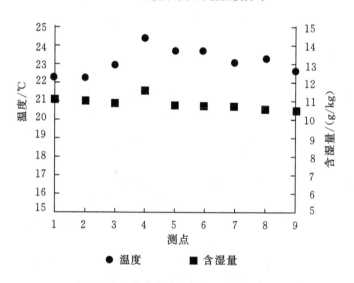

图 6-13 南指廊候机大厅温湿度分布

空调系统中的溶液热泵新风机组均是带预冷装置的,机组仅处理新风,先将新风 16℃ 的高温冷水预冷,再进入溶液除湿机组除湿,稀溶液用新风再生,再生后的高温新风排至室外。对溶液热泵新风机组进行了性能测试。溶液热泵新风机组实测总供冷量为 229kW,除湿量为 226kg/h。预冷量约占总供冷量的 15%。溶液除湿机组处理后的新风含湿量约为 9g/kg,而室内含湿量为 11g/kg,可以承担室内湿源的产湿量。

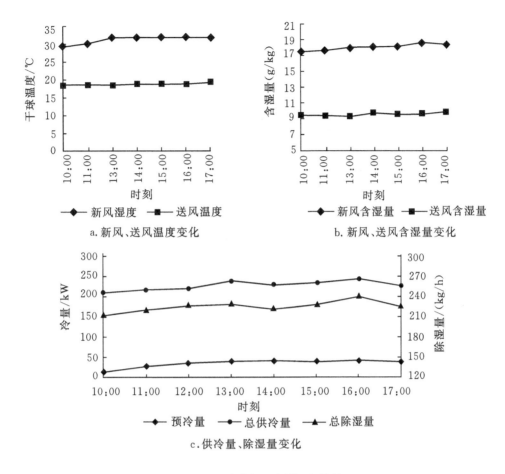

a.新风、送风温度变化

b.新风、送风含湿量变化

c.供冷量、除湿量变化

图 6-14 溶液机组实测运行特性

由于系统冷水大温差运行,制冷站设计为带蓄冰装置的串联逐级制冷系统。其运行模式主要有蓄冰模式和融冰模式。制冷站的系统示意图见图 6-15。

1. 蓄冰、融冰模式

双工况制冷机 A 制取的低温乙二醇送入蓄冰槽中,在盘管外蓄冰。冷水经夜间小负荷制冷机(即制冷机 C)制冷后直接通过冷水泵 A 送入航站楼。当供冷量很小时,可用冷水中蓄存的冷量直接供冷,即冷水不经过制冷机直接通过冷水泵在系统内循环。冷水回水先经过基载制冷机(即制冷机 B)制冷,然后通过制冷板式换热器与双工况制冷机(即制冷机 A)制取的低温乙二醇换热,继而进入冰槽外融冰,再由冷水循环泵送入航站楼。目前,在融冰模式下,由于冷却塔的原因(冷却塔全部开启时,近端冷却塔抽空,远端冷却塔溢水),暂未开启基载制冷机,此时冷水暂未经过基载制冷机,而是直接通入制冷板式换热器中然后进入蓄冰槽。

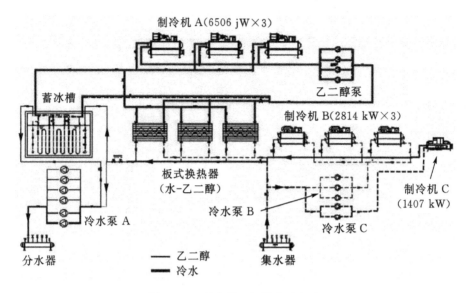

图 6-15 制冷站运行模式示意图

2. 制冷机组性能测试

测试时,室外温度 24℃ ,相对湿度 74.2%,湿球温度 20.6℃。制冷站运行蓄冰模式,开启台双工况制冷机(即制冷机 A),2 台乙二醇泵,2 台冷却水泵,2 台冷却塔。

测试时,室外温度 32.2℃ ,相对湿度 46.3%,湿球温度 23.0℃。制冷站运行融冰模式,开启 2 台双工况冷机(即制冷机 A),2 台乙二醇泵,2 台冷却水泵,2 台冷却塔。

制冷站的供冷量由制冷机供冷和融冰供冷两部分组成。冷水供/回水温度为 1.9/10.6℃,总供冷量为 15700kW,其中制冷机供冷量 9200kW,冰槽供冷量 6500kW。蓄冰时,双工况制冷机的 COP 为 3.9,考虑乙二醇泵、冷却水泵和冷却塔电耗,计算得到蓄冰模式下制冷站 EER 为 2.74。冰槽供冷量除以蓄冰模式下制冷站的 EER,得到白天融冰供冷的折算电功率为 2372kW,综合计算得到,融冰工况下,制冷机电耗、冰蓄冷折算能耗和泵类设备的能耗各占总能耗的 1/3。制冷站总耗电 6161kW,EER 为 2.55。

6.5.4 主动式太阳能供热采暖系统节能效果分析

330kV 变电站建设于西北某地区,四周为戈壁沙漠,人烟稀少。站区建筑物有主控通信室及 330kV 配电装置室,110kV 配电装置及 35kV 电容器,生活附房,污水处理站,综合泵房,工程建筑总面积为 3882m²,其中生活附房建筑面积 531.65m²。

变电站站址所在地区属我国太阳能资源丰富地区。该地区水平面年总辐射量为 6991.854 MJ/(m²·a),当地纬度倾角平面年总辐射量 8028.216MJ/(m²·a),年总日照小时数 2960h,年太阳能保证率推荐值范围 50%~60%。

本工程的设计特点有以下几方面。

(1)设计理念:采用太阳能热水系统加电辅助加热的主动式供热系统,来供给建筑物冬季采暖和全年生活热水,要求在满足建筑冬季所需采暖耗热负荷,全年生活热水耗热负荷的条件下,最大限度利用太阳能,即提高太阳能的节能率(保证率)。

(2)房间采暖系统采用地板辐射采暖系统,热媒介质为 $35\sim50$ ℃的低温水,利用温差控制的方法来保证热交换器将太阳能贮热水箱中的热量及时传递到恒温水箱(采暖水箱,生活热水箱)中,使太阳能蓄热水箱中的水温始终处于 $35\sim65$ ℃的温度段,从而使太阳集热器始终处于较高的瞬时效率段,来达到最大限度地利用太阳能的目的。

(3)电辅助加热器的工作模式是影响能否达到最大限度利用太阳能目的又一关键因素。为此,将电辅助加热器的工作模式判别为三种控制模式进行运行:白天晴天运行控制模式,白天阴、雪天运行控制模式,夜晚运行控制模式。

(4)对主动式太阳能供热采暖系统进行为期一年的调试及测试,将测试数据进行处理,并与初始设计设定值进行研究对比,形成更科学、合理的设计计算方法和系统运行控制模式。

(5)在夏季建筑物需热负荷小,将太阳能集热器管旋转 $90°$,即将带有翅片的热管真空管旋转 $90°$,侧向太阳照射,大大减少太阳能集热器的集热量,防止系统过热。

本项目太阳集热器的总采光面积计算设计为 189.28 m²,按屋面全布置考虑,太阳集热器选用直径 $70\times1900\times20$ 热管真空管太阳集热器,共 56 组。每组太阳集热器由 20 支直径 70×1900 mm 热管式真空集热管组成,总采光面积 2.28 m²/组。

项目投入使用后,通过这些年的实际运行,主动式太阳能供热系统与电热器分散采暖及电热水器供生活热水相比,投资收回年限 9.69 年;与电锅炉集中供热系统相比,投资回收年限 9.89 年;若考虑自动控制系统节约的运行成本,则与电锅炉集中供热系统相比,投资回收年限 6.96 年。工程经济效益十分显著。此外,采用主动式太阳能供热系统后,与电暖器(电锅炉)供热方式相比,每年的二氧化碳减排量是 87.51(103.997)t,15 年使用期内的二氧化碳总减排量是 1312.65(1559.96)t。环境效益十分显著。

6.5.5 大型燃气锅炉排烟余热深度利用改造工程实测分析

西北某地区热力站锅炉房供热锅炉房设有 3 台 70MW 燃气热水锅炉,锅炉排烟温度 $88\sim180$℃,一次网回水平均温度 40℃。原有常规余热回收设备阻力大,振动大,无低温防腐措施,节能率低,安装空间紧张。经技术经济比较,采用防腐高效烟气冷凝热回收装置代替原有余热回收设备,并辅以自然空气除湿,进行排烟冷凝余热和冷凝水深度回收利用及除雾改造,改造后新增供热面积 30 万平米。节能改造后锅炉总效率为锅炉本体燃料利用率与烟气冷凝热回收装置燃料利用效率之和。

2014—2015 年供暖季锅炉负荷率为 29%~102.5%,过剩空气系数为 1.2~1.3,对采用烟气冷凝热回收装置节能改造后的锅炉系统进行了跟踪测试,得到如下结论:

(1)节能改造后,在不同锅炉负荷下,烟温从 $88\sim180$℃降到比烟气冷凝热回收装置的进口水温高 $3\sim13$℃,即为 $33\sim54$℃,节能率达 13%,锅炉总效率达 107.3%;辅以自然空气冷却除湿后,排烟温度降到 $21\sim35$℃;单台锅炉每天回收烟气冷凝水 70~130t,烟气除湿率达 70%,明显减少了雾气排放量,节能、节水、减排,经济效益显著。

（2）烟气冷凝水中含有多种酸根离子，烟气冷凝水对烟气有吸收净化作用。烟气冷凝水 pH 值为 3.29，呈强酸性，烟气冷凝热回收装置的防腐性能至关重要。每台锅炉每天产出冷凝水 70～130t，经处理后可资源化再利用，节水效果可观。

（3）烟气冷凝热回收装置即使节能率为 10%，按供暖季单台 70MW 锅炉平均耗气量 5600m3/h 计算，每个供暖季可节约天然气 243 万立方米，按当地天然气价格 1.37 元/m³ 计，每个供暖季节约燃气费 333 万元。辅以自然空气冷却除湿，即使每天回收冷凝水 80t/d，每个供暖季回收的冷凝水也高达 14480t，除湿率达 70%，可减少大量雾气排放，减少氮氧化物排放 10% 以上，减少二氧化碳排放量 5080t。

（4）负荷率为 29%～93% 时，进口水温为 29～43℃，经烟气冷凝热回收装置后烟温从 88～180℃ 降至 33～54℃，回收锅炉总余热量 2060～6960kW。其中，显热量为 590～4930kW，潜热量为 320～2120 kW。国家质监部门在负荷率 102.5% 下检测得到的节能量为 9018 kW。若推广应用，经济和社会环境效益巨大。

6.5.6　太阳能地板辐射供暖性能测试分析

某地处于我国西北部，根据我国太阳能资源区划，属于 I 类（资源丰富区）和 II 类（资源较丰富区）地区，已划属太阳能综合热利用示范地区，具有开发利用太阳能得天独厚的自然条件。

以独立办公建筑为研究对象，选取当地某高校供暖实验房搭建了太阳能地板辐射供暖系统，测试了室内外空气温度，太阳辐射照度，集热介质的进出口温度等参数。通过对以上测试数据进行分析，得到了太阳能供热量，集热器集热效率，太阳能供暖节能减排效率，分析了太阳能地板辐射供暖在当地的可行性，为太阳能供暖在该地区的推广应用提供了基础数据。

当地地处黄土高原，平均海拔 1100～1200m，属温带大陆性气候，冬季寒冷干燥，1 月份平均最高气温 −1℃，平均最低温度 −14℃，冬季供暖期 150d。太阳能资源丰富，年日照时间 3028.6h，冬季日照率为 72%，年总辐射量达到 5785.07MJ/m²。测试时间为供暖期中的 2014 年 01 月 25 日至 2014 年 02 月 03 日，测试期间天气晴好，日照较强。

通过测试可知，水平面太阳总辐射照度日最大值为 640W/m²，总辐射照度的平均值最大为 586 W/m²，直射辐射照度平均值最大为 453 W/m²，最大值均出现在 13：00 左右，且太阳直射辐射照度占到总辐射照度的 75% 以上，表明该地区冬季太阳辐射以直射辐射为主，辐射强烈，为太阳能供暖提供了一定的热源条件。

以 2014 年 01 月 29 日的测试数据计算得到的日太阳辐射得热量为 65MJ，辅助电加热功率为 2.5kW。运行时间为 3h，计算得日辅助供热量为 27MJ，考虑晚上室内温度及系统热损失，实际供热量为 92MJ。因此，在天气晴好条件下，采用太阳能地板辐射供暖，太阳能供热量所占比例可以达到 70% 以上，节能效果明显，经济效益可观。

通过以上建筑及测试可知：

（1）太阳能地板辐射供暖具有较好的集热和蓄热性能，室内温度波动范围显著减小，全天可维持室内平均温度高于室外平均温度 12℃。

(2)通过对当地寒冷时节连续 10d 的供暖工况进行监测,数据表明,在天气晴好时,集热系统循环大约在 10:30 左右开启,16:30 左右关闭,太阳能集热效率可达 60% 以上。

(3)利用太阳能地板辐射供暖,日太阳辐射得热量为 65MJ,在总的供暖负荷中太阳能供热量所占比例达到 70% 以上,对于当地的独立办公类建筑具有广泛的应用前景。

本章参考文献

[1] 西安建筑科技大学绿色建筑研究中心.绿色建筑[M].北京:中国计划出版社,1999.

[2] 凯文·林奇,加里·海克.总体设计[M].北京:中国建筑工业出版社,1999.

[3] 刘加平.建筑创作中的节能设计[M].北京:中国建筑工业出版社,2009.

[4] 李百战.绿色建筑概论[M].北京:化学工业出版社,2007.

[5] 唐海达,刘晓华,张伦,张涛,江晶晶,江亿,周敏.西安咸阳国际机场 T3A 航站楼温度湿度独立控制系统测试暖通空调[J].HV&AC,2013,43(9).

第7章 水资源利用

7.1 概述

7.1.1 水资源现状及发展趋势

1. 水资源的概念

水是人类及一切生物赖以生存的必不可少的重要物质,是工农业生产、经济发展和环境改善不可替代的极为宝贵的自然资源。水资源(water resources)一词虽然出现较早,随着时代进步其内涵也在不断丰富和发展,但是水资源的概念却既简单又复杂,其复杂的内涵通常表现在:水类型繁多,具有运动性,各种水体具有相互转化的特性;水的用途广泛,各种用途对其量和质均有不同的要求;水资源所包含的"量"和"质"在一定条件下可以改变;更为重要的是,水资源的开发利用受经济技术、社会和环境条件的制约。因此,人们从不同角度的认识和体会,造成对水资源一词理解的不一致和认识的差异。至今,关于水资源普遍认可的概念可以理解为:人类长期生存、生活和生产活动中所需要的既具有数量要求又有质量前提的水量,其包括使用价值和经济价值。

2. 全球水资源状况

地球表面72%被水覆盖,但淡水资源仅占所有水资源的0.5%,近70%的淡水固定在南极和格陵兰的冰层中,其余多为土壤水分或深层地下水,不能被人类利用。地球上只有不到1%的淡水或约0.007%的水可为人类直接利用。全球淡水资源不仅短缺而且地区分布极不平衡。按地区分布,巴西、俄罗斯、加拿大、中国、美国、印度尼西亚、印度、哥伦比亚和刚果等9个国家的淡水资源占了世界淡水资源的60%。约占世界人口总数40%的80个国家和地区约15亿人口淡水不足,其中26个国家约3亿人极度缺水。更可怕的是,预计到2025年,世界上将会有30亿人面临缺水,40个国家和地区淡水严重不足。

3. 我国水资源状况

我国是一个干旱缺水严重的国家。淡水资源总量为28000亿立方米,占全球水资源的6%,仅次于巴西、俄罗斯和加拿大,居世界第四位,但人均只有2300立方米,仅为世界平均水平的1/4、美国的1/5,在世界上名列121位,是全球13个人均水资源最贫乏的国家之一。扣除难以利用的洪水泾流和散布在偏远地区的地下水资源后,我国现实可利用的淡水资源量则更少,仅为11000亿立方米左右,人均可利用水资源量约为900立方米,并且其分布极不均衡。到20世纪末,全国600多座城市中,已有400多个城市存在供水不足问题,其中比较严重的缺水城市达110个,全国城市缺水总量为60亿立方米。

7.1.2 绿色建筑节水与水资源可持续利用

1. 节水的含义

节水的内涵为不降低人民生活质量和社会经济持续发展能力;节水并非单纯地节省用水和简单地限制用水,而是对有限水资源的合理分配与可持续利用,是减少取用水过程中的损失、消耗和污染,杜绝浪费,提高水资源的综合利用效率;节水效果的取得依赖于节水技术进步、涉水方面的正式制度安排如编制节水规划、节水立法、制订合理水价、建立水市场等(非正式制度安排培育公众节水意识等)的合力推进;节水的目标是追求实现最优的经济、资源和环境效益。所谓绿色建筑节水就是指在绿色建筑概念的基础上因地制宜地节水。

2. 绿色建筑水资源规划方案

以建筑物水资源综合利用为指导思想,在对室内给排水系统、中水处理及回用系统、雨水收集及利用系统、绿化及景观用水系统,以及节水器具与设施进行规划后,最终提出建筑或建筑群水资源总体规划方案。制订方案要结合当地水资源状况,因地制宜,保证方案的经济性和可实施性。图 7-1 为一种典型的绿色建筑水资源规划方案。

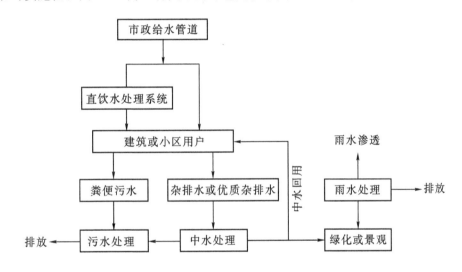

图 7-1 典型绿色建筑水资源规划方案

按图 7-1 的方案规划后,给排水系统从大的方面讲分为分质供水和分质排水两个系统。分质供水系统是指按不同水质供给不同用途的供水方式,而分质排水系统是指按排水的污染程度分网排放的排水方式。因此,室内给水系统应设三条不同的管道:第一条为直饮水管道,输送洁净可以直接饮用的水;第二条为自来水管道,主要用于盥洗、洗涤、沐浴及办公用水等;第三条为中水管道,输送经中水设施净化处理的循环水,主要用于冲洗卫生器具、绿化或景观等。室内排水系统应设两条不同的管网:一条为杂排水管道,收集除粪便污水以外的各种排水,如淋浴排水、盥洗排水、洗衣排水、厨房排水等,输送至中水设施作为中水水源;另一条为粪便污水管道,收集便器排水,输送至小区化粪池处理后排入市政污水管道。

收集的雨水经过初期雨水弃留后,一部分用于绿化或景观补水,多余部分用于渗透补给地下水。通过这一系列的措施能最大限度地实现建筑的水资源利用。

3. 绿色建筑节水方面存在的问题

随着我国人民生活水平提高,人们对供水水量和质量的要求不断提高;同时,随着国家实施水资源的可持续利用和保护,水资源再生循环已成为政府和广大人民群众关注的焦点。这些都给建筑给排水工程设计提出了许多新的要求,供水技术先进化步伐急需加快。

建筑节水有 3 层含义:一是减少用水量,二是提高水的有效使用效率,三是防止泄漏。具体来说,建筑节水要从 4 个层面推进:降低供水管网漏损率;强化节水器具的推广应用;再生利用、中水回用和雨水回灌,合理布局污水处理设施;着重抓好设计环节,执行节水标准和节水措施。目前,我国有关节水的各项规定很多,但在落实上仍有差距,施工质量、产品质量和监督机制尚存在较大问题,尤其节水方面的管理必须要加强,不能有丝毫怠慢。

此外,人们在使用过程中常常会无意识地浪费珍贵的水资源。这些"隐形"浪费主要有以下几方面:一是超压出流中的浪费。超压出流不但会破坏给水系统中水量的正常分配,也将产生无效用水量,即浪费水量。二是热水干管循环中的浪费。这主要表现在开启配水装置后,不能及时获得满足使用温度的热水,往往要放掉不少冷水后,热水设备才能正常使用,这部分流失的冷水就被浪费了。三是管道及阀门泄漏。

4. 绿色建筑水资源可持续利用目标及任务

水作为自然界中最活跃的自然因素之一,是生命的命脉。地球上的一切生命活动包括人类建筑活动在内都离不开水。在当前世界水资源缺乏的情况下,水资源已成为绿色建筑体系建设的重要问题。1989 年,英国作家、盖娅运动建筑师戴维·皮尔森(David. Pearson)在其著作《自然住宅手册》(The Nature House Book)中明确了盖娅住宅宪章的设计原则,其中一条就是设计中水系统,使用低溢漏节水型马桶,收集和贮存雨水。安东尼·本海姆(Anthony Bernheim)和威廉·里得(Willian. Reed)在探讨绿色建筑设计准则的典型问题时指出,通过再利用和节水装置来使生活废水达到最小化,使用雨水进行灌溉,在建筑运行中节约用水、使用污水处理方法等能源的节约和循环问题。

绿色建筑是物质系统的首尾相接,就要求建筑物在运行过程中资源和能源的产出、消耗和回收利用达到一种内在的平衡,且在理想状态下,这种平衡应是长期、持续、稳定和广泛的。既然每天的用水不可避免,那我们日常生活中排放的污废水,能不能经过我们所居住的建筑设备依照生态学原理,占用少量能源处理后供我们回用,从而造成无废无污,高效和谐,开放与闭合相结合的良性循环的局面。其意义在于最终把我们对环境的影响降到最低,并且实施 3R(reuse, reduce, recycle)原则。为此提出绿色建筑水资源利用的目标为:

(1)充分利用现有水资源的原则。

(2)节水、节能的原则。

(3)无害化的原则:生产与生活污废水做到无害。

(4)重复与循环利用的原则:充分考虑地域特点,尽可能使水资源重复利用。

依照绿色建筑水资源利用的目标及建筑水环境现存的问题,我国绿色建筑水资源利用的重点应放在水的重复利用、节水器具节水与水环境系统集成三个方面。

根据国家《绿色建筑技术导则》的规定,在节水方面的重点宜放在采用节水系统、节水器具和设备。如采取有效措施,避免管网漏损,空调冷却水和游泳池用水采用循环水处理系统,卫生间采用低水量冲洗便器、感应出水龙头或缓闭冲洗阀等,提倡使用免冲厕技术等。

在水的重复利用方面,重点宜放在中水使用和雨水收集上。在目前水资源十分紧缺的情况下,一方面,城区需水量仍在上升,污染问题也日趋严重;另一方面,每年有相当数量的雨水资源白白地从境内流出,并且随着城市规模的扩大,城区的建筑、道路、绿地等占地面积不断变化,降雨产生的径流量也在不断变化。随着城区不透水面积的不断增加,雨水的流失量也随之增加,地下水补给就会减少,城市洪涝灾害的威胁就会增加,并且大量初期雨水对水体也构成严重污染,整个城市的生态环境会日趋恶化。

在水环境系统集成方面,重点宜放在水环境系统的规划、设计、施工、管理方面,特别是水环境系统的水量平衡、输入输出关系以及系统运行的可靠性、稳定性和经济性。提倡系统设计时注重优化,工艺选择时讲究集成,设备运行时力求稳定,维护管理时必须简明。

7.2 建筑节水系统与节水器具

7.2.1 节水系统

建筑节能是绿色建筑建设的一项重要任务。给水系统的节水与节能在本质上是一个问题,水的提取、水的运输以及水的净化处理,都意味着要消耗大量能源,所以应在水质、水量不受影响的前提下进行"科学"节能。在建筑给排水行业,节能主要体现在限压、节水以及太阳能卫生热水等方面。在节水方面,绿色建筑提倡使用节水器具及设备;在供水压力和水头损失的控制方面,由于在工程设计中没有引起足够重视,所以这项技术的规范化仍需研究。本节还将对太阳能作为绿色能源、建筑热水供应方面的问题作一个探讨。

1. 给水系统节水

1)合理选择给水系统

建筑给水系统主要有水泵—水箱联合供水和变频调速供水两种方式。供水系统竖向分区可采用给水设备分区,也可共用给水设备竖向采用减压阀分区,或结合支管减压阀分区等,供水系统方式需结合建筑竖向标高、建筑功能、用水量大小等综合考虑。在具体设计中需要对几种可行的系统分区方案,进行设备管网投资、运行费用、管网复杂程度等作分析比较,得出最优方案。

在能耗方面,建筑供水能耗与供水系统方式有很大关系,但运行费用的量化测算比较复杂。一方面,减压阀消耗的水头损失为无效压损,引起水泵机组所作的有用功增加;另一方面,水泵机组的效率也是运行能耗的关键因素。减压阀引起的无效能耗,理论上为全年通过减压阀的流量与所减压力值的乘积。水泵运行效率可从水泵性能效率曲线上查得。一般地,建筑给水系统中的水泵都是小流量泵,高效区效率约为60%左右。从水泵的效率曲线可以看出:较大流量泵其效率也较高,水泵工频运行时的高效区域较宽,变频运行时效率有所下降,并且高效区变窄。设计选泵时是依据最高可能流量来确定的,这就意味着它将通常运行在最大流量以下区域,所以一般选变频泵应选择工频时效率曲线的右边,以保证在流量下降时保持较高效率。即便如此,变频泵在某些时段也会滑出高效区运行,尤其对于某些用水量不大但用水变化系数较大的建筑。

通过能耗测算后,如果得到的结果是不分区供水与分区供水的能耗相差不大,则从简化管网、降低初次投资考虑应优先采用不分区供水。但如果能耗测算结果是不分区供水比分区供水有所下降,但下降幅度不大,则要针对具体工程的管网布置、管道井、机房设置情况、投资成本和使用成本等作优化分析,再确定出最佳方案。

在供水方式方面,为防止屋顶水箱引起的二次污染和水泵变频技术的发展,近年来采用变频供水的情况越来越多。但一些办公建筑和教学楼中用水点仅为各层洗手间,用水量不大,采用水泵—水箱供水比变频供水更节能。原因是两者全年所做的有用功相差不大,虽然前者水箱进水水头为无效压损,但前者的水泵是在高效区运行,而后者因为用水量不大,运行时机组水泵大多时段是变频运行,效率低下。因此,绿色建筑给水系统设计既要注意避免水箱的二次污染问题,又不能完全抛弃水泵—水箱这种供水方式。如果建筑内的饮水采用直饮水,采用水泵—水箱供水方式还可以保证运行稳定性,这也和绿色建筑设计是不相违背的。这也提醒我们绿色建筑并不是高新技术的堆砌,不能排斥传统技术的应用。

以上简单介绍了绿色建筑选择节能的给水系统要考虑的一小部分问题,合理选择给水系统实现节能还有很多要考虑的问题,这些方面国内已经做了很多研究,设计时可以参考。实际情况千变万化,实际用水曲线、水泵机组实际效率等都存在很多不可预见性。对于给水系统的节能,经验性也比较重要,可以参考一些已建工程作一些统计分析,得出一些概率统计性经验。

2)利用市政管网可用水头

对于高层建筑,城市市政给水管网水压一般难以完全满足其供水要求,只能采用区域或独立的升压系统供水。某些设计中将管网进水直接引入贮水池中,白白损失掉市政管网的水头,尤其当贮水池位于地下层时,反而把这个水头全部转化成负压,所有需二次加压的工程累计,这部分能量损失是相当可观。主要原因是建筑给排水设计中,一般均不允许二次加压水泵直接抽吸城市管网水,以防止城市管网出现负压。从节能角度考虑,城市供水规划应满足所有用户无蓄水池的用水量要求,允许二次加压用户从市政管网吸水。目前国内市场上出现的无负压变频给水设备,很好地解决了这一问题,不仅充分利用市政余压,同时避免了二次污染问题,也可以为绿色建筑给水系统节能提供一些思路。

3)超压出流防治技术

超压出流是指给水配件前的压力过高,使得其流量大于额定流量的现象。如一个洗涤龙头在管径15mm时,额定流量为0.15L/s,若水压过高则导致其出流量大于0.20L/s,即为超压出流。此时超出的流量并未产生正常的效益,是浪费的水量,一般称为"隐形"水量浪费。为了减少超压出流带来的"隐形"水量浪费和带来的危害,应从给水系统设计、安装减压装置及合理配置给水配件等方面采取技术措施。在给水系统设计方面,要严格按照规范对系统压力做合理限定,在缺水城市还要在不违反规范的前提下,提出更高的设计要求;要采取减压措施,通过设置减压阀、减压孔板和节流塞等装置,控制超压出流;另外,安装使用节水龙头,也是控制超压出流、减少水量浪费的重要措施。

2. 热水系统节水

热水系统的实际水量浪费现象是很严重的,其影响因素有很多方面,在绿色建筑热水系统设计中要改善这种状况应采用的技术措施有:

(1)热水供应系统应根据建筑性质及建筑标准选用支管循环或立管循环方式。

(2)尽量减少局部热水供应系统热水管道的长度,并应进行管道保温。

(3)选择合适的加热和贮热设备。

(4)选择性能良好的单管热水供应系统的水温控制设备,双管系统应采用恒温控水阀。

(5)控制热水系统超压出流。

(6)严格按规范设计、施工和管理。

对于热水系统节能,主要包括提高热能利用率、减少热损失等几个方面。热水系统热能利用率的提高主要是加热器效率的提高,间接加热的水、热媒都是通过盘管加热,盘管结垢是降低效率的主要原因。可通过适当降低热水供应温度,降低结垢速度以及合理选择盘管管材改善其结垢状况。而在加热水前先对其进行软化处理是解决结垢的彻底办法。减少热水系统热损失主要通过对管网和加热器进行保温处理,采用一些新型的保温材料。

绿色建筑在热源选择方面应优先选用可持续发展的节能技术。太阳能热水技术是可持续发展技术,虽然目前在我国很多地区并不具备明显的经济性优势,随着进一步深化开发高效、廉价的家用太阳能热水器,以及大型太阳能热水工程技术的开发利用,这项技术一定会在绿色建筑热水系统设计中占有一席之地。此外,热泵热水技术具有节能、环保双重优势,其运行费用有明显的经济性,但是其初期投资较大,建议政府通过补助等方法来缓解这些矛盾,促进这个行业的健康发展。这个行业发展了,能源消耗以及对环境的污染也降低了,也相应减轻了政府的压力。

7.2.2 节水器具

1. 节水器具的定义

《节水型生活用水器具(CJ164—2002)》中对于节水器具的定义为:满足相同的饮用、厨用、洁厕、洗浴、洗衣等用水功能,较同类常规产品能减少用水量的器件、用具。因此,节水器具首先要做到的就是避免跑、冒、滴、漏,满足使用功能,然后再通过设计和制造主动或者被动地减少无用耗水量,达到与传统的卫生器具相比有明显节水的效果。目前,节水型生活用水器具主要包括节水型水龙头、节水便器及节水便器系统、节水淋浴器、节水型洗衣机和自感应冲洗装置等。

2. 节水型卫生器具

1)节水型水龙头

节水型水龙头是指具有手动或自动启闭和控制出水口水流量功能,使用中能实现节水效果的阀类产品,在水压 0.1MPa 和管径 15mm 下,最大流量应不大于 0.15L/s。常用的节水龙头可分为加气节水龙头和限流水龙头两种。这两种水龙头都是通过加气或者减小过流面积来降低通过水量的。这样，在相同使用时间里，就减少了用水量，达到节约用水的目的。一个普通水龙头和一个节水龙头相比，出水量大大不同，一般普通龙头的流量都大于0.20L/s，即每分钟出水量在 12L 以上；而一些节水龙头的流量只有 0.046L/s，每分钟出水量仅 2.76L。目前市场上最普遍的陶瓷阀芯水龙头，可以开合数十万次不漏一滴水，与旧式水龙头相比，可节水 30%～50%。

最新节水龙头又有新的革新，可以根据自身的需要，自行调节或卸下安装在水龙头内的节水器，自由转换控制节水率。其快速开启方式同样也是传统螺旋式所不及的，从而更加强了节水效果。另外，在龙头的出水口安装充气稳流器（俗称气泡头）也是有效办法。安装了气泡头的水龙头，比不设该装置的龙头要节水得多，并随着水压的增加，节水效果也更明显。由于空气注入和压力等原因，节水龙头的水束显得比传统龙头要大，水流感觉顺畅。倘若要进一步节水，还可选用其他一些特种龙头，如感应龙头、延时龙头等，这类龙头价格相对要高出一般龙头。

节水型多功能淋浴喷头也属于一种节水型水龙头，它是通过对出水口部进行改进，增加吸氧舱和增压器，这样不仅减少了过流量，还使水流富含氧气。对于普通喷头来说，停止使用时喷头内部仍然会有滞留的水，这样，长时间以后就会有水垢的富集，而这种多功能淋浴喷头没有容水腔，水流直接喷射出去，停止使用时不积水，减少产生水垢的机会。

2）节水便器

节水便器是在保证卫生要求、使用功能和排水管道输送能力条件下，不泄漏，一次冲洗水量不大于 6L 水的便器。节水便器主要有直冲式和虹吸式两大类。直冲式利用冲洗设备自身水头进行冲刷，特点是结构简单、节水，主要缺点是粪便不易被冲洗干净，且臭气外逸，冲洗历时较长，应用受到限制。目前，国内外使用的便器大多为虹吸式。虹吸式便器是借助冲洗水头和虹吸（负压）作用，依靠负压将粪便等污物完全吸出。虹吸式便器采用水封，卫生和密封性能好，经过长期的结构优化，其冲洗用水量一般可达到 3～6L（即大便用 6L，小便用 3L）。表 7-1 列举了目前几种类型节水便器的性能比较。

表 7-1 节水便器性能比较

类型	冲洗水量（L/次）		水箱	排水方式	控制方式	防臭效果	改造程度
	大便	小便					
传统虹吸式	6	6	有	虹吸式	按钮	好	
双按钮式	6	3	有	虹吸式	按钮	好	方便
感应式	6	3	有	虹吸式	感应	好	不方便
脚踏式	1	1	无	直冲式	脚踏	好	不方便
压力流冲击式	3	3	有	两种方式	按钮	好	方便
压力防臭式	3	1	无	直冲式	按钮	一般	不方便

通过表 7-1 可以看出，双按钮节水便器和感应式节水便器仍采用传统虹吸式排水方式，这两种节水型便器相比传统虹吸式便器只对控制部分进行了改进，可区分大小便，根据

实际情况选择排水量,控制灵活方便。压力流冲击式和脚踏式都采用直排式,取消了水封,不存在堵塞现象,如果要提高防臭效果,就必须采取密封措施,如采用多道密封;两种便器都对水箱进行了改进,经实验证明可达到冲洗干净的效果;此外,对便器内盆造型和尺寸进行了科学的改进,使水流产生高速高效的冲击效果,且节水效果也非常明显。

虽然目前便器多采用虹吸式,但虹吸式节水便器并非技术发展的终结。一方面,我们对节水的要求不断提高,迫切需要更节水的器具。另一方面,随着科学技术的进步和新材料的发明应用,人们可以攻克过去条件下不可能解决的技术难题。目前市场上的节水便器大多仍为一次冲水量3~6L的虹吸式便器,由于虹吸式本身的结构特点,很难将耗水量降低到3L以下,而一些直冲式节水型便器一次冲水量小于3L(见表7-1),又适合各种形式上下水管道系统,所以具有很大潜力。可以预计,未来相当长的一段时期内,直排式节水便器将成为技术发展和市场的主流。因此,绿色建筑也应该注意对直排式便器的关注。

节水便器设计思路新颖,改进类型多样,节水效果良好,技术日臻成熟,并都可以直接应用到绿色建筑中去。除部分产品价格高之外,大部分都能被一般消费者接受,不存在价格瓶颈问题。如果将不同类型的节水便器在现有基础上再进行一定的改进,比如单按钮的控制方式改成双按钮的控制方式,节水效果和控制方式将更加良好。

3)其他节水器具及设备

除上面介绍的两种主要节水器具之外,其他还有节水洗衣机、恒温混水阀等。目前,还研制出了一些废水回收装置。这些器具及设备可以为节水器具多一些选择空间。

节水洗衣机是指以水为介质,能根据衣物量、脏净程度自动或手动调整用水量,满足洗净功能且耗水量低的洗衣机产品。随着绿色建筑的规范和发展,绿色住宅小区也会越来越多,对于住宅小区内的住户来说肯定不愿住着节能建筑而家里的洗衣机是一个"水老虎"。洗衣机的问世是将人们从洗衣劳动中解放出来,作为洗衣机主要性能指标,"洗净比"、"含水率"、"磨损率"等分别代表了洗衣机发展初期的性能。在当前全球水资源匮乏的背景下,洗衣机开始向"环保型"过渡,用水量必然成为家庭选购洗衣机的重要标准。

恒温混水阀是一种节水设备,主要用于冷、热水的自动混合,为单管淋浴系统提供恒温洗浴用水。工作原理是:在恒温混水阀的混合出水口处,装有一个热敏元件,利用感温原件的特性推动阀体内阀芯移动,封堵或者开启冷、热水的进水口;在封堵冷水的同时开启热水,当温度调节旋钮设定某一温度后,不论冷、热水进水温度和压力如何变化,进入出水口的冷、热水比例也随之变化,从而使出水温度始终保持恒定;调温旋钮可在规定温度范围内任意设定,恒温混水阀将自动维持出水温度。一台混水阀可带多套淋浴喷头同时工作,适用范围也很广,可作为绿色建筑热水系统的配套产品应用于太阳能热水器、电热水器、燃气热水器和集中供热水系统。

废水回收装置就是能够将洗脸洗菜的废水进行收集并过滤,并能够用于自动冲厕的装置。该回收装置和以上的节水器具相比,能将水重复利用,实现了最大限度地节约用水。

3. 水表的使用与设置

居民建筑节水系统的设计除制定合适的节水用水定额、采用节水的给水系统和选用高效优质的节水设施外,还应在兼顾保证供水安全、卫生条件下,根据当地的条件及要求因地制宜地采取一些其他的节水措施,完善整个节水系统。

建立完善的计量管理系统居民生活用水户应按户进行计量,选用高灵敏度计量水表,保证水表计量的准确性;在建筑内各用水部位合理设置水表,及时发现并避免管网漏损;使用智能计量方式,发展 IC 卡水表和远传水表系统进行计量。

为实现建筑给水系统的智能化管理,可考虑采用 GPS、GIS 等技术,定期分析相关设备的运行特点、测量管网的流量和压力以及分析建筑给水系统长远工作的可行性,并提出必要的改进措施。对管网的附属设施进行定期维护,保证它们能够正常运行,如定期检查放气阀等阀门,定期校对、维护水质仪表、压力表等。同时,定期开展检漏修漏工作。通过计算机系统对给水系统进行远程控制,使管理更科学,使节水更合理。利用经济调控促进节水工作,如实行"超额累进加价制度"缴纳水费、采用阶梯式或季节式水价等手段,充分发挥价格的杠杆作用,促进各项节水措施的稳步实施。

7.3 非传统水源利用

7.3.1 建筑中水回用技术

1.建筑中水的概念

"中水"一词源于日本,它是指各种排水经处理后,达到规定水质标准,可在生活、市政、环境等范围内杂用的非饮用水。中水的狭义是指的一种水,泛义则与给水、排水等词一样,已泛指与中水相关的系统、设施、技术等在内的含义。中水系统是由原水的收集、储存、处理和中水供给等工程设施组成的有机整体。

建筑中水由于中水系统建立的范围不同有不同的称谓。《建筑中水设计规范(GB50336－2002)》中给出的几个定义是:建筑物中水是在一栋或几栋建筑物内建立的中水系统;小区中水是在小区内建立的中水系统。建筑中水则是建筑物中水和小区中水的总称。建筑物中水具有灵活、易于建设、不需要长距离输水、运行管理方便等优点,中水系统的处理站一般设在裙房或地下室,靠收集杂排水进行处理,中水达标后作为洗车、冲厕、绿化等的用水。小区中水回用一般采用多种原水处理后来发挥水的综合作用和环境效益。在水资源短缺地区,中水设施将作为建筑和小区的配套设施进行建设。而中水回用技术也将是绿色建筑的水资源可持续利用的一项重要的给排水工程技术。

2.建筑中水水源及水质

1)**建筑中水水源**

中水水源主要有建筑的优质杂排水、生活污水和雨水。在绿色建筑中也可以使用经过处理的城市污水处理厂的中水,但这不是一种通用的市政供水水源。因此,建筑中水水源主要取自建筑的生活排水和其他可以利用的水源。

中水水源的选择应根据排水的水质、水量、排水状况、中水回用的水质和水量,经技术经济比较确定。应该优先选择水量充裕稳定、污染物浓度低、水处理难度小、安全且用户易于接受的排水作为中水水源。在国内外已建中水设施中,以优质杂排水作为中水水源的占大多数。

中水原水水质与居民的生活习惯、生活水平、当地气候以及建筑物的用途等因素有关。表7-2列举了各类污废水水质特点。实际上,中水系统很少采用单一水源,多为几种水源的组合。常用的水源组合一般有优质杂排水、杂排水和生活排水三种。优质杂排水是指污染程度较轻的排水,包括冷却水、沐浴排水、盥洗排水、洗衣排水和游泳池排水;杂排水是指除粪便污水以外的各种排水,包括优质杂排水和厨房排水;生活排水是指包括粪便排水在内的各种排水。表7-3列举了三种排水组合的水质特点。

表7-2 各类生活污废水水质特点

排水类型	水质特点
沐浴排水	有机物浓度、悬浮物浓度都较低,皂液含量高
盥洗排水	水质与沐浴类排水类似,悬浮物浓度高
空调循环冷却水	水温较高,污染较轻
洗衣排水	水质与盥洗排水相近,洗涤剂含量较高
厨房排水	污水中有机物浓度、浊度和油脂含量高
厕所排水	有机物浓度、悬浮物浓度和细菌含量高

表7-3 组合排水水质特点

排水类型	水质特点
优质杂排水	有机物浓度、悬浮物浓度都低、水质最好
杂排水	有机物浓度、悬浮物浓度都较高,水质较好
生活排水	有机物浓度、悬浮物浓度都很好,含有细菌性污染,水质差

2)建筑中水利用

根据不同处理程度、出水水质和各种用途的用水水质,中水可用作不同用途。目前,建筑中水回用对象主要包括以下几种(见表7-4):

表7-4 建筑中水回用用途

冲洗厕所	指厕所便器冲洗用水
冷却用水	主要用于直流式、循环空调冷却系统的冷却用水
消防用水	指消火栓、消防水炮用水
洗车	指各种车辆的冲洗用水
绿化	指小区或者建筑周围的绿化用水
道路清扫	指浇洒道路及喷洒用水
景观环境用水	观赏类景观用水,包括喷泉、瀑布、景观湖泊等

3）建筑中水水质

通常中水水质要满足以下条件：不产生卫生上问题；没有嗅觉和视觉上的不快感；对管道、卫生设备不产生腐蚀和堵塞等。回用水水质标准（中水水质标准）因用水对象不同而不同。根据回用对象不同，回用水水质标准如下：

中水用作冲厕、绿化、洗车、道路浇洒等，其水质应符合《城市污水再生利用　城市杂用水水质（GB/T18920－2002）》的规定。

中水用于景观用水，其水质应符合其水质应符合《城市污水再生　景观环境用水水质（GB/T18921－2002）》的规定。

中水用于空调系统冷却水等用途时，其水质应达到使用要求的水质标准。

当中水满足多种用途时，其水质应满足最高水质标准。

3. 建筑中水系统形式

建筑中水系统主要包括原水系统、处理系统和供水系统三个部分。三部分是以系统的特性组成的一体系统工程。中水工程是一个系统工程，是给水技术、排水技术、水处理技术和建筑环境技术的有机综合，是在建筑物或小区内运行上述技术，实现使用功能、节水功能及建筑环境功能的统一。它既不是污水处理厂的小型化搬家，也不是给排水设备和水处理设备的简单连接，而是工程上的有机系统。绿色建筑中水系统按照系统的服务范围可分为以下三类。

1）建筑单循环中水系统

建筑单循环中水系统是单栋建筑物或几栋相邻建筑物所形成的中水系统。这种系统宜采用生活污水单独排入城市排水管网或者化粪池，以优质杂排水作为中水水源的完全系统。建筑单循环中水系统具有流程简单，投资少，见效快的特点。主要适应于宾馆、饭店、大型公共建筑及办公楼等。建筑单循环中水系统见图7-2。

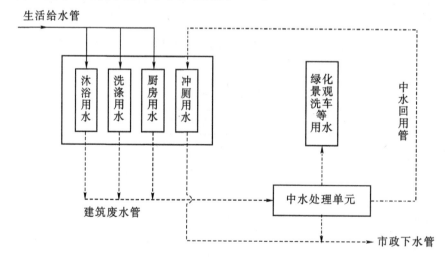

图7-2　建筑单循环中水系统

2)建筑小区中水系统

小区循环方式是以建筑小区、学校、宾馆、机关单位等大型公共建筑为重点建设的小区中水回用系统,将小区内产生的各种生活废水等进行综合处理、消毒以达到所需的中水回用水质标准,由中水供水系统进行供水。建筑小区中水系统具有工程规模较大,水质和管道较复杂,集中处理费用较低等特点。小区中水系统形式见图 7-3。

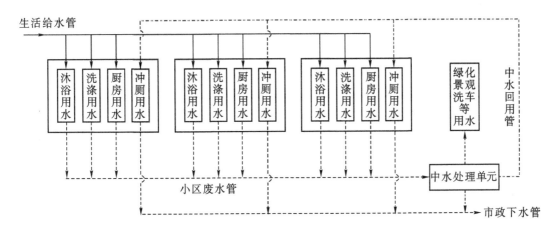

图 7-3 建筑小区中水系统

3)城镇中水系统

城镇中水系统属于城镇污水处理厂出水已经达到中水回用水质要求,城镇建有中水回用管道,建筑或小区可以直接接入中水的半完全系统,如图 7-4。此种系统运转费用低,日常管理方便,但是一次性投资大。主要适用于那些严重缺水设计中水管道的城市。

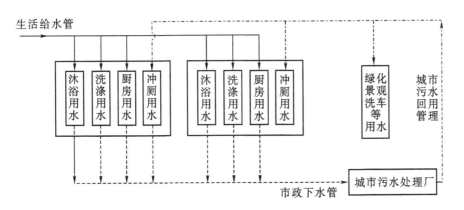

图 7-4 城镇中水系统

4. 建筑中水处理工艺

中水处理工艺的正确选择与合理组合对于中水系统的正常运行及处理效果有着至关重

要的意义。因此,中水处理工艺的选择应该注意以下几点:

(1)原水的水质、水量和中水的水质水量。

(2)使用的要求和工程的实际情况。

(3)满足规范要求的前提下进行技术经济比较。

建筑中水工艺处理单元主要包括预处理单元和处理单元两部分。预处理单元一般包括格栅、毛发去除、预曝气等;处理单元分为生物处理和物化处理两大类型。生物处理单元如生物接触氧化、生物转盘、曝气生物滤池、土地处理等。物化处理单元如混凝沉淀、混凝气浮等。本节针对目前工艺流程的应用情况对绿色建筑的中水系统工艺流程选择及组合作出概括。

1)预处理工艺

和所有的污水处理系统一样,中水系统的最前端设置格栅,用于去除进水中较大的固体污染物。为了不影响泵和其他设备的正常运行,在泵前设置毛发过滤器是非常重要的。建议在绿色建筑中水工程中采用自动清污的机械细格栅和快开结构的毛发过滤器,以便于管理。在现有中水系统中,调节池有曝气和不曝气两种形式。在调节池中加曝气措施有以下优点:使池中颗粒杂质保持悬浮状态而避免沉积给调节池清理带来困难;避免因生物厌氧活动引起气味产生;获得 COD 和 BOD5 等有机物指标一定范围的去除效果。鉴于以上理由,调节池内设置预曝气是有利的。

2)中心处理工艺

中心处理工艺主要用于去除水中的有机物质,并进一步降低悬浮固体含量。目前采用的处理方法主要包括生物处理工艺、物化处理工艺、膜分离工艺等。

(1)生物处理工艺。生物处理工艺是去除洗涤剂的最有效方法,且技术可靠、运转费用低、出水水质较稳定。在原水中洗涤剂成分较多时,宜采用以生物处理法为主体的处理工艺。如宾馆饭店、洗浴中心等的原水主要以洗浴废水(BOD5<50mg/L)为主,因此可采用接触氧化法处理工艺。

早期一些中水工程多采用生物转盘等中心处理工艺,由于存在机械部件多,容易产生气味等原因,所以在生物处理工艺为主的中水工程中宜少采用生物转盘。值得注意的是,一种新型生物膜处理工艺——曝气生物滤池在中水工程中开始得到使用。该工艺具有处理负荷高、装置紧凑等诸多优点,近年来引起关注,在水处理中开始实用化,该工艺的成功应用为绿色建筑中水回用提出了一个新的处理方法。

土地处理方法是利用土壤的自然净化作用,将生物降解、过滤、吸附等多种作用有机结合,对于绿化面积迅速扩大的绿色生态住宅小区来说,污水的土地处理和绿地密切结合的优势使该工艺在中水处理中占有一席之地。

综合以上几种生物处理工艺来看,大多生物处理设施都需要向生物反应池中供气,通常鼓风设备产生的噪音可能造成不良影响,考虑绿色建筑对于空间声环境要求高的因素,应选择噪音低的曝气设备。当采用鼓风曝气时,选用回转式风机、三叶罗茨风机等低噪音鼓风机可以得到省能降噪的预期效果。此外,绿色建筑中水处理工艺要选择产生气味小的生物处理工艺,这样才能满足其对于空气质量的要求。

（2）物化处理工艺。物化处理工艺指利用物理、化学原理去除中水中污染物质的方法。主要包括混凝沉淀、混凝气浮、过滤和活性炭吸附等。

混凝沉淀（气浮）是在中水原水中预先投入化学药剂来破坏胶体的稳定性，使水中的胶体和细小悬浮物聚集成具有可分离性的絮凝体，继而通过沉淀或气浮使固液分离的一种方法。根据处理对象合理选择混凝剂的种类及投药量对保证处理效果和节约运行费用具有重要意义。因此，在绿色建筑中水工程中选用此物化工艺时要注意这个问题。另外，混凝工艺主要去除水中的悬浮状和胶体状杂质，对可溶性杂质去除能力较差，所以对原水中残留的洗涤剂处理效果不佳。如果单纯使用物化处理工艺，要考虑到这一点。

过滤是利用惯性、沉淀、扩散或直接截留等作用将悬浮颗粒输送到滤粒表面，通过双电层之间的相互作用和分子间力的综合作用使之附着在滤料表面，从而与水分离的一种方法。活性炭吸附是利用活性炭的物理吸附、化学吸附、生物吸附、氧化、催化氧化和还原等性能去除污水中多种污染物的方法，主要去除的污染物包括溶解性有机物、表面活性剂、色度、重金属和余氯等。目前采用较多的是以砂滤加活性炭吸附为中心处理工艺的物化处理系统，出水均有不同程度的问题，有50%的根本无法运转。原因之一就是水质较好的杂排水，仅仅采用砂滤不能去除水中的溶解性污染物质，这样使得后续的活性炭吸附很快饱和，因此出水水质不清，往往带有明显的异味。如果将过滤改为超滤，结合物化处理工艺可以获得更好的效果。

（3）膜分离工艺。膜分离法处理效果好、装置紧凑、占地面积小，是近年来发展迅速的一种处理工艺。膜分离装置作为中水处理流程的后置单元，对保证中水水质极为有利。但由于膜处理的物理作用，对体现有机物浓度的指标如 COD、BOD_5 去除效果不显著，如果与生物处理工艺结合可以获得很好的效果。

以往某些中水系统中很多采用超滤膜组件，由于超滤膜孔径较小，膜通量受到限制。表7-5 为某中水工程实验采用不同截留分子量的超滤膜进行实验的结果。从中可以看出，几种膜的去除效果基本接近，但截留分子量越大，膜通量越大，这是因为膜孔径越大的缘故，因此选用膜通量大的超滤膜可以降低设备的造价。所以，近年来微滤膜用于水处理使膜通量得到扩大，目前研制出的 $0.4\mu m$ 孔径的水处理中空纤维超滤膜，使膜通量大幅度提高，对膜分离工艺在中水处理中进一步扩大应用具有重要意义。

表7-5 超滤膜孔径对处理效果的影响

超越膜截留分子量	原水				出水				
	BOD_5 (mg/L)	COD (mg/L)	SS (mg/L)	色度（度）	BOD_5 (mg/L)	COD (mg/L)	SS (mg/L)	色度（度）	膜通量 ($L/m^3 \cdot h$)
6000	16	54	37	70	<5	23	<5	<5	50
10000	16	54	37	70	<5	23	<5	<5	60
50000	16	54	37	70	<5	23	<5	<5	100

近年来膜-生物反应器得到国内外广泛关注，该工艺将膜分离工艺与生物处理工艺紧

密结合,具有处理效果高、出水水质稳定、流程简化、装置紧凑、设备制造易产业化等诸多特点,在污水回用中表现出显著优势。以上三种处理工艺的比较见表7-6。

表7-6 三种处理工艺比较

项目	生物处理工艺	物化处理工艺	膜分离工艺
水回收率	＞90%	＞90%	70%左右
适应原水	优质杂排水、杂排水、生活污水	优质杂排水	优质杂排水、杂排水、生活污水
应用范围	冲厕	冲厕	空调冷却、冲厕
水量负荷变化适应能力	小	较大	大
水质变化适应能力	较适应	适应	适应
间歇运转适应能力	较差	较好	好
产生污泥量	较多	较少	随冲洗水排掉
装置密闭性	差	稍差	好
产生臭气	多	较少	少
运转管理	较复杂	较容易	容易
设备占地面积	大	较大	较小
基建投资	较少	较少	大
动力消耗	小	较小	大
BOD5除去率	好	一般	好
SS除去率	一般	好	好

3)工艺流程组合

中水工艺流程的选择主要依据中水原水量、水质和中水用途等因素,经技术经济比较后确定,其中主要以中水水质为依据。在绿色建筑中宜采用技术集成度高、运行稳定可行、具有良好性价比的成熟工艺。

(1)以优质杂排水为原水的中水处理工艺流程。以优质杂排水为中水水源时,原水有机物浓度较低,中水处理的主要目的是去除原水中的悬浮物和少量有机物,降低水的浊度和色度。这类中水水源比较分散,处理规模比较小,中水回用一般为建筑内或小区内的冲厕、洗车和绿化等。因此,可采用以物化处理工艺或者生物—物化组合流程两类工艺。目前中水工程中具有代表性的工艺流程主要有以下几种:

①以生物处理为主的工艺流程:

原水→格栅→调节池→生物接触氧化池→沉淀→过滤→消毒→中水

②以混凝沉淀或气浮为主的工艺流程:

原水→格栅→调节池→混凝沉淀或混凝气浮→过滤→活性炭→消毒→中水

③以微絮凝过滤为主的工艺流程:

原水→格栅→调节池→过滤→活性炭→消毒→中水

④以过滤－臭氧为主的工艺流程:

原水→格栅→调节池→过滤→臭氧→消毒→中水

⑤以物化处理－膜分离为主的工艺流程:

原水→格栅→调节池→絮凝沉淀过滤→精密过滤→膜分离→消毒→中水

(2)以生活污水为原水的中水处理工艺流程。以生活污水为中水水源时,原水中有机物和悬浮物浓度都较高,需要同时去除水中的有机物和悬浮物,宜采用两段生物处理或物化处理与生物处理相结合的处理工艺。《建筑中水设计规范(GB50336－2002)》中推荐的四种处理工艺如下:

①a 生物处理与深度处理相结合的工艺:

原水→格栅→调节池→生物处理→沉淀→过滤→消毒→中水

②生物处理与土地处理相结合的工艺:

原水→格栅→厌氧调节池→土地处理→消毒→中水

③曝气生物滤池为主的工艺:

原水→格栅→调节池→预处理→曝气生物滤池→消毒→中水

④膜生物反应器工艺:

原水→调节池→预处理→膜生物反应器→消毒→中水

4)工艺选择注意事项

在选择中水的水处理工艺时,人们往往只考虑初期投资而忽略了由此造成的后果,当不利情况出现时,很可能已经造成不可恢复的后果了。因此,绿色建筑中水处理工艺应将保证水质放在第一位。在达到水质要求的前提下,再运用先进的技术和手段来简化处理工艺。达不到水质要求,再便宜的处理方法也是浪费。

随着科技进步和经济发展,一些原来被人们认为是复杂、昂贵、不可靠的水处理工艺如:臭氧消毒、臭氧－活性炭处理、膜处理等,已经变得安全可靠和经济实用了。设计人员的观念要随之改变,不能在国际标准的建筑里使用过时陈旧的水处理工艺和设备,使处理水质达不到回用要求。随着自动控制和监测技术的进步,许多物化处理设备可以实现自动化,从这个方面来说,这些处理工艺和设备比传统工艺反而更加简单。这些基础条件的出现,使我们不必担心水处理工艺是否复杂,而只需要关心其性价比是否合理,出水水质是否能达到要求等简单指标就可以了。

绿色建筑中水工程是水资源利用的有效体现,是节水方针的具体实施,而中水工程的成败与其采用的工艺流程有着密切联系。因此,选择合适的工艺流程组合应符合下列要求:

(1)安全适用,技术先进,处理后出水能够达到回用目标的水质标准。

(2)经济合理,在保证中水水质的前提下,节省投资、运行费用和占地面积等。

(3)处理过程中,噪声、气味和其他因素对环境不应造成严重影响。

(4)尽可能选用经过一定的运行实践,已达到实用化的处理工艺流程。在无实用资料情况下,最好通过实验研究来指导技术措施。

7.3.2 建筑雨水利用技术

1. 雨水利用的概念

雨水作为一种上天赐予的自然资源,不仅不需要支付水资源使用费,而且其水质一般较好,水中有机物较少,溶解氧接近饱和,总硬度小,经过简单处理后就可以直接回用,是最好的杂用水水源之一。因此,可以通过采取一些技术措施对雨水进行利用,实现水资源节约和环境保护的同时,也提高了城市居民的生活质量,是我国节水型小区建设中必不可少的一环。

雨水利用是一种综合考虑雨水径流污染控制、城市防洪以及生态环境的改善等要求,建立包括雨水入渗、收集回用、调蓄排放等的总称。

根据用途不同么雨水利用可以分为直接利用(回用)、间接利用(渗透)和综合利用。直接利用可以缓解城市水资源紧缺的局面,减轻管网压力和污水厂处理负荷,同时也减轻下游的洪涝灾害;间接利用可补充涵养地下水资源,将雨水下渗回灌地下,缓解地面沉降,改善生态环境;综合利用兼有直接利用和间接利用的优点,且增加改善城市景观和生态环境。雨水利用优先考虑补充地下水、绿化、冲洗道路、景观用水等,有条件时还可以作为洗衣、冷却循环、冲厕和消防的补充水源。

2. 雨水水质情况及控制

建筑雨水主要来源有屋面、不透水地面及道路、绿地三种。在这三种汇流介质中,地面径流雨水水质较差;道路初期雨水中 COD 通常高达 $3000\sim4000\text{mg/L}$;而绿地径流雨水又基本以渗透为主,可收集雨量有限;比较而言屋面雨水水质较好、径流量大、便于收集利用,其利用价值最高。

一些研究表明,屋面径流污染也比较严重,尤其初期雨水污染最为严重,水质浑浊、色度大,而主要污染物如 COD、SS、总氮、总磷、重金属、无机盐等浓度则较低。随着降雨时间的延长,污染物浓度逐渐下降,色度也随之降低。研究发现雨水水质不仅与降雨强度有关,也与屋面材料、空气质量、气温和两次降雨间隔时间等因素有关。其中屋面材料对于屋面雨水径流的影响非常明显,尤其是沥青油毡类材料污染比较严重,比水泥砖和瓦屋顶的污染量要高很多。材料的老化和夏季的高温也会使污染物浓度有显著提高,这时雨水色度大,污染物主要为溶解性 COD,多集中在初期径流,浓度为数百甚至数千 mg/L,降雨后期的浓度可以稳定在 100mg/L 以内。因此,绿色建筑利用屋面雨水进行收集利用时要注意对早期雨水的弃流问题。

建筑周围或小区内的道路雨水水质影响因素比较复杂。大气、屋面污染物都会汇入到路面,加上路面本身的污染因素,造成了道路雨水成分复杂。但路面雨水也有一定的规律,如:污染物主要集中在初期径流中;浓度受降雨间隔时间,雨量和强度等因素影响;在降雨过程中,浓度逐渐下降,趋于稳定。主要污染成分包括 COD、SS、油类、表面活性剂、重金属及其他无机盐类。COD、SS 一般在几千毫克每升。

绿色建筑雨水利用要注意对雨水水质的控制,特别要注意对源头进行有效控制。屋面雨水水质控制方面,要重视屋顶的设计及材料的选择。屋顶一般有平顶和坡顶两大类,平顶屋面材料以采用水泥砖和新型沥青防水卷材为好,坡屋顶多用瓦材或金属材料等。绿色建筑要限制对油毡类屋面材料的使用,这类屋顶材料具有很多缺点,如保温性能差、易老化等。在道路雨水控制方面,由于路面径流的水质更加复杂,可以通过改善路面的污染状况和路面雨水截污的控制源头手段来控制污染源。还可以在径流途中或终端等采用雨水滞留沉淀、过滤、吸附、稳定塘及人工湿地等处理技术。

3. 雨水利用技术措施

1）雨水直接利用技术

建筑小区的雨水通常包括路面和屋面雨水两大类。雨水直接利用技术是对建筑屋面雨水和其他非渗透路面雨水进行收集、调蓄、净化处理后可直接作为杂用水使用。常见的雨水直接利用技术主要有:路面雨水收集利用系统、屋面雨水收集利用系统和屋顶花园雨水利用系统。

（1）路面雨水收集利用系统。

一般来说,小区的路面雨水污染物的种类和浓度均比较高,对这部分雨水进行收集再处理,使其达到相关的水质标准,其工程的难度和投资都比较大。因此,建议降雨相对丰富地区的小区内的路面雨水不进行回收利用。严重缺水地区,可通过一些路面收集系统对路面雨水进行收集处理。

①下凹式绿地。下凹式绿地是一种比周边的路面低,从而能够比较容易地接收路面雨水径流的绿地。它将雨水口设在绿地内,并保证其高程介于路面与绿地之间,路面雨水径流通过雨水口流入绿地后,主要通过绿地的渗滤、拦截作用来实现路面雨水的过滤和收集。作为一种生态型的路面雨水收集设施,下凹式绿地具有明显的渗蓄效果、且不易堵塞、投资少等优点。

②植草浅沟。种植有耐淹性能良好的植物的地表沟渠称为植草浅沟,它通常建在地势低洼处,便于收集小区内非透水性地面的雨水径流。当雨水径流流入植草浅沟后,经过绿色植物的渗滤、吸附、生物降解等作用,从而削减雨水径流中污染物的影响,很好地实现雨水水质的净化,最后再进入雨水收集系统进行更进一步地处理。

（2）屋面雨水收集利用系统。

屋面雨水收集利用系统主要以屋顶作为集雨面,利用一些构筑物对屋面的雨水进行收集、处理及利用的雨水直接利用技术。通常包括单个建筑分散式系统和建筑群或小区集中系统两种形式,两者工艺流程基本相同。它们均是由雨水的收集系统、输送系统、储存系统、净化处理系统及配水系统等几大部分组成。图 7-5 列出了一种比较典型的屋面雨水收集利用系统的工艺流程。

首先,屋面雨水收集利用系统应选择合适的屋面材料。屋面雨水的水质除受当地的降雨量、空气质量和气候条件等自然因素影响,屋面材料也会对屋面雨水的水质有极大的影响。因此,最佳的集水屋面基面的材料宜采用瓦片等混合有金属的混凝土,而禁止使用塑料

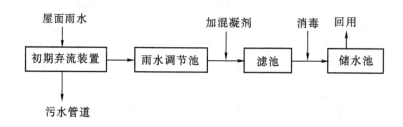

图 7-5 屋面雨水收集与利用工艺流程

等含铅的材料。

其次,屋面雨水收集利用系统宜设置雨水初期弃流装置和雨水调蓄设施。雨水初期弃流装置的弃流量应按照建筑所在地实测资料进行确定;而无资料时,可将 2~3mm 的径流量作为初期雨水的弃流量。雨水调蓄设施的设置比较自由,但必须配有溢流排水装置,可以在屋顶或地面,也可以在室外或室内,具体设置情况宜视防热、防冻、防光的要求进行确定:小型建筑建议设置在屋面或地面均可;大型建筑宜设置在室外的地下,并与小区景观水体相结合。

最后,根据所收集的屋面雨水的水量水质及雨水回用的水质标准,确定雨水的处理工艺,收集的雨水可进入小区中水系统处理或进行单独处理。由于屋面雨水水质一般较好,但其可生化性却只在 0.10~0.20 之间,水平比较低。因此,屋面雨水的处理工艺宜采用物化方法,一般可以采用"沉淀+过滤+消毒"或"自然净化+消毒"的处理工艺等试验研究表明,初期弃流的屋面雨水,在投加最佳投药量的条件下对雨水进行沉淀过滤后,出水中的 COD、SS 及色度的去除率分别可以达到 65%、90% 和 55% 左右,水质完全可以满足生活杂用水水质标准如果雨水水质污染较重,应在使用典型的过滤工艺过滤前投加混凝剂。此外,如对雨水回用水质的要求更高时,可在后续适当地增加深度处理工艺,也可根据当地情况,采用天然或人造湿地等生化工艺,对雨水进行更高标准的处理。

(3)屋顶花园雨水利用系统。

屋顶花园雨水利用系统来源于德国的创新,能够有效的收集雨水并美化环境,通过将雨水净化后应用到建筑中水系统,从而达到节水的效果。屋顶花园是指在建筑物、构筑物等的屋顶、阳台、天台、露台上种植草木花舟等作物,进行绿化所形成的景观。其从表面到底层的构造依次是:植被层、隔离过滤层、排水层、耐根系穿刺防水层、卷材或涂膜防水层、找平层和找坡层。

屋顶花园建设的关键在于植被层的培养,而植被屋培养的重点又在于植物和土壤的选择。植被层土壤一般选用轻质材料,在保证满足植被生长需要的同时,必须有一定的渗透性及厚度,土壤的厚度一般取决于承重楼板的允许负荷;种植的植物必须能够适应当地的自然环境和气候条件,并且与植被层土壤性质相匹配,一般应选择阳性的、耐旱、耐寒的浅根性植物,而且属低矮、抗风、耐移植的品种,植物品种要进行合理地搭配,保证尽量丰富多变的种类。另外,考虑到屋顶负荷量有限,种植层应保证自重尽量轻、不易发生板结、很好地保水保肥及施工方便等性能。同时,为确保屋顶花园安全工作不漏水,防水层的处理是关键,建造屋顶花园前,必须选择质量可靠的防水材料,作出合理的设计,并把好施工质量关,做好屋顶的二次防水处理。

屋顶花园雨水利用系统是一种不仅具有削减屋面雨水径流量、降低径流系数、储存净化雨水等功能,而且具有隔热保温、净化空气、吸纳噪音、缓解热岛效应、美化城市环境等生态功能的新型雨水利用技术;但是由于屋顶花园的集水面积小,储存净化雨水的能力有限,因此不能单独使用屋顶花园进行雨水处理和利用,而可作为雨水储存的预处理措施,同其他雨水处理设施进行结合,这样才能最大限度发挥屋顶花园的雨水利用功能。

2)雨水间接利用技术

雨水间接利用技术中最普遍最常用的就是雨水渗透技术。它们的适用范围比较广泛,设计技术灵活且简单,施工及运行管理方便,经济和环境效益比较显著,有利于补充涵养地下水资源,改善城市生态环境。雨水渗透技术主要可以分为分散渗透技术和集中渗透技术两大类,二者各自具有不同的特点和应用范围,选择时应该做到从实际出发,因地制宜,择其优者。

(1)分散渗透技术。

分散渗透技术所需的设施一般比较简单,而且规模各异。分散渗透技术利用其表层土壤的渗透和植被的净化功能,对雨水径流中的污染物进行初步的处理,进而减轻污染物对承纳水体的影响,同时也可以减轻对雨水的收集和输送压力。但是,由于渗透的速率比较缓慢,分散渗透技术一般不适宜在地下水位较高、雨水水质污染比较严重而且土壤渗透能力比较差的地区应用。常见的分散渗透技术包括渗透地面、渗透管和渗透沟等。

①渗透地面。创造一个有利的绿色建筑水环境生态系统,要尽量减少铺装地面,多保留一些天然的植被和土壤。渗透地面分为天然渗透地面和人工渗透地面两大类。天然渗透地面以绿地为主,人工渗透地面是人为铺装透水性地面,如多孔嵌草砖、碎石地面、多孔混凝土或多孔沥青路面等。在建筑开发过程中最不透水的部分不是为人居住的建筑,而是为汽车等而建的铺地,所以要通过人工渗水地面使水渗透接近水源来保持和恢复自然循环。

天然渗透地面主要以绿地为主,其优点是:透水性能好;在小区或建筑物周围广泛分布,便于雨水的流入;对雨水中的污染物具有较强的截流和净化作用;可以减少绿化用水,实现节水。缺点是:土质变化会影响渗透量;雨水中的杂质含量较高会影响其透水性能。另外,可以在绿地中挖一些浅沟(见图 7-6),既可以临时贮水,又可以增加渗透量,但要避免其过度积水而破坏绿地。

人工渗透地面是人为铺设的透水性地面,如碎石地面、多孔嵌草砖或多孔混凝土路面(见图 7-7)等。其具有技术简单,可充分利用空间,便于管理;利用表层土壤的净化功能,对雨水进行预处理的优点。但是,由于土壤性质直接限制着人工透水地面的透水能力,因此需要的透水面积会比较大;另外,调蓄雨水径流量的能力比较差。

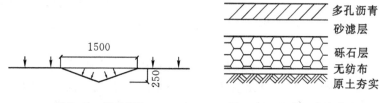

图7-6 绿地浅沟   图7-7 多孔沥青渗水地面

②渗透管和渗透沟。渗透管和渗透沟通常由穿孔管或无砂混凝土等透水性材料制作而成,多敷设于地下,周围用砾石填充,兼具渗透和排水两项功能(见图7-8)。渗透管通常占地面积较小,调蓄能力较强,缺点是其雨水中固体悬浮物的含量不能过高,同时需要预先对雨水进行一些必要的处理,对水质要求较高,而且一旦堵塞难以进行清洗,渗透能力的下降不易恢复。因此,适用于用地紧张的地区,当地的雨水水质应该较好,而且虽然其表层土壤渗透性能较差,但是在土壤下面有良好透水层的地区。为弥补渗透管的一些缺点,出现了渗透沟的设计,它还可以通过减少土石方量来减少投资的费用。因此,渗透沟更加适合敷设在建筑物的四周,作为雨水的分散渗透所用。

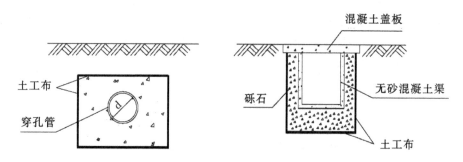

图7-8 渗透管、渠示意图

(2)集中渗透技术。集中渗透技术的占地面积一般就比较大,它拥有充足的储水容量,较大的渗透面积,强大的净化能力,尤其适宜在建筑小区中广泛使用。常见的集中渗透技术如:渗水池和渗水盆地等。

①渗水池。渗水池是将集中径流转移到有植被的池子中。它能提供充足的储水容量,极高的渗水能力;对雨水水质净化能力较强;便于运行及管理,基本不需要维护;兼具多项功能,如:渗透雨水,调节和净化雨水径流水质及改善景观环境等。但是它往往需要的占地面积较大;设计管理不当会造成水质恶化,渗透能力下降等负面影响。这种渗透技术在建筑小区可利用土地足够的情况下比较适用,能够实现节水、水资源高效利用和改善小区生态环境等多重效益。

②渗水盆地。渗水盆地是一块地面上封闭的洼地,在其中,雨水唯一的出路只能是渗入土壤。雨水可以通过土壤过滤掉污染物,因此是对雨水径流最理想的管理和保护。修建渗水盆地时,可以按照敞开系统设计渗水盆地,其中生长的植被对土壤的多孔结构可以起到很

好的保护作用;当然也可以按照封闭系统设计渗水盆地,将大小不一的石子铺设在地面以下,其表面可以用来做其他所用,但是地下渗水盆地的建设费用比较高昂,因此只有在土地非常紧张时,才倾向于建设地下渗水盆地。另外,渗水盆地宜建在雨水径流的源头附近,但也要避免在建筑基础附近建渗水盆地。

在应用雨水渗透技术时,应从当地的实际情况出发,将不同的渗透技术进行优化组合,进而形成一个庞大的渗透系统。这样可以在发挥各自技术优点的同时,弥补其他技术的不足,使其可以更好地适应不同的环境,达到更加显著的雨水利用效果。

3)雨水综合利用技术

早在 20 世纪七八十年代,很多发达国家就开始了对雨水综合利用技术的研究,并且已经经历过长期的探索和实践考验,积累了丰富的经验,雨水综合利用的技术已经相对比较完善。德国是最早开展雨水综合利用技术的欧洲国家的代表,早在 1980 年代便颁布了住宅建筑雨水综合利用的相关标准。此后,美国、丹麦、日本等国家也相继对住宅小区雨水的综合利用进行了研究和应用,有些国家甚至做出规定,新建的住宅建筑必须建设收集利用雨水的系统。因此,在我国的建筑小区建设中,也应进行雨水综合利用技术的推广。

雨水综合利用技术是以生态学、工程学及经济学等理论为基础,结合人工和自然的不同净化技术,将雨水的收集利用、雨水的渗透与景观环境用水等融为一体的系统性技术。雨水综合利用技术的具体做法和规模可以根据小区特点而不同,一般应涵盖雨水收集(如绿色屋顶)、雨水的集中和分散处理、雨水渗透及雨水回用等技术,可以针对各区域气象条件和地形特征的差异、建筑类型的变化、雨水利用目的的多样性等因素进行各项技术的选择与组合,并根据具体情况将它们进行优化配置,因地制宜使用不同类型的雨水综合利用技术。

在建筑小区中应用雨水综合利用技术具有良好的可持续性,可以实现雨水资源化利用的效益最大化,既可以达到节约用水的效果,又可以对建筑小区的生态环境起到极大的改善作用;同时,建筑小区的雨水得到就地利用,控制了雨水径流的污染和洪峰流量,避免洪涝灾害的发生;再有,雨水通过渗透技术下渗补给涵养地下水资源,可以从一定程度上缓解区域地面沉降问题。但该技术对设计者要求极高,需要他们具有较高的多领域知识综合的能力,而且在技术实施过程中对施工和管理也有很高的要求。总而言之,现今社会各方面都在进步,对生活的品质的要求也在提高,雨水综合利用技术这种先进的生态环保技术的应用前景还是很大的。

7.4　水资源利用在西北地区的应用

7.4.1　西北地区水资源概况

西北地区地处亚洲内陆腹地,总体属温带干旱、半干旱气候,降水量少,蒸发强烈。区内降水时空分配不均。总的趋势是由东南向西北减少,东南缘年降水量可达 500~600mm,而内陆盆地和沙漠区多小于 200 mm,盆地中部可小于 25 mm。区内年降水量的 60%~80% 集中在 7—9 月,且年际变化极大。西北各省区中,多年平均降水量以陕西最大(566mm),新疆最小(146 mm)。全区平均年降水量约 210 mm,平均降水资源总量为

$7320 \times 10^8 \mathrm{m}^3/\mathrm{a}$。西北地区地表水的主要补给来源是降水和少量融雪水,全区平均有 2512% 的降水转化为河川径流,地表水资源总量约 $1845 \times 10^8 \mathrm{m}^3/\mathrm{a}$,其中可利用量约 $1009 \times 10^8 \mathrm{m}^3/\mathrm{a}$。主要受降水时空分配不均的控制,地表水资源的时空分布不均十分突出。

7.4.2 西北地区水资源利用探索

1. 西北湿陷性黄土地区的低影响开发

湿陷性黄土是一种特殊性质的土,其土质较均匀,结构疏松,孔隙发育在未受水浸湿时,一般强度较高,压缩性较小。当在一定压力下受水浸湿,土结构会迅速破坏,产生较大附加下沉,强度迅速降低。为避免在湿陷性黄土区应用低影响开发时引发的技术风险,在进行详细的地质勘查的前提下,对湿陷性黄土区应尽量避免采用深层,大型入渗的低影响开发设施。采用浅层、小型入渗设施时,应采取防渗措施,车行道路不建议采用透水沥青和水泥。

2. 缺水地区的水资源利用导向

缺水地区在低影响开发建设中应着重发展渗、滞、蓄、净、用、排六类低影响开发设施中的蓄和用,提高雨水资源利用率,缓解水资源紧缺的现状。

借助自然力量排水,构建四级雨水收集利用系统,实现雨水在城市中的自然迁移,低碳循环。一是对建筑小区内的雨水应尽可能收集利用。通过采用植生滞留槽,下凹式绿地、植被草沟、景观水体、渗透性路面、雨水调蓄池等工艺,对雨水做到应收尽收。二是市政道路绿地应加强集水和净化功能。在地质适宜的地区,采用豁口路缘石、下凹式绿地、多滤层、速渗井、调蓄池等措施,建设双侧收集滞渗,单侧收集存蓄,分段收集净化三种道路收水方式降低道路径流系数。同时对雨水进行净化、储存、利用确保水资源的综合利用。三是利用中央雨洪系统和景观绿地形成调蓄枢纽因地制宜,利用河道的低洼地带建设不间断生态绿廊,形成区域海绵雨洪调蓄枢纽。四是景观绿地依托地形自然收集雨水,利用原有城市地形,在适当区域建设城市绿地、广场等公共空间,利用植被缓冲带、生态型湿地、多形式湿塘、植草沟等措施对地表径流进行汇集、生态净化、下渗和收集利用,超出设计规模的径流流向自然地势低洼区域,汇聚到由碎石、砂土等构成的渗井,回补地下水。

7.4.3 工程案例

1. 西咸新区沣西新城海绵城市

西咸新区位于陕西省西安市和咸阳市建成区之间,规划区面积 $882 \mathrm{~km}^2$,渭河自西向东贯穿全区,辖空港新城、沣东新城、秦汉新城、沣西新城、泾河新城等五个组团。2012 年以来,西咸新区将海绵城市建设作为创新城市发展方式的重要着力点和突破口。按照低影响开发理念开展海绵城市建设探索和实践。

沣西新城作为试点区域,全面推广海绵城市建设。展开低影响开发技术的探索和实践,承载了西咸新区海绵城市建设的主要任务。不同于其他城市在低影响开发中只限于某个项目,沣西新城通过对建筑小区、城市道路、城市绿地和原有自然河流四个层次的综合规划,合理地利用低影响开发技术与城市雨水管渠系统、超标雨水径流排放系统相衔接,预留或创造空间条件,对绿地自身及周边硬化区域的径流进行渗透、调蓄、净化,将绿地生态、景观、游憩和资源利用融入城市建设中。

针对沣西新城的特点,将生态屋顶、砾石滞留系统、雨水花园、透水铺装等低影响开发设施用于沣西新城的暴雨管理和雨水综合利用。沣西新城在 64 km² 的建设用地上规划了斜向绿廊、中央公园、环形绿廊和星罗棋布的社区级绿地,这四个层次的开放空间既是城市的灵动空间、人的休憩场所,更是区域内雨水循环利用的重 要载体。这些绿地系统总面积约 450hm²,初步测算每年可以吸收 270 万立方米的雨水。

这种全布局的融合低影响开发技术的情况也只能是在建设新城时才有可能全面实施,因此在今后的城市化建设中,应大力推广和应用低影响开发建设模式,在生态城市、智慧城市、绿色建筑的规划建设中纳入排水防涝及海绵城市建设要求,并且因地制宜地开展新城雨水综合利用系统,使水文特征接近城市建设开发前,促进生态文明建设。

2. 西北地区雨水结合景观水体设计项目介绍

陕西省科技资源统筹中心项目作为绿色低碳生态建筑的实践和探索,是陕西省也是整个西北地区首个获美国 LEED 绿色能源与环境设计认证和国家三星级设计标识的绿色建筑,采用了包括地源热泵技术、呼吸式幕墙、光伏发电、太阳能热水供应系统、雨水收集系统、电动遮阳膜系统、电动机翼遮阳系统等 19 项国际国内先进成熟的新技术新材料,具有科技示范意义,集节能、环保、科技于一体。

该项目位于西安高新区丈八西路和丈八五路西北角,由北侧九层高层部分和南侧四、五层多层部分组成,地下一层。主要用于建立起陕西省科技资源统筹中心的四个平台建设用办公场所。项目规划总用地面积约 5.6648 公顷,总建筑面积为 45171.64m²。

在雨水收集回用方面,该项目收集屋顶雨水和建筑周边道路、广场的雨水以及水景循环水,经处理后再生水回用于园林绿化和水景补水。采取的主要工艺是:屋面雨水和场地汇流雨水流入收集系统后,首先经过初期雨水撇除装置撇掉初期雨水后,余下的雨水自流进入格栅及雨水池,汇合循环回来的景观水,再经泵提升进入多介质过滤器进行初级过滤,将混合废水中的大量悬浮物进行过滤,水质正常时,消毒后即可达标进入清水池,当水质恶劣时,过滤器出水靠余压进入活性炭过滤器,对水中残留的悬浮物再次进行过滤,同时活性炭将水中的色度、有毒有害物质、有机物及重金属等物质进行吸附,使出水具有良好的水质,消毒后满足回用水绿化及景观用水水质标准。其中,过滤器反冲排水和前端沉泥池的泥水均排入集水坑,靠潜水污泥提升泵提升进入市政排水管道,而不设专门的污泥脱泥系统。陕西省科技资源统筹中心项目是分散式雨水处理与综合利用的示范工程。

3. 西北地区某雨水+中水设计项目介绍

西安万科金域东郡居住小区取得了住建部颁发的三星级绿色(居住)建筑设计标识证书,并且通过了陕西省住建厅组织的"陕西省绿色生态居住小区"的评审。该项目位于西安市灞桥区北二环延伸段南,规划路以西,东二环东路以东。该项目总用地面积 175386.67m²,分三期开发。项目总建筑面积为 883669m²,其中地上建筑面积为 686388m²,地下车库面积 197280.50m²,住宅建筑面积 560682.00m²。商业建筑面积为 102938m²,容积率 3.91,建筑密度 18.9%,绿地率 41%,停车位 5665 个,分三期建设。

西安万科金域东郡居住小区设计了详细的水资源利用方案,统筹利用各种水资源,给排水系统设置合理,并且所有卫生器具满足现行《节水型生活用水器具(CJ—164)》及现行《节水型产品技术条件与管理通则(GB18870)》的要求。

该项目主要有居民用水、商业用水、绿化浇灌、道路及广场冲洗、车库地面冲洗用水等类型。排水系统采用雨、污分流的排水机制,对生活污水和雨水分系统进行排放,生活污水经化粪池后排入市政污水管道。

在合理利用可再生能源方面,该项目5♯、6♯、7♯、8♯、9♯楼均采用屋面太阳能热水系统,太阳能热水利用率为8.1%。

在雨水利用方面,该项目在11号楼附近自建占地面积约70.70m² 的地下室雨水站,用于收集处理屋面及其周边绿地、道路及广场的雨水。管网末端的雨水经弃流、过滤后汇入160m³ 雨水混凝土蓄水池,在中水站清水池与中水混合消毒后回用,雨水设计使用量为2128.77m³/a。

在中水利用方面,该项目在11号楼附近自建占地面积约188.68m² 的地下室中水站,收集处理生活污水,中水站设计规模为125m³/d,采取的处理工艺为:生活污水—格栅—调节池—水解酸化池—MBR膜池—消毒—回用,经处理的中水在清水池与处理后的雨水混合使用,水质满足《城市污水再生利用 城市杂用水水质(GBT 18920—2002)》标准要求后,回用区内绿化浇灌、道路及广场冲洗、垃圾站冲洗,中水合计使用量约19223.84m³/a。该项目景观绿化全部采用微喷灌形式。

万科金域东郡作为可持续绿色建筑的示范项目,大量应用了节水和水资源利用技术措施,在建造绿色建筑和推广应用绿色建筑技术方面起到了示范作用。通过该项目及项目经验成果的扩散,不仅可让居民正确认识到环境投资所能带来生活舒适性的提高,从而引导居民消费观念向良性、环保、可持续方向发展,同时还可推进建筑业的技术革新,为中国建筑走可持续发展之路提供实际的经验,并带动建筑咨询等相关产业的发展。

4. 西北缺水地区某雨水+市政中水回收项目分析介绍

乌鲁木齐市秀城小区项目于2013年9月获得绿色建筑三星级设计标识,该项目位于新疆乌鲁木齐沙依巴克区仓房沟路与青峰路交汇处,项目规划总用地56058.03m²,总建筑面积191205.9m²,其中居住建筑面积141357.12m²,配套公共建筑面积9107.78m²,地下建筑面积37944m².建筑项目容积率为2.7,建筑密度25%,绿地率30.56%。项目尊重生活质量,倡导健康、自然的生活空间形象,用现代化设计理念指导户型设计。充分考虑住户的心理需求、功能需求,以"绿色、低碳、智能"为创新设计重点,在充分利用周边市政基础设施的前提下,因地制宜地采用了一系列绿色建筑技术。

秀城小区在规划阶段进行了详细的水系统规划方案设计,充分考虑了乌鲁木齐市市政水源条件,节水用水定额等条件后,设计了本小区的给水系统,排水系统等。

生活给水水源采用市政供水,由于当地市政给水压力波动较大,1—11号楼全部由小区自建泵房加压供给,保证用水的正常供给,并在加压供水地层设置减压限流阀,确保入户压力小于0.2MPa,减少用水损失。

为保证饮用水水质,本项目引入直饮水系统,有效清除水中的氯、重金属、细菌、病毒、藻类及固体悬浮物,并进一步去除各种有机物,让出水清澈纯净,可直接饮用。

为节约水源,小区设计室内冲厕,室外景观灌溉和水景补水采用市政中水供给,水源就近接市政中水管线,估算全年非传统水源利用量为 30124 立方米,住区全年用水量为 101802 立方米,再生水源利用率达到 30%。

景观植物优选乡土植物,减少培育工作和灌溉水量。景观植物灌溉设计采用滴灌的节水灌溉方式。

室外透水地面以绿地为主,辅以镂空率大于 40% 的植草砖铺装,提升场地透水能力,合理规划雨水径流。

本章参考文献

[1] 中国建筑科学研究院,等. 绿色建筑评价标准(GB50378—2006)[S]. 北京:中国建筑工业出版社,2006.

[2] 中国建筑科学研究院,等. 建筑与小区雨水利用工程技术规范(GB50400—2006)[S]. 北京:中国建筑工业出版社,2006.

[3] 刘加平,董靓,孙世钧. 绿色建筑概论[M]. 北京:中国建筑工业出版社,2010

[4] 卜一德,赵亚军,秦家顺. 绿色建筑技术指南[M]. 北京:中国建筑工业出版社,2008.

[5] 熊家晴. 绿色住区水资源合理开发与利用[J]. 西安建筑科技大学学报,2001:10-13.

[6] 中国城市科学研究会. 绿色建筑 2009[M]. 北京:中国建筑工业出版社,2009.

[7] 国务院办公厅. 国务院办公厅关于推进海绵城市建设的指导意见[E3/OL]. 2015-10-16.

[8] 王建龙,车伍,易红星. 基于低影响开发的雨水管理模型研究及进展[J]. 中国给水排水,2010,26(18):50-54.

[9] 海绵城市建设技术指南——低影响开发雨水系统构建(试行). 北京:住房和城乡建设部,2014.

[10] 杨澎,栗铁. 生态建筑的给排水设计[J]. 给水排水,2004,30(7):60-62.

第 8 章　可再生能源

8.1　可再生能源与建筑节能

近年来,建筑节能、既有建筑绿色改造、可再生能源利用技术在建筑中的应用、分布式供能技术等的发展,为改善我国建筑用能存在问题、能源结构不合理等提供了新的手段。同时频繁出现的雾霾及 PM2.5 超标等空气污染等环境问题已严重影响了人们生活与健康,绿色建筑、绿色发展已成为社会发展的主流意识。

我国现行政策中,绿色建筑依托可再生能源建筑应用项目,在相应示范城市强制实施。具体措施如下:第一,凡享受国家补贴的可再生能源应用示范项目,要求 80% 以上的项目建成绿色建筑,并尽快过渡到 100%,对于未能获得绿色建筑认证的项目应终止其可再生能源补贴;第二,可再生能源示范城市 30% 新建建筑应为绿色建筑。

一般地说,常规能源是指技术上比较成熟且已被大规模利用的能源,而新能源通常是指未大规模利用、正在积极研究开发的能源。国际能源署(IEA)对可再生能源定义:可再生能源是起源于可持续补给的自然过程的能量。它的各种形式都是直接或间接地来自于太阳或地球内部深处。于 2006 年 1 月 1 日起施行的《中华人民共和国可再生能源法》其中一条表明"本法所称可再生能源是指风能、太阳能、水能、生物质能、地热能、海洋能等非化石能源"。本文的研究内容限定在建筑光伏发电、太阳能热利用、浅层地热能利用、风能利用四种可再生能源建筑利用技术。

我国西北地区地广人稀,地势开阔,可再生能源蕴藏量丰富,为太阳能、风能等可再生能源的开发利用提供了有利条件。未来可再生能源或将成为城市发展的主要能源,因此在西北地区大规模推广可再生能源的利用已经刻不容缓。

8.2　太阳能

8.2.1　太阳能在建筑节能中的应用

太阳能作为自然中最主要的能量源,对生态环境有着极为重要的影响,很多自然界的生物的自然特性从根本上来说取决于太阳能与自然环境因子之间的多元有机联系,如接收太阳辐射的状况、自身的生命信息机理、大气与地表之间的物质和能量交换等。作为是生命进化的最根本动力,经过亿万年的适应,生物利用太阳能的方法已十分成熟,建筑仿生利用太阳能,具有重要意义。

表8-1 全国太阳辐射总量登记和区域分布表

名　称	年总量（MJ/m²）	年总量（kWh/m²）	年平均辐照度（W/m²）	占国土面积（%）	主要地区
最丰富带	≥6300	≥1750	≥200	约22.8	内蒙额济纳旗以西、甘肃酒泉以西、青海100°E以西大部地区、西藏94°E以西大部分地区、新疆东部边缘地区、四川甘孜部分地区
很丰富带	5040～6300	1400～1750	160～200	约44.0	新疆大部、内蒙额济纳旗以东大部、黑龙江西部、吉林西部、辽宁西部、河北大部、北京、天津、山东东部、山西大部、陕西北部、宁夏、甘肃酒泉以东大部、青海东部边缘、西藏94°E以东、四川中西部、云南大部、海南
较丰富带	3780～5040	1050～1400	120～160	约29.8	内蒙50°N以北、黑龙江大部、吉林中东部、辽宁中东部、山东中西部、山西南部、陕西中南部、甘肃东部边缘、四川中部、云南东部边缘、贵州南部、湖南大部、湖北大部、广西、广东、福建、江西、浙江、安徽、江苏、河南
一般带	<3780	<1050	<120	约3.3	四川东部、重庆大部、贵州中北部、湖北110°E以西、湖南西北部

　　太阳能作为一种重要的清洁能源和可再生能源,储量巨大,合理利用太阳能对应对气候变化、保护生态环境及维护能源安全、促进社会可持续发展具有重要意义(见表8-1)。太阳能应用技术大体可分为两种,一种是太阳能光电技术的应用(见图8-1),另一种是太阳能光热技术的应用(见图8-2)。

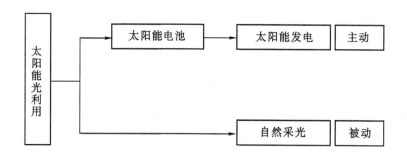

图 8-1　太阳能光利用技术构成图

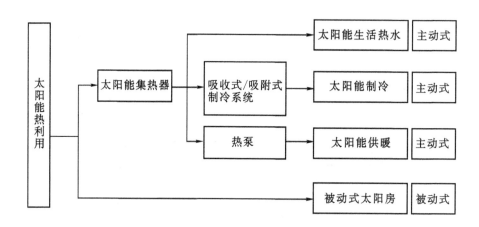

图 8-2　太阳能热利用技术构成图

8.2.2　太阳能光电

太阳能发电分为光热发电和光伏发电。通常说的太阳能发电指的是太阳能光伏发电，简称"光电"。光伏发电是利用半导体界面的光产生伏特效应而将光能直接转变为电能的一种技术。这种技术的关键元件是太阳能电池。太阳能电池经过串联后进行封装保护可形成大面积的太阳电池组件，再配合上功率控制器等部件就形成了光伏发电装置。光伏发电系统是一种固态装置，只是简单地利用太阳能产生电能，无需考虑能源供应和环境污染，无噪声，几乎不需要维护，也基本没有物质资源的消耗。光伏组件与建筑物完美结合，既可发电又能作为建筑材料和装饰材料，使物质资源被充分利用、发挥多种功能，有利于降低建设费用。

光伏建筑一体化，是应用太阳能发电的一种新概念，简单地讲就是将太阳能光伏发电方阵安装在建筑的围护结构外表面来提供电力。根据光伏方阵与建筑结合的方式不同，光伏建筑一体化可分为两大类：一类是光伏方阵与建筑的结合。这种方式是将光伏方阵依附于建筑物上，建筑物作为光伏方阵载体，起支承作用。通常把封装好的光伏组件（平板或曲面板）安装在居民住宅或建筑物的屋顶上，再与逆变器、蓄电池、控制器、负载等装置相联。光伏系统还可以通过一定的装置与公共电网联接。

另一类是光伏方阵与建筑的集成。这种方式是光伏组件以一种建筑材料的形式出现，光伏方阵成为建筑不可分割的一部分。如光电瓦屋顶、光电幕墙和光电采光顶等。通常情况下，建筑物的外墙采用涂料、马赛克等材料，有的还采用价格不菲的幕墙玻璃，其功能仅仅是保护和装饰。若能将屋顶及向阳的外墙甚至窗户材料都用光伏器件来代替，则既能作为建材又能发电，可谓一举两得。

图 8-3 无锡尚德太阳能电力有限公司总部大楼

在这两种方式中，光伏方阵与建筑的结合是一种常用的形式，特别是与建筑屋面的结合。由于光伏方阵与建筑的结合不占用额外的地面空间，是光伏发电系统在城市中广泛应用的最佳安装方式，因而备受关注。无锡尚德太阳能电力公司的总部办公楼（见图 8-3）就是一个光伏建筑一体化很好的案例，整栋建筑拥有总面积约 1.8 万平方米的全球最大光电幕墙，幕墙高 37 米，由 2754 块光电板构成，建筑在设计之初便计算出最佳太阳能利用的南立面倾斜角度，大面积的倾斜墙面是科技与设计的结合，整栋建筑诠释了光伏建筑的一体化。

光伏方阵与建筑的结合是一种常用的形式，特别是与建筑屋面的结合。由于光伏方阵与建筑的结合不占用额外的地面空间，是光伏发电系统在城市中广泛应用的最佳安装方式，因而备受关注。光伏方阵与建筑的集成是 BIPV 的一种高级形式，它对光伏组件的要求较高。光伏组件不仅要满足光伏发电的功能要求同时还要兼顾建筑的基本功能要求。根据光伏方阵与建筑结合的方式不同，太阳能光伏建筑一体化可分为两大类：第一类是光伏方阵与建筑的结合。这种方式是将光伏方阵依附于建筑物上，建筑物作为光伏方阵载体，起支承作用。第二类是光伏方阵与建筑的集成。这种方式是光伏组件一种建筑材料的形式出现，光伏方阵成为建筑不可分割的一部分。例如，北京静雅酒店在建筑外立面上运用了大面积的光电幕墙（见图 8-4），它是由 2300 块、9 种不同规格光电板组成，幕墙在白天大量吸收太阳能，通过光电系统的作用转化为电能，在夜间通过 LED 照明装饰建筑立面。

光伏阵列一般安装在闲置的屋顶或外墙上，无需额外占用土地，这对于土地昂贵的城市建筑尤其重要；夏天是用电高峰的季节，也正好是日照量最大、光伏系统发电量最多的时期，对电网可以起到调峰作用。太阳能光伏建筑一体技术采用并网光伏系统，不需要配备蓄电

图 8-4 北京静雅酒店光电幕墙

池,既节省投资,又不受蓄电池荷电状态的限制,可以充分利用光伏系统所发出的电力。光伏阵列吸收太阳能转化为电能,大大降低了室外综合温度,减少了墙体得热和室内空调冷负荷,所以也可以起到建筑节能作用。因此,发展太阳能光伏建筑一体化,可以"节能减排"。例如,上海世博会法国阿尔萨斯馆的设计中(见图 8-5),建筑师通过太阳能光电技术打造"水幕太阳能墙",与建筑一体化的光电幕墙,收集太阳能转化为电能,其中一部分电能用来加热或制冷间层空气,一部分用来实现水幕的循环以及建筑室内的照明,从而真正意义上实现建筑的低碳节能。

图 8-5 上海世博会阿尔萨斯馆

在 20 世纪 80 年代,光伏发电系统的地面应用除了大量作为独立电源系统外,已经开始进入联网用户和商业建筑领域。进入 20 世纪 90 年代以后,随着常规发电成本的增加和人们对环境保护的日益重视,一些国家纷纷开始实施、推广太阳能屋顶计划。比较著名的有德国的"十万屋顶计划"、美国"百万屋顶计划"以及日本的"新阳光计划"等。"光伏发电与建筑集成化"的概念也于 1991 年被正式提出,并很快成为热门课题。这不仅开辟了一个光伏应用的新领域,而且意味着光伏发电开始进入在城市大规模应用的阶段。长期以来,作为建筑物围护结构的屋顶、墙壁和窗户,既是体现建筑风格与建筑美学的主体,也是建筑功能的主要研究对象,尤其是为了保护建筑物内部舒适的小环境,不得不在绝热、采暖空调和日光照明等多方面进行优化设计,以求得最佳的效果。太阳能光电转换、热利用技术和新型材料的合理利用,可大大降低建筑能耗和改善居住环境,是当前建筑节能的新方向。近年来,国际上已经涌现出许多以利用自然能源为主的建筑,如"自助能建筑""零能耗建筑"和"屋顶太阳能源系统"等,都是将太阳能与建筑节能相结合的示范工程。

然而太阳能光电系统在推广上也存在着一些问题,首先是太阳能光伏建筑一体化建筑物造价较高。一体化设计建造的带有光伏发电系统的建筑物造价较高,在科研技术方面还有待提升;其次是太阳能发电的成本高,目前太阳能发电的成本是每度2.0元,比常规发电成本每度1元翻倍;最后,太阳能光伏发电不稳定,受天气影响大,有波动性,这是由于太阳并不是一天24小时都有,因此如何解决太阳能光伏发电的波动性、如何储电也是亟待解决的问题。

8.2.3 太阳能光热

目前,太阳能光热应用是在可再生能源应用领域商业化程度最高、推广应用最普遍的一种利用方案。太阳能的热应用根据收集太阳能的温度范围可以分为:集热温度小于200℃的太阳能低温应用、集热温度在200～800℃的中温应用以及集热温度大于800℃的高温应用。根据温度范围不同,太阳能可应用的用途有差别,温度越高,能量的品质越好。太阳能低温应用主要用于太阳能生活热水器、太阳能农业干燥、海水淡化、太阳能房以及太阳能制冷系统等。

太阳能热利用(系统)技术主要有:太阳能热水系统、太阳能采暖系统、太阳能空调系统。

1. 太阳能热水

太阳能热水系统的技术目前比较成熟(见图8-6),具有广泛的推广与应用前景。系统主要是由集热器、传热介质、管道、储水箱四部分组成,有些还包括循环水泵、支架、控制系统等相关附件。一般来说太阳能热水系统按循环制动方式可分为:自然循环、光电控制直接强制循环、定时器控制直接强制循环、温差控制间接强制循环、双回路等系统类型,系统工作基本原理。系统效率的高低与集热器的效率有直接关系,但是系统的构成形式、管道的管径和走向、水箱的位势和保温措施等都会影响系统的工作性能。因此必须对整个太阳能热水系统进行最优化地选择或设计。

太阳能热水器(系统)是太阳能热利用中最普遍的一种太阳能热利用系统,据中国太阳能协会数据统计,中国太阳能热水器安装面积已居世界第一。太阳能热利用产业已经纳入国家新能源发展战略,太阳能与建筑一体化将成为未来建筑的主流。

不同的建筑类型可根据用热水需求、用水点分布、热源种类等因素选择某一种系统。集中供热水系统适用于居住建筑,餐饮、洗浴、宾馆、商业等服务性建筑,医院、学校等公共建筑,游泳馆等体育建筑。集中集热、分散供热水系统只适用于多层以下的居住建筑。分散供热水系统多适用于居住建筑,如独立式住宅、底层联排住宅、中高层住宅和高层以上住宅。

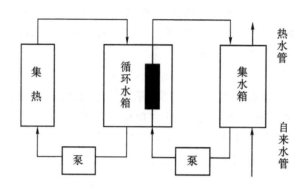

图 8-6 太阳能热水系统工作原理

2. 太阳能采暖

太阳能采暖系统(见图 8-7)是利用太阳能热收集器和辅助热泵,加热液体工质作为热源进入加热分配系统,进行空间供暖。此加热分配系统包括热循环辐射器和室内末端系统,以及强力通风系统。按照在太阳能集热器中传热工质的类型一般分为两大主要类别:液体工质太阳热能空间供暖系统、空气工质太阳热能空间供暖系统。

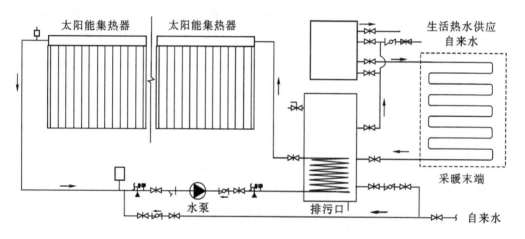

图 8-7 太阳能采暖系统工作原理

水和空气这两种工质均可用于给建筑物传热,但在结合太阳能进行利用时,空气相比水有诸多优点,如不会滴漏、不会冻结,空气可以流动并且流量自由。但空气也存在一些缺点,如密度低、热容量小,导致在供暖时需要大的体积流量和大的传导截面。而且在现有技术体系下,空气工质太阳能空间供暖需要更高的技术成本。

太阳能采暖系统和太阳能热水系统的基本构成是相似的,两者可以建成同一套系统,即"太阳能供热采暖系统"。因天气原因水温不达标,可以和锅炉串联,用被太阳辐射加热的水作为锅炉水源可以大大降低锅炉的能量消耗,特别是在感知进入锅炉的水温已经达到要求的热量分配温度时,锅炉就不需要运行了。

2.太阳能空调

以热制冷的太阳能调系统工作原理所示(见图 8-8),广泛采用的太阳能空调技术有两种:吸附式制冷和吸收式制冷。国际上一般都采用技术发展比较成熟的溴化锂吸收式制冷机。目前的热水型(单级)吸收式制冷机要求的热源温度在 88~90℃ 以上,对太阳能集热器的要求比较高,一天中只有太阳辐射很强的时候才能达到温度要求,太阳能空调系统运行的有效时间很短,同时太阳能集热器的热效率也会降低。因此,虽然较高温度的热水可以使得制冷机的 COP 提高,但系统效率并不会得到提高。另外,吸收式制冷空调系统机存在组容量较大,无法在普通家庭推广使用,投资大等缺陷与吸收式制冷机相比,吸附式制冷机所需的热源温度较低,可采用普通的太阳能热水系统驱动。吸附式太阳能空调适合用于制造小型空调,适合普通家庭使用,太阳能热水型吸附式空调、采暖系统。

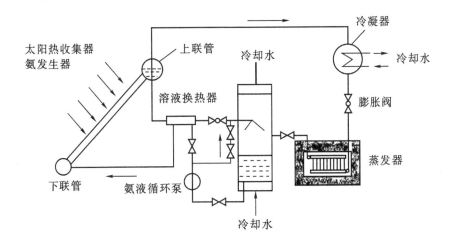

图 8-8　太阳能氨水吸收式制冷系统工作原理

太阳能空调是太阳能热利用的另一种方式,正日益受到重视。太阳能空调的最大优点在于季节适应性好,其制冷能力随着太阳能辐照能量的增加而增大的,这与夏季对空调的要求相匹配。且太阳能空调系统可以做到全年综合利用,通过收集太阳能,同时满足夏季制冷、冬季采暖和其他季节提供热水三种功能,显著提高太阳能空调系统的利用率。但受成本过高所限制,国内该技术通过市场实现商品化的能力不足,仅有一些国家资助的示范工程有所应用。

8.3　土壤源

8.3.1　地热能在建筑节能中的应用

地热能分浅层地热和深层地热,浅层地热是可再生能源。地热能有不随天气、季节和每日昼夜变化的影响的优点,而且其利用成本比其他大多数可再生能源要低。地源热泵空调系统利用浅层地热能资源作为热泵的冷热源。热泵是建筑实现地热能利用的主要手段。地源热泵(GSHP)借助于埋在地下的盘管中的水溶液或防冻剂将存储在土壤中的能量抽取出来,具体工作模式是冬季将土壤或水体作为热源通过盘管取热,夏季将土壤或水体作为冷源通过盘管放热冷却溶液(见图8-9)。地源热泵的技术优势在于:比起通常用电生热或者制冷,用电量至少省一半,即可以做到从地下转移3~4倍的热量到建筑物。

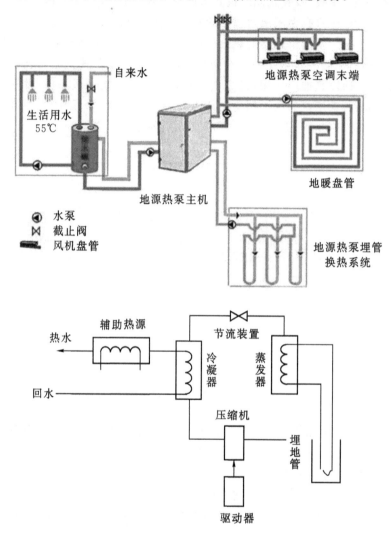

图8-9 地源热泵系统工作原理图

8.3.2 地源热泵

地源热泵利用大地(土壤、地层、地下水)作为热源,由于较深的地层中在未受干扰的情况下常年保持恒定的温度,远高于冬季的室外温度,又低于夏季的室外温度,因此地源热泵的效率可以大大提高。此外,冬季通过热泵把大地中的热量升高温度后对建筑供热,同时使大地中的温度降低,即蓄存了冷量,可供夏季使用;夏季通过热泵把建筑物中的热量传输给大地,对建筑物降温,同时在大地中蓄存热量以供冬季使用(见图8-10)。这样在地源热泵系统中大地起到了蓄能器的作用,进一步提高了空调系统全年的能源利用效率。

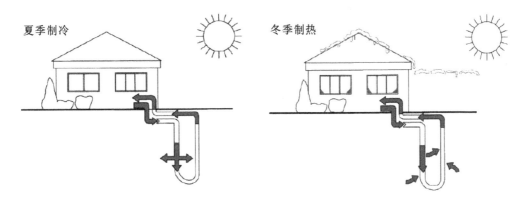

图8-10 地源热泵夏季/冬季工作原理示意图

浅层地热的温度较为稳定。地源热泵技术就是利用它这样的特性,可以做到分别在夏季或者冬季时,能够提供较高的蒸发温度,较低的冷凝温度,使得系统的制热系数以及制冷系数都可以做到高于空气源热泵系统的系数。应用土壤源热泵系统,不单单能够提高能源利用率,并且可以做到减少电能的消耗量,也因此能够减少排放出来污染气体,为人类社会带来了良好的环境效益。

8.4 风能

8.4.1 风能在建筑节能中的应用

空气相对于建筑而言,也具有一定的能源属性,虽然风对于自然通风和新风换气具有至关重要的作用,但是它也会引起通风损失和增加结构的风荷载。通过把涡轮或其他风力驱动设备整合到建筑里,建筑自身可以利用风能。由于建筑围护结构的热惰性及围护使得建筑空间内的空气温度与室外空气温度有一定的温度差,于是就出现了通风降温等节能措施。最重要的是夏季的自然通风,冬季减少寒冷风的渗透。挡风和双层外墙不仅可保护一栋建筑物免予热损失,而且也可保护外表面免予损害。空腔的热力学性能可用来冷却建筑物,同时热能也可被重新利用。

8.4.2 自然通风

良好的自然通风效果,是降低建筑空调耗能的先决条件,也是最自然的建筑节能手法之一。不同气候区域,采用的技术措施不同。自然通风的目标是通过建筑本身的科学设计来回应地方环境,以较小代价达到舒适性与节能性的平衡(见图8-11)。

其通过提高风速来制造体感温度差及通风换气,不依赖空调创造出自然舒适的状态。作为风、太阳与立面、剖面、平面的功能的联系,被提升的居住空间的上层引入阳光,利用太

| 单面通风 | 交叉通风 | 上流式通风 |

图 8-11　自然通风系统示意图

阳能使空气流动,促进了立体的热换气。该建筑中空气作为建筑的素材被捕捉,在内部和外部之间设置用于控制空气的空间,当风在其中流动,引起负压和正压,从而使空气被牵引。利用上述手法形成的空气层创造出空间,能够切身地感受到空气近在身边。

欧洲等地区开展了被动式下向通风降温技术,其利用建筑空间而非管道系统,以自然冷源为主,借助于管井、双层墙、天井、中庭等建筑空间通风降温,将降温系统与建筑空间整合实现一体化设计。自然通风方式的舒适性并不能用简单的人体热平衡模型来解释,人的舒适性感觉是随着外部气候条件的变化而变化的,这是一种主观结合客观的适应性模式。目前,欧洲国家提出了自然通风建筑的适应性标准,适应性标准中没有固定的舒适温度值,而是随季节变化的舒适温度范围,它的特点是使可以接受的室内温度变化范围与月平均室外温度相联系。

通常,单纯依靠自然通风,并不能完全满足人们通风换气及维持室内舒适度的需求,为此提出了多元(混合)通风系统,其可通过在机械通风和自然通风之间切换及二者的混合维持良好的室内环境,减少全年内空调系统使用时间从而达到节能效果。系统运行模式随着季节变化而变化,或者在每天的不同时间段,系统的运行模式都适应外部环境状况。多元通风系统的运行控制,应与建筑、内部负荷、自然驱动力和外部环境决定,应以最节能的方式满足内部环境的要求,并最大限度地利用周围的能量。

8.4.3　风能发电

风能是一种次生太阳能,风运动的能量来自太阳辐射的转换。20 世纪初风能开始用于发电,近年来,风力发电迅猛发展。和其他可再生能源技术相比,风力发电技术成熟、坚固耐用。若空气带有一定的速度,其可以驱动风力发电机发电,而转化为电能。

尽管风力发电机多种多样,但归纳起来可分为两类:①水平轴风力发电机,风轮的旋转轴与风向平行;②垂直轴风力发电机,风轮的旋转轴垂直于地面或者气流方向。

水平轴风力发电机可分为升力型和阻力型两类。升力型风力发电机旋转速度快,阻力型旋转速度慢。对于风力发电,多采用升力型水平轴风力发电机。大多数水平轴风力发电机具有对风装置,能随风向改变而转动。对于小型风力发电机,这种对风装置采用尾舵,而对于大型的风力发电机,则利用风向传感元件以及伺服电机组成的传动机构。风力机的风轮在塔架前面的称为上风向风力机,风轮在塔架后面的则成为下风向风机。水平轴风力发电机的式样很多,有的具有反转叶片的风轮,有的再一个塔架上安装多个风轮,以便在输出功率一定的条件下减少塔架的成本,还有的水平轴风力发电机在风轮周围产生漩涡,集中气流,增加气流速度。2008年建成的巴林世界贸易中心是一座50层高240米的双子塔结构建筑物,它是世界上首座风力发动机组与建筑融为一体的摩天大楼(见图8-12)。建筑师在双塔之间的缝隙处设置了三座横梁,三个直径29米的超大水平轴风力叶轮发动机便立在上面,分别位于61米、97米和133米的三个不同水平位置上。这三个风机成为整座大楼的视觉中心,并把两个塔楼连接起来,实现了风力发电与建筑的一体化设计。

图8-12 水平轴风力发电机——巴林世贸中心

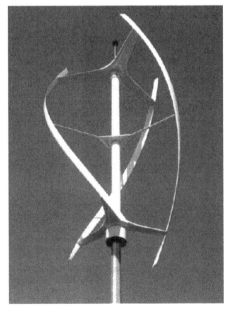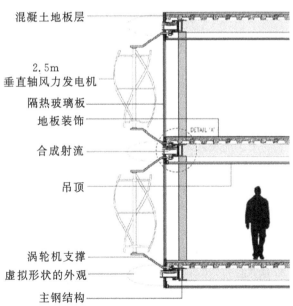

图8-13 三链螺旋状垂直轴无噪声旋转的风力发电机

垂直轴风力发电机在风向改变的时候无需对风(见图8-13),在这点上相对于水平轴风力发电机是一大优势,它不仅使结构设计简化,而且也减少了风轮对风时的陀螺力。利用阻力旋转的垂直轴风力发电机有几种类型,其中有利用平板和被子做成的风轮,这是一种纯阻力装置;S型风车,具有部分升力,但主要还是阻力装置。这些装置有较大的启动力矩,但尖速比低,在风轮尺寸、重量和成本一定的情况下,提供的功率输出低。

按照风力发电机是否接入电网,可分为离网式和并网式。离网式风力发电机通常采用低速交流发电机组的无齿轮箱独立运行风电机组的供电方式(见图8-14)。由发电机产生的交流电经整流后可直接向直流负载供电,也可以通过逆变器将直流转换为交流供给交流负载,并将多余电力向蓄电池充电,以备微风或无风时用户对电能的需求。并网式通常适用于大型风力发电站,将风能转化为电能并入电网满足城市用电需求(见图8-15)。

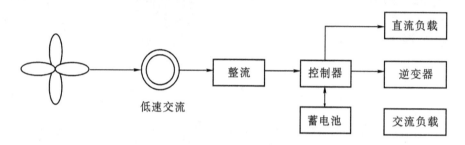

图 8-14 离网式风力发电

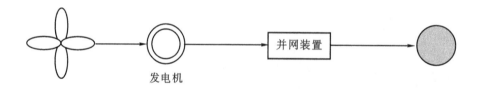

图 8-15 并网风力发电

一个风能设施的能量偿还时间通常是 3~6 个月。在风力强的地区甚至只需要 2 个月。也就是说风能设施在全生命周期可产出 3~82 倍的总消耗能量。风能的缺点在于其间歇性和不连续性,它通常在冬季达到顶峰,而在夏季则落至低谷。在某些地区,风力大小可以每天、每小时甚至是每分钟都在变化。建筑师在进行风力发电系统与建筑一体化设计时还必须考虑工业产品的风轮机如何与建筑物的造型、风格相协调。同时风力发电机产生的噪声、震动、安全和电磁波辐射等问题必须审慎对待。利用风力发电的高层建筑造型设计还受空气动力学制约,建筑师在进行建筑形体设计时应考虑气流的诱导,尽可能保证风力发电机高效率工作。

8.5 可再生能源在西北地区的应用

8.5.1 太阳能在西北地区的应用

西北地区属于一、二、三类地区,年日照时数大于 2000 小时,辐射总量高于 $586 \times 10^4 kJ/cm^2 a$,是我国太阳能资源丰富或较丰富的地区,具有利用太阳能的良好条件。这就为太阳能资源在西北地区的大力推广提供了有利的条件。

1. 太阳能光电在西北地区的应用

光电建筑"一体化"的方式在西北地区前景可观。光电建筑一体化是指利用目前的建筑屋顶和可以采光的墙体,通过安装薄膜电池发电。这样既不用占用土地资源,而且可以改变目前许多建筑的玻璃幕墙的纯装饰性,一举多得,既节约了建设成本,还能提供清洁能源。所发电量主要满足用户自身的用电需要,多余电量上网,并与电网进行电力交换,由电网提供备用服务,最终形成社会用电量增加,而由电网提供电量减少的情形。

1）太阳能光伏发电站

太阳能光伏电站是通过太阳能电池方阵将太阳能辐射能转换为电能的发电站。太阳能光伏电站按照运行方式可分为离网式和并网式两种。太阳能光伏发电站是西北地区太阳能应用最广泛的形式。

宁夏吴忠市太阳山地区,地势平整开阔,交通条件便利,空气洁净度优良,日照辐射强度较好,年日照时数可达到 3000 小时左右,水平年平均日辐照量 $4.56 kWh/m^2/day$,相当于 $6998.40 MJ/m^2$,属国家二类光辐射地区,从自然环境上适合发展太阳能资源。目前完工的吴忠太阳山光伏发电站一期项目(图 8-16)装机容量 20MWp,占地 1541 亩,于 2012 年 12 月 20 日正式并网发电,投产后年发电量约为 3200.29 万度,相当于每年节省标准煤 3461 吨,减少二氧化碳排放 25238 吨。

图 8-16 宁夏吴忠太阳山光伏发电站

截至 2015 年底，我国光伏发电累计装机容量 4318 万千瓦，成为全球光伏发电装机容量最大的国家（表 8-2）。其中，光伏电站 3712 万千瓦，分布式 606 万千瓦，年发电量 392 亿千瓦时。2015 年新增装机容量 1513 万千瓦，占全球新增装机的四分之一以上，占我国光伏电池组件年产量的三分之一，为我国光伏制造业提供了有效的市场支撑。其中西北地区发展迅速，总装机容量和新增装机容量均达到国内先进水平。

表 8-2 2015 年西北地区光伏发电统计信息表

省（区、市）	累计装机容量（万千瓦）		新增装机容量（万千瓦）	
	共计	光伏电站	共计	光伏电站
全国总计	4318	3712	1513	1374
陕西	117	112	62	60
宁夏	309	306	92	90
青海	564	564	151	151
甘肃	610	606	93	89
新疆（含兵团）	566	562	210	210

2）建筑光伏"一体化"

青海海西州民族文化活动中心是青海省最大的建筑光伏一体化项目（见图 8-17）。项目始建于 2008 年 8 月，2011 年 5 月 1 日正式开馆运营。总建筑面积 30476 平方米，地上三层、钢筋砼框架结构、钢结构，层面为网架结构，局部采用太阳能光伏层面，年发电量 24.9 万千瓦时，在满足自身电量需求的前提下，多余的电量并入市政电网，分担城市用电负担。

图 8-17 青海海西州民族文化活动中心

太阳能光电技术在西北个别地区已大量应用在居住建筑中。新疆吐鲁番新能源示范区（见图 8-18）一期起步区规划总建筑面积 68.64 万平方米的保障性住宅群，截至 2015 年底,起步区住宅屋顶太阳能光伏装机容量达到 8.718 兆瓦,涉及居民建筑 293 栋,屋顶面积 61216.65 平方米,采用 235 瓦多晶硅电池组件 37097 块。住宅楼顶的太阳能系统已全部使用,发电运行已经两年。2014 年全年发电量 729.08 万千瓦时,2015 年全年发电量 1018.28 万千瓦时。2014 年节约标准煤 2318.47 吨,相应减排 CO_2 量 6074.40 吨,2015 年节约标准煤 3238.13 吨,相应减排 CO_2 量 8483.90 吨。根据预测,在不考虑地源热泵供暖制冷用电量的情况下,全年光伏发电量供应居民建筑日常用电后,仍可剩余 553.29 万 kWh 供上网,剩余电量约占总发电量的 47.8%。由此可见,在西北地区发展太阳能技术具有广阔的前景和深远的意义。

图 8-18　新疆吐鲁番新能源示范区一期

2. 太阳能光热在西北地区的应用

1)太阳能热水与采暖系统

太阳能集热器主要是指太阳能热水器,它是太阳能热利用中最常见的一种装置。其基本原理是将太阳辐射能收集起来,通过与物质的相互作用转换成热能供生产和生活利用。太阳能热水系统已经广泛应用在西北地区的居住和公共建筑当中。许多新建居住建筑和实行集中供应热水的医院、学校、饭店、游泳池、公共浴室等建筑均采用太阳能热水系统,太阳能热水系统与建筑结合的一体化设计是未来发展的趋势。

以陕西省为例,太阳能资源丰富,开发利用的资源条件良好,潜力巨大。其中,陕西关中地区年平均日照时数约为 1700~2500 小时,陕北地区部分年平均日照时数为 2200~2600 小时,府谷、神木、榆林、横山和韩城、澄城、合阳、蒲城等地年平均日照时数高达 3000~3200 小时。太阳能总储量 2.71×106 亿 kWh,排全国第 11 位。可获得太阳能资源 9.3×1014 兆焦,相当于 317 亿吨标准煤,利用上百分之一所产生的能量比我省年产煤量的 2 倍还多。

西安某小区采用分户壁挂式太阳能热水系统(见图 8-19),每户采用一台 80 升平板阳台壁挂式太阳能来提供生活热水,系统采用强制循环。阳台强制循环系统采用水箱水温与集热器介质温度的温度差,利用循环泵强制驱动集热器介质向水箱流动,使储热水箱中的水不断提高温度,满足热水用水要求。每户太阳能集热器每年节煤 320Kg,CO_2 减排量为 790.4 Kg/年,SO_2 减排量为 6.4 Kg/年,粉尘减排量为 3.2 Kg/年。宁夏银川某医院(见图 8-20)采用了集中式太阳能热水系统,在建筑屋面布置全玻璃真空管太阳能集热器,通过计算,设计出适合不同用途楼层的最佳用热水总量。同时根据医疗工作全天供应热水需求,辅助热源系统利用了蒸汽锅炉,以备持续阴天或太阳能热力系统产出的水量不足而需要使用热水时,该系统年节煤 325t,年减排二氧化碳 699t。

图 8-19　西安某小区太阳能热水系统

图 8-20　宁夏银川某医院太阳能热水工程

上述案例表明,太阳能热水与采暖系统技术与产品较为成熟,市场相对完善,且每年以 20%～30%的速度持续递增,其在西北地区前景广阔,潜力巨大,能够极大程度的节约成本,达到预期的节能效果。

2）**太阳能空调系统**

太阳能空调是太阳能热利用的另一种方式,正日益受到重视。太阳能空调技术有两种：吸附式制冷和吸收式制冷。其中,吸收式制冷空调系统现阶段存在组容量较大,成本过高,在普通家庭普及难度大；吸附式制冷机所需的热源温度较低,可采用普通的太阳能热水系统驱动,适宜于小型空调,在普通家庭普及难度小,但现阶段也存在成本高等因素,并未广泛使用。

受成本过高所限制,西北地区太阳能空调系统通过市场实现商品化的能力不足,仅有一些国家资助的示范工程有应用。然而,随着技术的不断进步,国家政策的大力扶持,合理的成本控制,太阳能空调系统未来有着广阔的前景。

8.5.2　地源热泵在西北地区的应用

地源热泵是利用水源热泵的一种形式,它是利用水与地能（地下水、土壤或地表水）进行冷热交换来作为水源热泵的冷热源,冬季把地能中的热量"取"出来,供给室内采暖,此时地能为"热源"；夏季把室内热量取出来,释放到地下水、土壤或地表水中,此时地能为"冷源"。

地源热泵的热源温度全年较为稳定,其制冷,制热系数可以达到 $3.5\sim4.4$,与传统的空气源热泵相比,要高出 40% 左右,其运行费用为普通中央空调的 $50\%\sim60\%$。热泵采暖系统的保养和清理费用很低,甚至完全没有。热泵消耗的一次能源比较少,二氧化碳、二氧化硫、氮氧化物和粉尘排放也更低。

西安某大型建筑设计研究院办公楼采用了地源热泵空调系统（见图 $8-21$）,设计根据地域和气候特点进行了适当的创新和发展。该办公楼空调系统夏季峰值冷负荷 2560kw,冬季峰值热负荷 1640kw,全年累计热负荷 874MWH,全年累计冷负荷 1470MWH,本工程空调冷热源系统采用土壤热泵复合式系统,由土壤热泵系统承担全部冬季负荷,土壤热泵系统+常规冷水机组承担夏季负荷。

该系统冬季设计负荷选定 2 台地源热泵机组,制热量 858kw×2=1716kw,空调末端的供回水温度 38/45℃；夏季由 2 台地源热泵机组和一台常规冷水机组联合运行供冷,热泵机组制冷量 835.5kw×2=1671kw,螺杆式冷水机组制冷量 886kw,夏季空调末端的供回水温度 15/19℃。

在绿色技术大力推广的今天,如何有效合理利用清洁能源同时降低能耗已经越来越为人们关注。采用土壤源热泵技术,在许多气候适宜地区不仅能过有效地解决能源端的诸多困扰,同时能够减少碳排放、降低运行能耗。

然而,在西北地区的一些实际项目中,地源热泵系统也存在着一些不可忽视的问题：

（1）缺乏切实可行的设计规范。大多建设项目是由厂家根据自身的经验完成,在厂家负责设计的情况下,监理单位往往无法对工程建设进行有效的监督。

（2）初期投资偏高。主要有两个方面的原因：一是钻孔费用较高,施工成本相当高；二是地下换热器管材及回填料的限制,因为没有切实有效的提高换热效果的技术措施,地下换热器设计富裕度系数较大,这也导致初期投资的加大。

（3）施工工艺有待于总结：地源热泵地下换热系统属于隐蔽工程,设计寿命一般不低于

图 8-21 西安某建筑设计研究院办公楼地源热泵空调系统

50年,在换热器材质及制备方法,换热器安装手段,回填料选择及回填方式,水力平衡措施等方面需要切实可行的技术规范,并对施工人员看展技术培训,培养专门的技术人员,以便于质量控制。

(4)系统的运行模式不尽合理。研究发现,热泵系统泵和风机消耗电能往往超过系统总能耗的50%,高于普通中央空调泵与风机的耗电量。对于不同的系统设计方案,水泵在系统能耗中所占比率差别很大,系统设计时应该对多种配置方案进行综合比较,选择技术经济性最优的方案。

总而言之,地源热泵系统的大力推广仍然受各种因素的制约,特别是在西北地区,多用于一些绿色节能建筑的示范项目中,在一般公共、民用建筑中推广依然有着不小的阻力。

8.5.3 风能发电在西北地区的应用

风能是一种可循环利用的清洁能源,在人类发展与文明的进程中,风能的作用日渐突显,风能必将成为未来最重要的可再生能源之一。而风能在节能建筑中的应用也已经受到一些发达国家的重视。

据初步统计,中国陆地 10 米高度和海面 15 米高度可供开发的风力资源在 10 亿千瓦以上,相当于可开发水能资源(3.9 亿千瓦)的 2.5 倍,而 50 米高度的风力资源还会增大一倍,根据现有技术,地面 50～100 米高度的风力资源都可以开发利用。风能最重要的应用是创造清洁的电力。我国西北地区地广人稀,地势平坦,风能资源丰富。西北地区风能可采量约占全国 40%,以新疆、青海和甘肃三省较为丰富,其可开发储量分别为 3433 万千瓦时、1143 万千瓦时、2421 万千瓦时。

风能在西北地区的应用主要体现在风力发电技术,近年来,西北新能源装机年均增速 67%,其中风电年均增速 54%,光伏年均增速 211%,截至 2015 年 11 月底,西北新能源装机 4768 万千瓦(占比 26.2%),其中风电 2871 万千瓦、光伏 1897 万千瓦,西北成为全国风电、光伏装机最大的区域(见图 8-22、图 8-23)。西北新能源发电量年均增速 59%,其中风电和光伏发电量年均增速分别为 47% 和 159%。截至 2015 年 11 月底,西北新能源发电量 559 亿千瓦时(同比增长 30%),占全网总用电量的 11%。新能源已成为西北电网的主力电源,在促进节能减排、带动经济社会发展和满足电网供需平衡等方面起着不可替代的重要作用,西北地区用户每用 10 度电就有 1 度是新能源发电量。与此同时,新能源发电在西北地区高占比运行已经成为常态,在西北五省(区)中,青海、甘肃、宁夏新能源最大电力占日用电负荷分别达到 56%、56%、49%,已经赶上或超过丹麦、西班牙等发达国家的水平。

新疆是中国风力资源最丰富的地区之一,每年风蕴藏量为 9127 亿千瓦。新疆达坂城风力发电站是我国目前最大的风能基地(见图 8-24),也是目前亚洲最大的风力发电站。目前安装有 200 台风力发电机,年发电量为 1800 万瓦。新疆在利用风力资源发电方面已经走在了全国的前列,是西北地区可再生能源利用的典范。

随着可持续发展理念的普及与节能新技术的发展,人们逐渐回归本源,开始注意到人与自然矛盾所带来的危害,逐步追求与自然的和谐、可持续发展,希望通过良好的建筑设计的技术手段,实现建筑节能。我们应当大量利用可再生能源,亲近自然和保护环境,向人工与自然共存的生态环境回归。

近年来,可再生能源利用技术在建筑中的应用为改善我国建筑用能存在问题、能源结构不合理等提供了新的手段。我国西北地区对于可再生能源的利用已经走在了全国的前沿,大量示范项目为可再生能源的普及利用提供了有利条件,随着技术的进步和政策的支持,未来可再生能源在人类社会的发展中将发挥更加重要的作用。

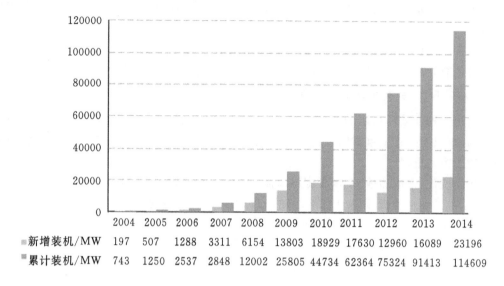

	2004	2005	2006	2007	2008	2009	2010	2011	2012	2013	2014
新增装机/MW	197	507	1288	3311	6154	13803	18929	17630	12960	16089	23196
累计装机/MW	743	1250	2537	2848	12002	25805	44734	62364	75324	91413	114609

图 8-22 2004—2014 年中国新增和累计风电装机容量

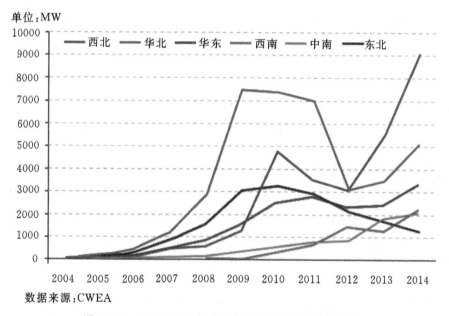

数据来源：CWEA

图 8-23 2004—2014 年中国各区域新增风电装机容量

注：①华东地区(包括山东、江西、江苏、安徽、浙江、福建、上海)；②华北地区(包括北京、天津、河北、山西、内蒙古)；③西北地区(包括宁夏、新疆、青海、陕西、甘肃)；④中南地区(包括湖北、湖南、河南、广东、广西、海南)；⑤西南地区(包括四川、云南、贵州、西藏、重庆)；⑥东北地区(包括辽宁、吉林、黑龙江)。

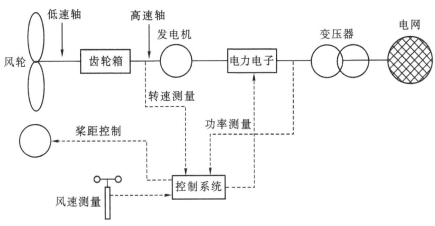

图 8-24　新疆达坂城风力发电站

本章参考文献

[1]清华大学建筑节能研究中心. 中国建筑节能年度发展研究报告 2016[M]. 北京:中国建筑工业出版社,2016.

[2]刘加平,董靓,孙世钧. 绿色建筑概论[M]. 北京:中国建筑工业出版社,2010.

[3]刘加平. 建筑创作中的节能设计[M]. 北京:中国建筑工业出版社,2009.

[4]张季超等. 绿色低碳建筑节能关键技术的创新与实践[M]. 北京:科学出版社,2014.

[5]刘令湘. 可再生能源在建筑中的应用集成[M]. 北京:中国建筑工业出版社,2012.

[6]李现辉,郝斌. 太阳能光伏建筑一体化工程设计与案例[M]. 北京:中国建筑工业出版社,2012.

[7](英)彼得·F.史密斯.尖端可持续性：低能耗建筑的新兴技术[M].邢晓春,等,译.2版.北京：中国建筑工业出版社,2010.

[8]开彦,王涌彬.绿色住区模式：中美绿色建筑评估标准比较研究[M].北京：中国建筑工业出版社,2011.

[9]夏云.生态与可持续发展建筑[M].北京：中国建筑工业出版社,2001.

[10]孙晓峰.中新天津生态城绿色建筑发展对策及实现途径[J].建筑学报,2010(11).

[11]艾志刚.形式随风—高层建筑与风力发电[J].建筑学报.2009(5).

[12]常慧.可再生能源技术在绿色建筑中的应用[J].建筑节能,2013(4).

[13]张神树,高辉.德国低/零能耗建筑实例解析[M].北京：中国建筑工业出版社,2007.

[14]徐占发.建筑节能技术实用手册[M].北京：机械工业出版社,2005.

[15]王立雄.建筑节能[M].北京：中国建筑工业出版社,2004.

[16]王崇杰,薛一冰,等.太阳能建筑设计[M].北京：中国建筑工业出版社,2007.

第9章 绿色智能建筑技术

9.1 绿色智能建筑概念及特点

据统计,2005—2010 年中国每百户拥有空调数以近 20% 的速度增长,夏季高温期空调负荷已占到全部电力负荷的 30%～50%,减少夏季空调能耗已成为近年来建筑节能的重要方面。在这种背景下,利用可再生能源的被动式降温技术成为建筑业界的研究热点。而国内外绿色建筑和智能建筑行业的快速迅捷发展表明,绿色建筑和智能建筑是真正实现建筑行业可持续发展的必经之路。

绿色建筑与智能建筑是两个高度相关的概念,两者系统集成组合在一起就构成了一个辩证统一的整体,称之为绿色智能建筑。绿色建筑是生态建筑、可持续建筑,就是要最优化地有效应用可用资源,以提高经济、环境和社会的可持续性。它体现了"科学发展观""以人为本""和谐社会"等多重理念,符合人类社会发展要求,顺应了时代潮流。绿色建筑首先考虑的是健康、舒适和安全,这才是保证人们最佳工作和生活环境的建筑。因而,绿色建筑虽然强调环保节能,但并不是以牺牲人们的舒适度,人们的工作效率为代价,而是指能源利用效率的提高,能源利用方式的转变。智能建筑是建筑物的一种,因其安装有智能化系统,能向人们提供安全、高效、便捷、节能、环保、健康的建筑环境,因此被称为智能建筑。

绿色建筑和智能建筑都是信息时代的产物,因为人类进入信息社会以后,面对地球自然生态环境一天天恶化,一方面人们开始痛定思痛,逐渐认识到资源浪费、环境污染和温室气体排放等问题的严重性,另一方面信息技术不断创新和飞速发展,也给人们为实现节约资源、环境保护、减少废气排放和新能源应用提供了新的技术手段,使节能环保、高效率、高效益的精细化工业大生产成为可能。由此,为了拯救和保护我们子孙后代赖以生存的地球,世界上有许多有识之士先后提出了不少很好的解决方案,其中包括在建筑领域提出的绿色建筑和智能建筑的概念等。

有一点必须明确,绿色建筑的定义指的是广泛利用智能化技术和高科技的、节能环保的现代建筑。古代那种结构简单、就地取材、建造粗犷,而且没水没电、没暖气没空调、缺少现代办公设备和家电等自动化、智能化设备的原始建筑,虽然绝对是"绿色的",但并不是今天人们所提倡的绿色建筑,就好比共产主义理想并不是要把人类社会倒退回原始共产主义社会一样。绿色与智能是建造现代建筑必然的统一,是构成现代建筑不可缺少的矛盾体的两个方面,从总体上来看,虽然智能建筑不一定是绿色建筑,但现代绿色建筑就一定是智能建筑。智能建筑是功能性的,建筑智能化技术是保证建筑绿色节能得以实现的关键。建筑智能化技术是绿色建筑的一部分,它是实现绿色建筑的技术手段,而建造绿色建筑才是智能建筑的目标。绿色与智能两者之间的关系是相辅相成、相互联系、相互依存,而又相互排斥的矛盾的统一体,即构成了绿色智能建筑的全新概念。

由此可见,绿色智能建筑充分体现了人类建筑技术与智能化技术的完美结合,它把现代绿色建筑的基本要素与智能建筑技术高度集成融合在一起。

9.2 绿色智能建筑技术核心内容

为了实现绿色智能建筑技术系统的功能要求,建筑智能化技术主要是由相关的信息技术和其他高新技术所组成的。从宏观上来讲,建筑智能化技术与现代建筑技术、节能减排技术和设备、新能源应用等有机结合起来就构成了绿色建筑。不过绿色建筑智能化技术并不代表全部现代信息技术,如信息获取技术,包括传感技术、遥测技术等就不包含在内。绿色建筑智能化技术主要包括以下内容。

9.2.1 计算机技术

计算机技术包括硬件和软件两部分,应用到绿色建筑中的核心是并行的分布式计算机网络技术。并行使得同时处理多种数据成为可能,可以使不同子系统分别处理不同事件,实现任务和负载的分担;计算机网络把整个系统联结成一个有机的整体,实现信息资源共享。

9.2.2 通信技术

通信技术通过无线、有线通信技术,实现数据、语音、图像和视频信息等快速传递。

9.2.3 控制技术

控制技术在绿色建筑智能化系统中的应用主要是集散型监控系统(DCS),硬件采用标准化、模块化、系列化设计,软件采用实时多任务、多用户分布式操作系统。

9.2.4 图像显示技术

应用于绿色建筑智能化系统主要的图像显示技术有:

(1)CRT(cathode rag tube)阴极射线管:由于体积大、耗电量大,已逐渐被淘汰了。

(2)LED(light emitting diode)发光二极管显示屏:LED 是一种半导体固体发光器件,目前广泛使用的有红、绿、蓝三种。把红色和绿色的 LED 放在一起作为一个像素制作的叫双基色屏;把红、绿、蓝三种 LED 管放在一起作为一个像素叫全彩屏。具有节能、环保、长寿命、安全、响应快、体积小、色彩丰富、可控等系列独特优点,被认为是节电降能耗的最佳实现途径。

(3)LCD(liquid crystal display)液晶显示屏:LCD 采用的是被动发光的技术原理,因此液晶需要背光系统来提供光源。具有质地轻薄、色彩艳丽、无电磁辐射、长寿命、节能省电等优点。

(4)PDP(plasma display panel)等离子体显示屏:PDP 在显示平面上安装等离子管作为发光体(像素),具有图像清晰逼真,屏幕轻薄,便于安装,防电磁干扰、环保无辐射等优良特性。

9.2.5　综合布线技术

综合布线系统是一种符合工业标准的布线系统,它将绿色建筑中所有电话、数据、图文、图像及多媒体设备的布线组合在一套标准的布线系统上,实现了多种信息系统的兼容、共用和互换互调性能。

9.2.6　视频监控技术

视频监控系统是以视频处理技术为核心,综合利用光电传感器、网络、自动控制和人工智能等技术的一种新型监控系统。数字式网络摄像机将视频图像通过计算机网络(TCP/IP协议)传输给视频服务器,图像数据的处理、显示、录像和共享都是围绕着视频服务器进行的。

9.2.7　智能(IC)卡技术

用以实现绿色建筑保安门禁、巡更、停车场、物业收费、商业消费,以及人事与考勤等管理"一卡通"。一般可分为接触式和非接触式两种:

(1)接触式智能卡:读卡器必须要有插卡槽和触点,以供卡片插入并接触电源,缺点是使用寿命短,系统难以维护,基础设施投人大等,但发展较早。

(2)非接触式智能卡:采用射频识别,又称射频卡。具操作方便、快捷、无磨损、防水、防潮、使用寿命长等优点。

9.2.8　系统集成技术

将绿色建筑各种不同功能的智能化子系统,通过统一的信息网络平台实现集成,以形成具有信息汇集、资源共享及优化管理等综合功能的集成系统,实现对各类信息资源的统一管理和控制,达到对绿色建筑物进行全面综合优化管理的目的。绿色建筑智能化系统设计的核心是"集成",它包括三个层次的含义:功能集成、技术集成和信息集成,其中信息集成是主要目标。绿色建筑智能化集成系统的构成包括智能化系统信息共享平台建设和信息化综合应用功能实施。

9.3　绿色智能建筑技术的集成

绿色智能建筑技术的核心是"集成",它包括三个层次的含义:功能集成、技术集成和信息集成,其中信息集成是主要目标。通过具体的信息技术与建筑环境的结合实现不同程度的绿色建筑智能化,具有开放性、可靠性、容错性和可维护性等特点。集成系统把所有子系统集成到统一的信息共享集成平台上来,为各个子系统的维护和运行管理提供一个管理中心。目的是建立整体的信息管理和信息流动机制,建立全局的互动机制,建立统一的管理界面,完成信息的收集、控制、存储和整理,并使各种信息汇集上来,为跨系统的事件处理和决策提供综合的信息依据,为事件处理的自动化提供可能。

9.3.1 绿色智能建筑技术的体系结构

绿色智能建筑技术的体系结构见图 9-1。

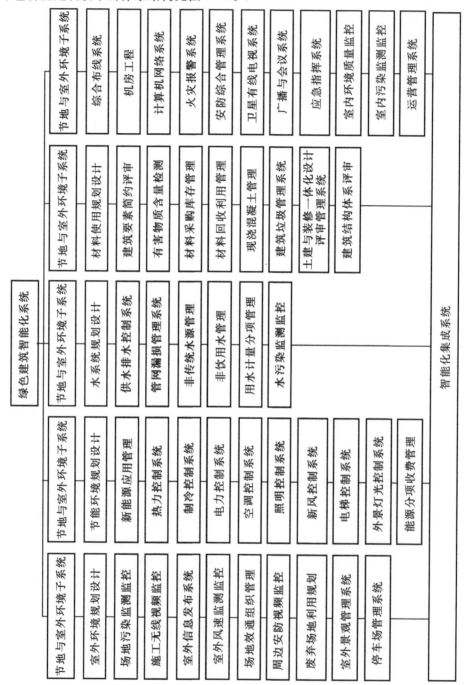

图 9-1 绿色建筑智能技术的体系结构

绿色智能建筑的集成系统将各种绿色基本要素和不同功能的建筑智能化子系统,通过统一的信息平台实现集成,以形成具有能耗监控、信息汇集、资源共享及优化管理等综合功能的系统。其中绿色基本要素集成主要包括节地与室外环境子系统,节能与能源利用子系统,节水与水资源利用子系统,节材与材料资源利用子系统,室内环境质量与运营管理子系统等。建筑智能化系统集成则建立在信息设施系统、信息化应用系统、建筑设备管理系统、公共安全系统、机房工程和建筑环境等各子分部工程的基础上。统一构建的绿色智能建筑集成系统通过对建筑物和建筑设备的自动检测与优化控制,实现能源分项管理、能耗监控管理、能耗分析审计和动态能源管理,以及信息资源共享、优化管理和对使用者提供最佳的信息服务,使绿色智能建筑达到投资合理、适应信息社会需要的目标,并具有安全、舒适、健康、高效、绿色、低碳、节能和环保的特点。

绿色智能建筑集成系统的体系结构,它既包含了绿色建筑的基本要素,又包括了智能建筑大多数的主要子系统。绿色智能建筑集成系统通过数据管道技术将异构于各子系统的数据信息传送到两个公共的数据库系统中,完成了基本数据记录的工作,为其他系统分析这些数据信息提供基本准备工作。并综合各子系统最核心的数据信息,进行统一管理、分析、报表和决策分析,由此可简化系统管理的程序、提高管理的效率,实现高效管理。

9.3.2　绿色智能建筑技术的模式比较

常用的绿色智能建筑系统集成的模式主要有以下 4 种。

(1)以建筑设备管理系统(BMS)为核心的集成模式。通过开发与各种第三方系统的网络通信接口,将各种子系统集成到建筑设备管理系统(BMS)中。这种方式存在的最大问题是接口软件的开发完全依赖 BMS 提供商,可集成的第三方系统的数量极其有限。

(2)采用 Lon Works 和 BACnet 技术。Lon Works 和 BACnet 都属于建筑智能化系统开放式行业协议标准,是两种优秀的自控网络通信技术,适用于大区域、点数分散的控制系统,但不适用于绿色规划设计、能源管理、消防和保安系统。

(3)网络控制级采用以太网技术。各子系统的上位管理主机采用以太网互连,实现系统间部分数据的传递,但无法访问各系统的实质性的数据并实现系统间资源共享与相互协调操作。为实现该目标还需探索其他解决途径。

(4)基于物联网核心技术的两层平台结构。绿色智能建筑系统集成平台采用控制域系统集成(物联网)和信息域系统集成两层平台的总体结构,中间通过以太网连接。即根据"控制域"、"信息域"的不同特点,选用了不同的技术手段,既分别处置又协调一致,将"控制域"与"信息域"的功能与实施技术手段相结合。

上述前三种系统集成的模式是以往智能建筑系统集成最常用的方式,都是单纯采用信息域系统集成平台的总体结构,虽然使用的案例不少,但真正成功的案例并不多。由于智能建筑是一个包含众多子系统、十分复杂的高科技综合管理系统,需要充分考虑所涉及的各子系统的协同动作、信息共享和集成。这些子系统在实现智能建筑基本目的上处于平等地位,在技术实现方面有关子系统之间存在着相互联系、相互依存、相互作用的关系,因此这些子系统都不是孤立存在的系统。

对于绿色＋智能的现代建筑而言,系统集成的要求更高,要求系统具有更精细化集成管理的功能,以及更高的集成管理的可靠性、稳定性和实用性,显然这三种系统集成的模式都难以胜任,特别是难以胜任绿色智能建筑节能环保的高精细化管理要求,如能耗监控、能源动态管理等。

绿色智能建筑系统集成采用第四种模式,系统集成平台由控制域系统集成(物联网)和信息域系统集成两层平台组成,中间通过以太网连接。上层的信息域系统集成平台主要负责系统数据处理,实现系统综合管理和增值应用;底层的控制域系统集成平台以物联网方式连接,通过底层控制总线网络互联,实现各工业控制器与路由器的直接点对点通讯,简单快捷、实时高效。控制域的控制工作流程是控制信号从检测采集到响应在本层内实时一气呵成,省去了以往采用单层平台模式所必需的信号来回转换传输等复杂手续和过程,控制响应完成后,响应结果再从底层控制域经由以太网传送到上层的信息域系统集成平台进行存储、分析、统计和处理等综合管理。

通过对绿色智能建筑全周期成本分析发现,现代建筑物在建设和实际使用过程中,规划成本占总成本的 2％,设计施工成本占 23％,而运营成本占到 75％。而想要降低绿色智能建筑的运营成本,只有通过科学的管理手段,提高建筑物的管理效率。系统集成采用上下两层平台结构的主要优势就在于能真正帮助管理者提高管理效率,降低建筑能耗和人工成本。底层控制域系统集成平台应建立能耗监控系统,对建筑物的能耗进行实时监测、控制;上层信息域系统集成平台应建立动态能源管理系统、能源分项管理和能耗分析审计系统等。凡是有利于节能管理的参数,通过网络平台准确地采集、实时传输和完整地存贮,并通过对各类实时信息与历史数据分析对比,达到有效地管理所有系统设备、优化管理策略、严格合理控制能耗的目的,以提高绿色智能建筑的运行效率和降低运营成本。

9.3.3 物联网核心技术的应用

物联网是指通过信息传感设备,按约定的协议,把物品用网络连接起来,进行信息交换和通讯,以实现智能化识别、定位、跟踪、监控和管理。物联网和互联网最大的区别在于后者仅仅是人与人之间的信息交互,是一个虚拟世界,而物联网则是对现实物理世界的所有有价值物体的感知和互联。绿色智能建筑集成系统发展的最新成果是物联网核心技术在集成系统底层平台的应用。即根据"控制域"、"信息域"的不同特点,选用了不同的技术手段,既分别处置又协调一致,将"控制域"与"信息域"的功能与实施技术手段相结合。

联动控制功能以及控制域全局事件处理集中在控制域,其特点是系统所采集的信息均来自现场,控制信息针对于现场,要求信号实时性强。通过底层控制总线层网络互联和技术融合实现跨总线、跨网段、跨子系统的总线级的无限联动控制,系统联动是通过各工业控制器与路由器的直接点对点通讯实现的,不依赖电脑工作站和服务器,反应速度为毫秒级,高度可靠和稳定。而且系统的联动设置采用友好人性化界面的"傻瓜式"操作,极大提高了系统的可用性和实用性。

信息域的特点是信息量大,系统信息来自于数据库、终端录入设备或其他系统,信号要求交换能力强,传递速度快,但对实时性要求没有控制域强。信息域重点实现综合管理和增值应用,重点实现各子系统的运行状态、故障状态、报警信息、运营信息、设计档案、安装档案的搜集、整理和分析,以及系统能耗审计、能源动态管理等,为设备管理、运营、维护、决策提供科学的技术手段和决策依据;同时提供绿色智能建筑集成系统与其他信息化系统(如 OA 等的标准接口,为绿色智能建筑系统与其他系统的信息沟通与远程控制提供必要条件。

通过物联网技术使得绿色智能建筑的各个控制子系统的硬件资源、传感资源互联、共享与无缝集成,可以轻易实现各子系统的协同运行,它以"身份识别"为核心自动完成建筑内各机电设备的控制。例如:建筑能源系统的人工智能控制,可以针对两类机组采用能源的不同,结合电力的峰谷电力差价及电力和天然气的差价,为用户提供选用低价格能源运行的解决方案,运作不需操作人员的介入。

基于物联网核心技术的绿色智能建筑系统集成平台以物业运营为重点,强调以高效、便捷的软件体系来协调用户、物业管理人员、物业服务人员三者之间的关系。对物业管理中的设备、服务、公共设施、工程档案、各项费用及维修信息资料进行数据采集、传递、加工、存储、计算等操作,反映物业管理的各种运行状况。它不是以往单纯信息域系统集成,而是不同子系统的高度融合,产生协同效应,从而实现绿色智能建筑精细化控制、精细化管理。不同子系统人工智能自适应运行,可实现对所有相关设备进行全面有效的监控和管理,丰富建筑的综合使用功能和提高物业管理的效率,确保建筑内所有相关设备处于高效、节能、最佳运行状态,从而为人们提供一个安全、舒适、便捷、节能、环保、健康的建筑环境。

9.3.4　工程案例

陕西省科技资源中心项目主要运用了建筑设备智能控制系统、智能照明系统、一卡通系统等。

建筑设备智能控制系统是通过对外部环境的冷热量进行监测,运用综合调控系统来调节建筑内部的冷热量供应以及遮阳百叶的开启程度,以达到节能环保要求。该系统的综合节能效率达到 30%。

智能照明系统是指通过无线网络进行通信,来实现对照明设备的智能化控制,照明设备经过智能化控制后,具有灯光亮度的强弱调节、灯光软启动、定时控制、场景设置等功能,智能照明控制系统节电率可达 20%～30%。

一卡通系统与电视监控系统、防盗报警系统联动,做到在大楼内用一张卡代替目前使用的员工证、开门钥匙、考勤卡、消费票等等(见图 9-2)。

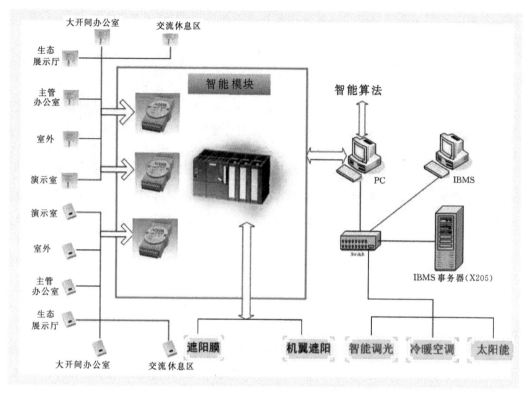

图 9-2 系统结构

本章参考文献

［1］《智能与绿色建筑文集》编委会. 智能与绿色建筑文集［M］. 北京：中国建筑工业出版社，2004.

［2］王长庆. 绿色建筑技术手册［M］. 北京：中国建筑工业出版社，1999.

［3］张莞钧，刘佳. 浅谈绿色建筑发展与设计［J］. 建筑科学，2012.

［4］符晓兰. 绿色建筑智能化技术［J］. 第六届国际绿色建筑与建筑节能大会论文集. 2010.

［5］程大章，刘刚. 绿色建筑智能系统工程的探索［J］. 智能建筑与城市信息，2005.

［6］符长青，毛剑瑛. 智能建筑工程项目管理［M］，北京：中国建筑工业出版社，2008.

［7］符长青. 信息化工程导论［M］. 北京：清华大学出版社，2010.

［8］卜一德. 绿色建筑技术指南［M］. 北京：中国建筑工业出版社，2008.

［9］丁艳. 智能建筑科技节能总动员［J］. 智能建筑与城市信息，2005(5).

第10章　绿色生态景观系统

10.1.1　建筑绿化的发展史

建筑绿化的历史,从某种意义来说,可以追索到人类起源时。在原始社会生产力落后的条件下,人们或择洞而居,或筑木为巢。在那种情况下,树可以说就是人们建造房屋的雏形。

对于建筑绿化的起源也许没有准确的考证,不过一般都认为最早的建筑绿化是古代东方人在屋顶上建造的屋顶花园,其中最为有名的例子应该是古代巴比伦王国的空中花园。它是巴比伦国王尼布甲尼撒二世在公元前 600 年左右建造的。据说该建筑是一座层叠的平台建筑,高约 30m,建筑物用拱形构架做基础,其上再用不同高度的圆形石柱支撑花台,花台中填入土壤种植植物。该建筑每一层上种植了棕榈和其他树木,据说为了满足灌溉要求,还设置了一种带有滑轮的运水机作为供水设备。此座建筑既是国王至高无上的权利的象征,也表达了生活在干燥地区的人们对于绿色植物的渴望。

在古希腊,也曾经有在别墅中建造屋顶花园的做法。文艺复兴时期,人们把在住宅中种植植物当作一种时尚,屋顶花园曾经一度成为贵族们等特权阶级的奢侈品,直到 17、18 世纪才开始进入到普通公众的住宅中。

19 世纪以后,随着水泥的发明和混凝土的应用,以及建造技术的提高,屋顶绿化更加快速地发展起来。

20 世纪初,现代主义建筑先驱勒.柯布西耶提出的现代建筑五个设计原则,将屋顶庭院的设计列入其中。他设计的萨伏依别墅,更是开创了将屋顶庭院引入现代建筑设计的先河。不过由于当时技术条件有限,很多带屋顶花园的建筑都停留在了探索和试验阶段。

以上资料可以看出,建筑绿化的发展过程几乎就是屋顶绿化的发展史,由此可见屋顶绿化的由来已久,发展较为成熟。不过也从侧面反映出垂直绿化与室内绿化一直处于从属地位,缺乏专门的研究。

10.1.2　建筑绿化的功能与作用

1.建筑绿化的生态功能

建筑绿化除不但能美化城市环境,还具有多方面的生态效益,大致可归纳为以下几个方面。

1)生态补偿作用

国际生态和环境组织调查指出:要使城市获得最佳环境,人均占有绿地面积需达到

60m² 以上,而城市中心区地价昂贵,建筑密度高,道路密集,高架路、立交桥纵横交错,城内地面大多是人工化的硬质铺地。如果能充分利用建筑物的屋顶、露台、墙面等进行绿化,就可以大大提高人均绿地面积,起到很好的补偿作用。

一般说来,一座城市的屋顶的面积大概相当于城市中建筑面积的 1/5。以北京为例,在现有的市区内,有近千万平方米的建筑屋顶没有被利用。如果将从其中一半的面积做成屋顶绿化,则可以增加近 $5 \times 10^6 m^2$ 的绿化面积;如果将建筑墙面、阳台、窗台等都利用起来,可增加的绿化面积更是不可估量的。

2)夏季隔热降温,冬季保温作用

建筑绿化还可以改善住宅的室内气温,对改善人居环境及节能大有好处。建筑物的绿化同建筑物外壁布设的断热材料具有相同的断热效果,夏天屋顶温度可高达 50℃,当种植绿化后温度最大可下降 15℃以上。而且,绿化了的外壁面还可以大大降低建筑外表面的平均辐射温度。以最常见的屋顶绿化为例,有绿化的屋面温度可下降 5～10℃,室内空调可节电 20%。况且绿地生态效应的有效辐射距离是 50m²,因此利用住宅建筑屋面布置绿化,更是十分珍贵。由于绿色屋面对阳光的反射率比深色水泥屋面大,加上绿色植物的遮阳作用和为满足生理所需的同化作用,使绿色屋顶的净辐射热量远小于未绿化的屋顶。绿化屋顶不仅可以在夏季对建筑隔热降温,冬季也可以起到保温的作用。在极端的天气条件下缓冲和削弱外界温度变化对建筑内部热环境的影响。

建筑绿色因植物的蒸腾和潮湿土壤的蒸发作用消耗的潜热明显比未绿化的屋面大,导致绿化屋面的贮热量减少,从而缓解城市的"热岛"效应。建筑绿化还可以缓解温度的剧烈波动,使建筑物内部冬暖夏凉,形成舒适的人居环境。

3)城市小气候调节作用

建筑绿化是城市环境的"调节器",建筑物绿化对城市的气温、湿度都有一定的影响,可以调节其周边的小气候,改善建筑环境。

近年来,城市中心部普遍存在热岛现象,其根本原因是由于人工建筑物、构筑物和硬质地面逐渐增加,而城市中的绿地率却不断减少。而植物通过其蒸腾作用,具有较强的降低气温和地温的作用,据测定,夏季种植乔灌木类植物的绿地气温比硬制地面要低 4.8℃,因此建筑物绿化是减缓城市热岛效应的有效对策。如果能利用建筑表面进行绿化,就能在城市用地紧张,绿化面积有限的情况下极大的提高城市中的绿化覆盖率。

4)净化空气、降低噪音

植物对空气具有净化作用,主要表现在其能吸收多种有害气体,如 NO_2、SO_2 等,以及吸附空气中的悬浮颗粒,如,粉尘、重金属等。有关资料表明,一株中等大小的榆树,一昼夜可滞尘 3 公斤。吊兰能吸收甲醛、一氧化碳、二氧化氮等多种有害气体;芦荟可以吸收空气中90%的甲醛,常春藤可吸收约 90%的苯,龙舌兰可吸收 70%的苯、50%的甲醛和 24%的三氯乙烯,垂挂兰能吸收 86%的甲醛;虎尾兰和吊兰鸭拓草、竹类植物有极强的甲醛吸收能力,20平方米左右的居室,栽两盆虎尾兰或吊兰,就可以避免甲醛的不良影响,铁树、菊花、扶兰花可以减少室内的苯污染等等。那些被吸附了的污染物将被植物部分作为营养吸收利用,再通过光合作用形成有机物质并释放出氧气,做到化害为利。

　　植物在进行光合作用时能吸收二氧化碳释放氧气,建筑物绿化对保持和维护城市氧气、一氧化碳、二氧化碳平衡也起着重要作用。一个人每天要吸收 0.75 公斤氧气,呼出 0.9 公斤二氧化碳,而自然界中唯一能制造氧气是植物的光合作用,由此推算出每人至少要拥有 $10\sim15m^2$ 森林或 $25\sim30m^2$ 草坪才能获得足够的新鲜空气。加上工业、交通运输的耗氧量远远大于人,这就要求拥有更多的人均绿地才能满足空气成分平衡的需要。而城市中用地非常紧张,绿地面积有限,如果能将建筑有选择的加以绿化,则具有非常可观的增加城市绿地面积的潜力。

　　绿色植物除了可以减轻大气污染,还可以阻挡、吸收、滞留和过滤空气中的噪声。由于植物叶面是多方向性的,因此对从一个方向来的声音具有发散作用。其软质覆盖面与建筑外表面之间形成夹层,可以有效降低噪音的能量,并吸收一部分噪音,减轻城市噪声污染。

　　5)涵养水土,城市防洪及水质净化作用

　　城市中建筑林立,提供给人们户外活动的开敞空间多是硬质铺地,雨水无法被土壤所涵养、储存,一落到地面就被快速排到下水道流走,这样不但会大大减少城市的地下水储水量,若遇到排水系统受阻或者降水过多的情况,还会对城市交通造成一定危害。而建筑绿化可适当缓解此种状况,树木和草地对保持水土有非常显著的功效,通过建筑表面的绿化层,能起到保持雨水的效果。一般来说,有绿化的屋面,落到屋顶的雨水仅有 1/3 排走,2/3 被留在屋面上或蒸发到空气中,从而起到调节小气候的作用。

　　土壤具有极强的过滤和净化水质的作用,将生活废水或雨水通过种植绿化的土壤过滤净化后,可作为中水用于小区的绿化灌溉、洗车、冲路等。

　　6)形成生物气候缓冲带,生态系统恢复作用

　　建筑绿化涵养的水土能形成人工建筑与自然之间的生物气候缓冲带,为建筑提供良好的微气候环境,尽量满足居民的各种生活舒适标准;提高建筑系统生物组成的多样性,为鸟语花香提供现实的土壤,实现人与自然的和谐共处。

　　由于城市中建筑密度越来越高,鸟类、昆虫等生物逐渐失去了生存活动的空间。如果对建筑空间加以绿化,则可以为它们提供必要的栖息场所,使城市中的生物种类和数量增加,这对于恢复城市生态系统结构的具有重要意义,也促进了城市景观整体水平的有效提升。

　　7)增加空气湿度

　　由于绿色植物的蒸腾作用使得植物能够将水分不断从其根部向顶部的叶片处输送,水分再通过叶片表面的气孔蒸发到空气当中。土壤中水分的蒸发也能使空气中水分含量增加,致使有绿化的建筑周围空气绝对湿度的增加。加上绿化后其温度有所降低,故其相对湿度增加更为明显。

　　8)有效保护建筑、延长建筑物寿命

　　酸雨、紫外线、温差等因素是影响建筑使用寿命的关键,而建筑绿化可以遮蔽紫外线、减缓酸雨的影响,减少昼夜以及季节性温差而引起的收缩膨胀,从而延长建筑材料的使用寿

命,起到防止建筑物劣化的效果,延长建筑物的使用寿命。

建筑的外界面直接受到日晒影响,早晚和季节性的温差使得外墙和屋面板反复的热胀冷缩,长时间就会导致裂缝的产生。拿屋顶来说,由于夏冬温差大和干燥收缩产生屋面板体积的变化,夏季高温易引起沥青流淌和卷材层下滑,可使屋面丧失防水功能。另外,屋面在紫外线的照射下,随着时间的增加,会引起沥青材料及其他密封材料老化,使屋面寿命减短。而屋顶绿化使屋面和大气隔离开来,屋面内外表面的温度波动小,减小了由于温度应力而产生裂缝的可能性。隔阻了空气,使屋面不直接接受太阳光的直射,延缓了各种密封材料的老化,增加了屋面的使用寿命。酸雨可以腐蚀抗酸性较差的混凝土,而有了绿化的保护,就能减少酸雨入侵墙体和屋面结构层的机会。总之,绿化能减少这些不利因素对建筑的破坏,从而延长其使用寿命。

9)减缓风速、调节风向

建筑绿化能够增加建筑表面的粗糙度,增大摩擦至使风速降低,同时也能使风向发生一定偏转。另外,由于绿化降温削弱了城市的热岛效应,也能在一定程度上减弱了城市中的"热岛环流",减小了风速。

以上多方面表明,如果能很好地利用和推广建筑绿化,形成城市的立体绿化系统,对城市各方面的环境都有很好的调节和改善作用。

2. 建筑绿化对热环境的影响

建筑绿化对于生态方面的功效,最显著的就是其热工方面的作用。建筑绿化主要是通过以下两种途径在夏季为建筑进行降温的:

1)降低建筑周围的环境温度

建筑周围的环境温度的降低能从根本上解决了夏季室内过热的问题,因为在夏季建筑热工计算的室外气候条件中,最主要的是室外气温和太阳辐射,而植物可以大大降低建筑周围的环境辐射热。

一方面,植物叶片通过散射和反射作用将太阳辐射热传回大气中,有效地降低建筑周围的空气温度和建筑外表面的温度;另一方面,植物的蒸腾作用能够从周围环境中吸收大量的热量。据有关研究,春季和夏季植物的蒸腾作用能吸收到达其表面的大部分太阳辐射热。

由上述夏季围护结构传热分析可知,通过绿化降低周围环境温度,可以显著减少:

(1)窗玻璃部分通过传导与对流方式换热的传热量。

(2)地面、环境作为第二热源的长波辐射传热量。

(3)室外热空气通过窗户缝隙渗透入室内的传热量。

(4)通过不透明墙体和屋顶的传热量。研究显示通过建筑场地的绿化降低环境空气温度能减少经导热、空气渗透传热的 $15\%\sim30\%$。而且由于存储在建筑物、地面、铺地中的热量较少,晚间气温下降更快。

2)遮挡直射阳光

炎热的夏季,枝叶茂盛的植物能有效遮挡太阳辐射,减弱太阳辐射。对传热计算中的太阳综合温度的影响显著减少通过屋顶、外墙和窗洞的传热量降低室内内表面温度、改善室内热舒适或减少建筑空调能耗。

落叶植物是个天然的、性能优良的太阳辐射自控器,因为:

(1)它比遮阳设施能更好地遮挡太阳辐射。遮阳板一般只能遮挡直射辐射部分,大量的散射辐射还是透过窗户进入室内,而植物枝叶在炎热夏季遮挡太阳辐射的同时,还能通过叶而蒸腾作用吸收热量,改善热舒适;当秋季天气变凉爽时,植物叶片掉落,使太阳辐射透过树枝照入室内,为建筑提供热量。

(2)它比遮阳设施能更好地调节建筑夏季需要遮阳和冬季要利用太阳能采暖之间的矛盾。建筑物的采暖与制冷需求是由室外气温决定的。植物的发芽、抽枝、落叶也是由气温而不是太阳高度角决定的,而固定式建筑遮阳是根据冬季、夏季的太阳高度角进行设计的,如一月与九月的太阳高度角相同,但是两个月的平均气温相差较大,建筑物对采暖与制冷的要求完全相反,九月通常感觉很凉爽,而三月则感觉天气比较暖和。

3. 建筑绿化的植物选择原则

为了满足生态建筑的绿化需求,在筛选植物时,除了考虑植物自身的生长习性和各种绿化形式需要,更侧重于植物所具有的生态功能。生态建筑的植物筛选原则为:

(1)能大量挥发有益气体的保健植物。
(2)较强附着墙体的垂直绿化材料。
(3)具有抗旱、抗寒及耐日晒的屋顶绿化材料。
(4)减噪、滞尘植物。
(5)较强的耐阴能力及吸收有害有机物的植物。
(6)杀菌保健植物。

10.2　建筑绿化的分类及相应技术措施

10.2.1　屋顶绿化

屋顶绿化是以绿色植物为主要覆盖物,配以植物生存所需的营养土层、蓄水层以及屋面所需的植物根阻拦层、排水层、防水层等共同组成。

最早的屋顶花园是 2500 多年前建在幼发拉底河岸的巴比伦空中花园。自上世纪初,英国、美国、德国、日本等国家建造了大量的屋顶花园。1959 年美国建成的具有高技术含量的奥克兰市凯泽中心屋顶花园,被认为是现代屋顶花园发展史上的一个里程碑。20 世纪 60 年代初,重庆、成都等地开始出现屋顶花园,到 80 年代末,成都市中心 200 多座商住楼的屋面绿化率达 72%;珠海、深圳很重视美化屋顶,提出"美化建筑第五面"。随着建筑工程技术的不断进步、发展,开发了越来越多的新型建筑材料,使得屋顶花园的建造变得轻而易举。

1.屋顶绿化的分类

屋面绿化的布置形式多种多样,主要依据业主的要求来设计。按屋顶花园的形式可分为 3 种:

1) 地毯式屋顶绿化

地毯式屋顶一般建在建筑负载能力较差的层面,主要种植草皮和地被植物,形成地毯式成片布置,生命力旺盛而无需特殊维护和保养的花园屋顶。

2) 花园式

花园式屋顶多用于服务性建筑物如宾馆、酒楼等,能为客人提供游憩空间。花园式屋顶绿化可做成小游园的形式服务于游人,小游园应有适当起伏的地貌,配以小型亭、花架等园林建筑小品,并点缀以山石。有的可以采取现代的手法,用草坪、地被植物组成流畅的图案,其中点缀小水池、小喷泉及雕塑,使之充满时代气息;也可以采取自然的手法,以草坪为基底,根据生态群落组织植物景观,加假山、置石等小品,使之充满温馨情趣;也可以利用植物、花草、树木精心培育修剪成姿态各异、气韵生动的艺术形象。该种花园屋面系统中土层相对较厚,覆盖的植物体形较复杂、对温度和湿度的要求较高,需特殊维护和保养。

3) 组合式屋顶花园

组合式屋顶花园即沿屋顶有墙角和承重墙的地方,通过盆栽和缸栽组合成一个别具一格的屋顶花园。

2. 屋顶绿化的技术措施

1) 屋顶花园种植土的选择

在很多屋顶绿化项目中,经常会有业主从节约成本的角度要求使用自然原土作为屋顶绿化的基质材料,其实自然土壤根本不适用于屋顶绿化。

由于屋顶花园自身结构上的局限性,不能承受过重的负荷,因此,种植介质的重量不能过大。但由于植物生长需要一定厚度的土,因此,如何在满足一定土层厚度的情况下控制土的重量就是必须考虑的。因此在保证土有一定的重量支撑住植物的条件下,应该选择轻质土壤。总的说来,所选用的种植介质应具有自重轻、不板结、保水保肥、适宜植物培育生长、施工简便和经济环保等性能。土层厚度也应该控制在最低限度。一般来说,草皮等低矮地被植物,栽培土深 16cm 左右;灌木深 40~50cm;乔木深 75~80cm。草地与灌木之间以斜坡过度。

自然土壤颗粒细密,密实度大,如果遇到自然降雨,雨水很难迅速进入土壤,更别说可以渗透到下面的蓄排水系统中,本来希望看到的整体排水又变成了地表径流。而轻质土壤较密度大的土壤来说更有利于植物的生长,因为其土质更加疏松,土壤中含有更多的空隙以保证良好的透气性。如果采用天然土壤的话,由于其中的矿物颗粒的重量是一定的,重量的减轻会有一个界限。

现在屋顶绿化专用的土壤已出现了很多种,比如:腐殖土加入陶粒、火山岩土壤等等。原则上都是使用轻质的人工基质加入一些直径在 5~8mm 左右的轻质颗粒物,比如常见的黏土砖破碎的颗粒、蛭石、膨胀珍珠岩、硅藻土颗粒等等,目的就是增加基质层中的空隙率,加快水的渗透速度,同时减轻荷载。现在采用较多的是在土壤中加入由发泡天然矿石制成的多孔改良材料。此种改良材料比重较轻,一般为 0.1~0.2,甚至可以漂浮在水中,下雨或浇水水量过多时就会浮到表面上,可能对周围造成污染,因此应尽可能在表层用普通土壤压住。

2)屋顶的排水

由于屋顶花园的种植土层较薄,土壤对雨水的保持与涵养较差,因此在降雨后如何迅速将多余的雨水排走就是一个必须考虑的设计点,特别是在多雨地区,更显得尤为重要。即使是在北方降水较少的地区,也会在一年中有部分时节降雨量较多。特别是对于屋顶上种植的植物,由于其土层薄,土壤容易过干或者含水过多。虽然一定范围内含水量的变化有助于植物生长,但如果变动幅度过大则是对植物的生长不利的,过湿和过干都是大忌。因此在降雨后能及时地将多余的雨水排掉显得十分必要。

降雨后,水分浸润到土壤中。在其向下移动的过程中,土壤中原有的缝隙被水填满,空气被挤压出去,如果水分不尽快排走,就会造成土壤中空气不足,导致植物根部呼吸困难,从而降低其生理活性,严重时还会导致根部细胞死亡,根部腐烂而造成植物死亡,因此,将多余的水分及时排出是很必要的。

要保证雨水及时排走,首先要做到让屋面有一定的坡度。在朝向屋面排水沟的方向,坡度至少要做到 1.5%~2%,可以由结构找坡或材料找坡实现。一般是设计为平均最大雨量接近 30mm 的暴雨,尽量能在 1 小时内排除。不同的地方的设计坡度还应根据当地降雨量的不同而有所差异。降雨后,雨水随着坡度聚集到屋面较低处,导入雨水槽,最后流入排水沟中。

种植层内的多余水分一般通过设置暗槽或排水层两种方式聚集到排水口。具体采用哪种方式需要综合考虑种植土层的厚度和土壤的透水性。当土层厚达 1m 左右时,土壤的饱和水带位置在表层 40cm 下左右,由排水管和沙子构成的暗槽应间隔 15cm 设置;当土层厚度在 60cm 左右时,饱和水带要设在地表 30cm 以下,这时暗槽的间隔应取 3m 左右。为了提高暗槽在土壤中的集水效率,还应该提高其附近土壤的透水性,可在这部分土壤中掺入沙子或者无机质土壤改良材料。如果是透水性差的黏性土壤,就需要配置网格状的暗槽以提高整体的排水性。此种方式适用于土层厚,施工规模大的情况。当铺设密度大时,效果就与满铺排水层差不多,而且施工难度和排水性能还不如满铺排水层,这时就应该选择后一种排水方式。如果种植部分的面积较小,土量也较少时,铺设暗槽和排水层会占用本来就已经有限的植物生存空间,限制根部的发展。因此,当土层厚度低于 40cm,且铺设底面的倾斜度在 3% 以上时,可不铺设排水层,而只需增加土壤中的中粒无机质土壤改良材料含量以提高其透水性能。然后在末端排水孔处放置大颗粒的轻质改良材料,在与土壤接触的地方用过滤(层)网等处理一下,防止水土流失即可。

对于屋顶绿化的排水设计,至关重要的原则就是利用整个屋面现有的排水系统,无论是选择哪种排水方式,在设计中都尽量不要破坏屋面排水的整体性,尽量避免地表径流的方式排水。德国现在广泛使用的是塑料制品的蓄排水系统,国内也慢慢开始广泛使用,这种产品的好处就是排水迅速,在屋面上不会形成积水,有利于植物生长,和传统的陶粒卵石排水相比,不但排水层厚度减小了,而且重量方面也减小了很多,减轻了屋面的荷载。

纵观国内的排水产品,多数产品只有排水功能而没有蓄水功能。其实对于屋顶花园来说,蓄水能力和排水能力同样重要,因为暴雨是对屋顶绿化排水系统的最大考验,好的蓄水能力可以减小暴雨对屋面排水系统的巨大压力,同时还可以储存一部分水分提供植物生长需要,所以设计时应选择一些具有良好排水性并能够储存一部分水分的排水系统。

现在有一种改良型屋面,用蓄排水板代替传统的卵石作为排水层,使之不但能迅速排除多余水分,还能储存一部分水分,在干旱无雨的情况下,被储存的水分还能在短时间内满足植物的生长需要。与传统做法相比,因为其多个方向均能排走水分,因此排水能力更佳,对多余水分的保持能力也更好。而且该种蓄排水板的重量轻,能减少屋面荷载(见图10-1)。

保水　　　　　　　　排水

蒸发　　　　　　　　灌溉

图 10-1　屋面保水、排水、蒸发、灌溉示意图

3)植物种植和屋顶防水

屋顶花园的设计中,不仅要保证种植屋面上的植物能正常生长,又要注意防水和排除积水,做到不渗不漏,才能满足房屋建筑的使用功能。如果一旦发生渗漏现象,整个屋面必须翻工重做,不但工程量大,费用也较昂贵,因此,防水问题是可以说是屋顶绿化中最需要注意的一个问题,已成为决定屋顶绿化能否大力推广的一个瓶颈问题。

一般来说,屋顶花园的防水要比一般住宅防水要求高一级,即起码是二级防水。北京市建筑工程研究院叶林标将种植屋面各构造层次分为七层:种植介质、隔离过滤层、排水层、耐根系穿刺防水层、卷材或涂膜防水层、找平层和找坡层。隔离过滤层是在种植介质和排水层之间,采用无纺布或玻纤毡,可以透水,又能阻止泥土流失。隔离过滤层的下部为排水层,排水层可采用专用的、留有足够空隙并有一定承载能力的塑料排水板、橡胶排水板或粒径为20~40mm、厚度80mm以上的鹅卵石组成。耐根系穿刺防水层是起隔断根系以免破坏防水层作用的,通常采用铝合金卷材、高密度聚乙烯和低密度聚乙烯土工膜、聚氯乙烯等作为耐根系穿刺防水层。卷材或涂膜防水层是在耐根系穿刺防水层下部再铺设的 1～2 道具有耐水、耐腐蚀、耐霉烂和对基层伸缩或开裂变形适应性强的卷材(如高分子卷材)或防水涂料等的柔性防水层。找平层是用水泥砂浆等找平以便在其上铺设柔性防水层。找坡层则是为了便于迅速排除种植屋面的积水,宜采用结构找坡,其坡度宜为 1‰～3‰。

目前在屋顶花园建设上使用的防水处理方法主要有"刚"、"柔"之分,各有其特点。刚性防水层主要是在屋面板上铺筑 50mm 厚细石混凝土,其中放 $\Phi4@200$ 双向钢筋网片一层(此种做法即成整筑层),在混凝土中可加入适量微膨胀剂、减水剂、防水剂等添加剂,以提高其抗裂、抗渗性能。这种防水层比较坚硬,能防止根系发达的乔灌木穿透,起到保护屋顶的作用,而且使整个屋顶有较好的整体性,不易产生裂缝,使用的寿命也长,缺点是自重较大,一般是柔性防水层的 2～3 倍。因而对于屋顶绿化来说,更倾向采用柔性防水层。目前大多数建筑物都用柔性防水层防渗漏。屋顶花园中常用"三毡四油"或"二毡三油",再结合聚氯乙烯泥或聚氯乙烯涂料处理。近年来,一些新型防水材料也开始投入使用,已投入屋顶施工的有三元乙丙防水布,使用效果不错。国外还有尝试用中空类的泡沫塑料制品作为绿化土层与屋顶之间的良好排水层和填充物,以减轻自重。也有用再生橡胶打底,加上沥青防水涂料,粘贴厚 3mm 玻璃纤维布作为防水层,而且这样更有利于快速施工。

在屋面结构层上进行园林建设,由于排水、蓄水、过滤等功能的需要,屋面种植结构层远比普通自然种植的结构复杂,而防水层一般处于最下面一层。一旦防水层被穿透而进行维修,将导致运作良好的其他各层被同时翻起,增加不必要的维修费用。同时,维修过程中所需材料、机具的搬运及运输也会影响建筑物的正常运作,建筑物所有者为保持清洁和形象而导致的间接损失不可估量。

在没有植物根系阻拦措施的情况下,屋面所种植物的根系会扎入屋面突出物(如电梯井、通风孔等)的结构层、女儿墙而造成结构破坏。这种破坏一方面比第一种情况增加更多的维修费用,另一方面这种破坏如不及时补救,将会危及整个建筑物的使用安全。

因此,从经济和安全角度考虑,植物根系阻拦层的设置对于花园屋面的建设是不可或缺的。如果忽略植物根系阻拦层的设置,将造成因小失大的严重后果。

4)植物的防冻

应根据植物抗风性和耐寒性的不同,采取搭风障、支防寒罩和包裹树干等措施进行防风防寒处理,使用材料应具备耐火、坚固、美观的特点。

寒冷地区,春季气温上升很慢,而植物的根部和新芽一般需要温度到了 5℃才开始活动,因此植物的生长也开始得晚,一般要 4 月份左右才开始生长。但在屋顶种植时,当室内温度已经较高时,天花板的大部分也已经很温暖,与之相接的土壤温度也会升高。在外部气温还很低的情况下由于土壤的温度上升,根部便开始生长活动,打乱了植物的生理平衡,对其生长非常不利。特别是在有晚霜的寒冷地区,气温的突然下降容易使新芽受到霜害,特别是柔软的嫩芽难以抵御寒冷的天气,一旦遭受霜害需要很长一段时间才能恢复,还会导致枝叶枯败、花朵减少,影响到观赏性。要预防此种情况发生,首先要选用抗冻性好的植物,如紫叶小菊、毛莨迷、扶芳藤、日本绣线菊、黄花首草、常春藤、迎春、大叶醉鱼草、火棘、薄荷等,其次是在早春低温寒流来临前对植物施用适量的防冻剂,减少植物自身热量的散失,同时为植物施加肥料,起到健株作用,防止冻害发生。

3.屋顶绿化的植物选择

由于屋顶上的风力比平地强大,夏季炎热而冬季又寒冷,阳光多直射易造成干旱,土层薄,因此,屋顶绿化的植物选择应该注意以下几个方面。

1)应选择耐干旱、抗旱能力强的低矮灌木及草本植物

屋顶一年四季温差很大,风速也较地面快,加上土壤薄,保湿能力差,而且夏季气温高,因此,植物选择上,应该选用耐旱和抗寒耐热能力强的植物。考虑到屋顶的承重要求,应选择低矮的灌木和草本植物,以便于植物的运输、栽种和管理。

2)根据不同位置选择浅根性植物

屋顶的大部分区域为全日照直射,光照强度大,因此,应尽量选用喜光的阳性植物。但一些特殊的位置,如花架下,墙角处等地方,日照时间较短,可适当选用一些半阳性的植物。此外,屋顶的种植层薄,对植物根系的生长范围有所限制,因此,一般情况下应选择浅根系的,生长较慢的植物。由于屋顶处于建筑的顶层,若施用肥料会影响周围的卫生状况,应尽量种植耐贫瘠的植物。

3)选择抗风性好,不易倒伏,耐短时旱涝的植物

屋面上的风较地面上大,在植物选择上,应多用抗风性好,不易倾伏的植物。此外,屋顶由于其土层薄,蓄水能力差,下暴雨时易造成短时积水,而平时土壤又容易干燥,因此,应选用耐旱且耐短时积水的植物。

4)选用生长旺盛,易于管理的植物

建造屋顶花园的目的是美化环境,增加城市的绿地面积,与其说选择需要特殊管理要求的植物,不如选用生长旺盛,易于管理的植物。此外,屋顶花园的植物选择尽量以常绿植物为主,冬天能露天过冬。为增加绿化的季节变化感,可适当配置一些有色叶的树种,也可栽种一些开花植物,以丰富植物配置和景观变化。考虑到抗风性和屋面承受的荷载,应尽量避免选择高大乔木。

5)尽量选用本地植物

曾经有段时期,屋顶绿化的植物选择上出现过无论所处地理环境和气候条件如何,一概选择惯用的几种观赏型树种,结果往往是耗费了大量人力财力,植物的生长状况却不令人满意,无法得到理想的景观效果。其实,在环境恶劣的屋顶,选用当地生长的植物易于取得较好的效果。因为本地植物对当地气候的适应性强,容易存活,省去从异地引进树种在投资上的增加,还能体现出地方特色,不失为一种好的选择。

6)多用常绿植物

屋顶花园的绿化植物应该尽量选择常绿植物,以减少冬季萧条景色,保证一年四季都有一定的观赏价值,如矮化龙柏、洒金千头柏、铺地柏、金心黄杨、早园竹、阔叶箬竹、凤尾兰等。

4. 屋顶绿化的养护管理

因为屋顶上自然生境恶劣,土层较薄,所以日常的管理养护特别重要。

屋顶花园的植物,因得不到地下水的供给,易受干旱的影响。屋顶花园的灌溉可采用微型喷灌、滴灌、地温调节器、保水剂、轻质基质、基质干湿控制器等。对于土层较大或使用了保水性高的人工基质场合,一般只需设置散水栓。但对于不能保证必要土层厚度的场合,则必需设置灌溉设备以供日常灌溉使用。

屋顶花园在种植前,培养土要施以足够的有机肥和长效肥作为基肥,必要时再定期施用化肥,N∶P∶K 的比例为 2∶1∶1。草坪不必经常施肥,每年只要覆土 1～2 次即可。另外也可施液体肥料,结合灌溉进行。在关注施肥的同时,要及时补充基质、清除杂草和及时防治病虫害。

10.2.2　垂直绿化

垂直绿化是利用攀缘植物,对与地面垂直的线或面所进行的绿化。垂直绿化具有占地少、见效快、绿化率高等优点外,还能使建筑物的空间潜能与绿色植物的多种效益得以结合和充分的发挥,在城市绿化中具有广阔的发展前景。

1. 垂直绿化的分类

建筑结合垂直绿化的形式有多种类型,不同的分类方式会导致不同的类型形态。由于个体建筑结合垂直绿化设计的目标各不相同,因此,在确定采用何种垂直绿化形式时依据也就不同;另外,垂直绿化的形式直接受到所选择植物种类的影响,因为植物形态千差万别,有些种类甚至可以根据不同的需求变换形态。当具体到某一项目时,应根据项目不同环境、功能要求、空间形态要求等来确定垂直绿化形式,以便使垂直绿化起到较好的作用。

建筑垂直绿化又可按植物在外墙上的生长方式分为以下几种基本形式(见图 10-2)。

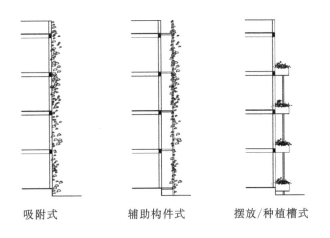

吸附式　　　　辅助构件式　　　摆放/种植槽式

图 10-2　三种基本的垂直绿化方式

1）吸附式

这是最为常见的一种墙面绿化方式，让攀爬的植物直接生长吸附在墙面上，或者在靠近墙面的地方设置网架或篱笆等辅助构件攀附于墙体内外表面上的绿化形式。这里的墙体包括用于房间围合及分隔的实墙体、与建筑物相关的辅助墙体及玻璃幕墙等。

此种方式利用植物的粘性吸盘或吸附气生根攀附于建筑墙体表面，因此多选用攀爬能力较强的攀缘类植物，此类植物的卷须能形成粘性吸盘和茎蔓，当接触到墙体时，吸盘分泌出粘液，将植物吸粘在墙体上。此类植物常见的有爬山虎、爬墙藤和栝萎等。吸附根是由茎的节上生长出的气生不定根，它能分泌出胶状物质，将植物固定在接触到的墙体上。具有气生根的植物有常春藤、凌霄、扶芳藤、薜荔、绿萝、龟背竹等。

2）辅助构件式

此种方式是利用某些植物生长有卷须的特点，在建筑物上附加构件或者在墙体附近搭设网架构件以使植物攀爬生长。这类植物不能自己附着于墙体上而只能缠绕于构件上，而且由于卷须的尺寸一般较小，因此辅助构件的直径或长度不宜过大，以便攀爬。也有一些不具有卷须类特化器官的植物，通过自身的主茎缠绕于其他植物或墙体上的辅助构件向上生长的形式。由于是植物主茎缠绕物体，因此墙体上的构件尺寸要求大一些或者形成网状，以易于植物缠绕。此类植物主要有紫藤、何首乌、金银花、中华猕猴桃等。

3）摆放/种植槽式

此种垂直绿化方式是指在建筑物墙体上设置适当尺寸的种植槽或者通过构件固定花盆或花箱种植植物，还可以结合立面设计，在阳台周边设置种植槽、花箱、花盆等。由于此种方式完全靠栽种容器来保证植物生长所需的水分和根系生长空间，因此至少要保证深度在45cm 以上，宽度在 30cm 以上，并且横向延伸较长的连续状态。为了确保充足的水分，还应尽可能设置浇水设施。此外，为能将多余的水分尽快排出，防止根系腐烂，保证植物的健康生长，一定的排水设置也是必要的。如在栽种容器的底部保持适当的坡度、设置排水沟孔、在底部铺上粗颗粒的石子都是可以采用的方法。

除以上几种方式外，近年来，在欧美一些国家还有一种称之为阿斯帕尼儿型（esponier）的墙面绿化方式，即在靠近墙面的地方栽种果树或园林树木，将枝叶引至墙面伸展出各种造型，使枝叶没有什么厚度，看起来像是贴在墙面上一样。在日本，还有在墙面上贴上薄薄的培养基质，将一整面墙通过多肉抗旱的景天类植物进行绿化的方式。

2.垂直绿化的技术措施

1）建筑表面情况

建筑材料的选择应该考虑其表面的光滑程度是否利于植物攀爬。竖向绿化植物的生长方式大体可分为两类：一类是依靠自身的器官直接附着于建筑表面；另一类必须借助支撑构件才能攀爬生长。对于第一类植物，在选择时要考虑建筑表面的粗糙程度。一些建筑表面材料由于表面过于光滑而不适于此类植物生长，如釉面瓷砖、磨光花岗岩和大理石、各类易脱落的涂料、无孔金属板、玻璃等；以下一些材料表面较为粗糙，适合植物攀爬，如黏土砖、混凝土面材、水刷石、毛面花岗岩和大理石、粗加工的各种石材、有孔金属板、毛面瓷砖、较粗糙的喷涂饰面等。有观察表明,植物根系和吸附器官对这些材料及其缝隙砂浆破坏较小。有些材料,如木板、木瓦等,若长期被植物覆盖,处于潮湿环境中易于腐败变形,应该慎用。若必须采用,也需对其进行特殊处理,如防腐剂处理、涂刷防腐涂料等,以延长其使用期。对于金属表面也应做好防锈处理,可对其进行镀面处理(锌、镍等)、刷防腐涂料或直接采用不易生锈的金属材料。

对于采用不易攀爬的光滑表面材料的建筑进行绿化可通过两种方式,一是在立面设置种植槽、花箱、花盆等;另一种方式是在建筑墙体上设置构件,让植物攀爬生长。此种方式在支架的选用和设计时要充分考虑与整体建筑风格的统一,也可作为造型元素或赋予一定的使用功能,如可作为遮阳板、平台或者受力构件等,材料可选用硬质的突起物如金属杆、细柱、金属穿孔板等,也可是细金属网、金属丝等软质材料。选用金属和木材时,同样需要进行防腐防锈处理。

2)**朝向**

不同的建筑朝向,应该选用不同种类的植物,以满足对光照的不同要求。一般来说,实施墙面绿化的建筑物几乎都是在沿街的墙面上进行的,可以认为是为了增加街道的景观效果。就方位而言,倾向于在西南、东南、西北等方向进行绿化,将墙体绿化设置在日照负荷较大的方位。在植物选择时,需要根据不同的朝向,选择合适的植物种类。如南向,西南向。东南向,可选择喜阳的植物;西北向则选择喜阴植物。北向一般说来不宜栽种植物,如果要进行绿化,应选择较耐阴湿的植物种类。

建筑南向墙体处于光线直接照射下的竖向绿化应选用喜光植物,而大多数植物均为喜光植物;东向和西向墙体应选择既喜光又有一定耐阴能力的植物;当由于其他原因需在南墙设置喜阴植物时,应考虑一定的遮阳措施,如设置遮阳片或通过建筑的形体达到一定的遮阳效果。

南向阳台绿化如果选择喜阴植物,可将植物种植于阳台内侧背光处或在外侧种植喜光植物。

3)**阳台排水**

阳台排水要注意不能让水流回室内,因此阳台面应该带有一定倾斜度,或是在途中阻挡水的回流,把水导向阳台面的最低处排走。土层中的排水多做在阳台的正下面,采用竖坑集水的方式时要在其周围上部堆满沙砾(见图 10 - 3)。此种方式在土层中集水很有效,但如果是在水平的排水层中则 很难集水。

4)**防风**

阳台和窗台所受的风力大小与其所处的位置高低有关,一般来说楼层越高风势越大,其朝向和周围建筑物的情况也会影响风的大小。风速过大时将会对植物的生长产生不良影响,特别是炎热干燥的夏季风,会迅速带走土壤中的水分,并容易损伤植物根系,导致植物死亡。因此,高层建筑的阳台和窗台绿化应该设置挡风和遮阳构件,保证植物的正常生长。

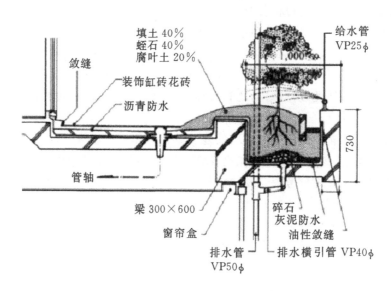

填土 40%
蛭石 40%
腐叶土 20%
给水管 VP25φ
敛缝
装饰缸砖花砖
沥青防水
管轴
梁 300×600
窗帘盒
碎石
灰泥防水
油性敛缝
排水管 VP50φ
排水横引管 VP40φ
730

图 10-3　阳台绿化的排水

3. 垂直绿化的植物选择

垂直绿化都选用攀援类和悬垂类植物,此类植物多属于落叶类植物,冬季景观效果差,给人以萧条感。为了在冬季也能有一定的观赏价值,应该配合常绿植物种植。北方城市可用于垂直绿化的攀援植物种类不很丰富,既要考虑耐旱性又要考虑耐寒性。常见的有三叶地锦、五叶地锦、南蛇藤、猕猴桃、五味子、山荞麦、茑萝、金银花、观赏南瓜、啤酒花、小葫芦等。此外,还应根据生长环境、绿化方式和目的的不同选择适合的栽种品种。如果是用于防热降温,就应选用生长快,枝叶茂盛的攀缘植物,如五叶地锦、三叶地锦等;如果是以防尘为主要目的,应尽量选用叶面粗糙且生长繁密的植物,如猕猴桃等;如果是为了环保要求,就应选用对空气中的有害物质有一定吸附作用的植物。目前,城市垂直绿化中所用的材料大多是兼顾各种功能,多种垂直绿化材料有机结合种植。

垂直绿化还要注意建筑不同朝向对植物选择的影响,北墙面应选择喜阴植物,如地锦,在北墙比西墙生长迅速,开花结果繁茂;西墙面绿化则应选择喜光、耐旱的植物,如爬山虎、牵牛花葛藤等。

垂直绿化与屋顶绿化相比,离人们居住工作的场所更近,因此植物选择上要注意不能选择对人体有可能产生危害的植物。此外,不应选用容易招引昆虫的植物,以免病虫害的发生对建筑内部产生影响。

4. 垂直绿化的养护管理

垂直绿化养护管理主要分为以下 6 个方面:

1)**牵引**

牵引是攀缘植物能否迅速上墙上架的关键。在光滑的墙面上拉铁丝网或农用塑料网,或用木糠、砂、水泥按 2：3：5 的比例混合后刷到墙上，以增加墙面的粗糙度，利于攀援植物向上攀爬和固定。

2）加强水肥管理

水、肥是攀缘植物生长好坏的关键。当年栽植的攀缘植物，水是成活的关键。栽植后应及时浇水，保持生长期土壤持水量在 65%～70%。

每年春秋季各施一次有机肥，新栽苗还应在栽植后两年内据生长势进行追肥。对于生长较差、恢复较慢的新栽苗或要促使快长的植物采用激素或根外追肥等措施。

3）理藤

应在栽植后当年生长季节内进行理藤、造型，以逐步达到满铺的效果。理藤时应及时将新生枝条进行固定。

4）修剪

修剪宜在 5 月、7 月、11 月或植株开花后进行。对枝叶稀少或徒长可摘心；通过修剪，使其厚度控制在 15～30cm；对栽植 2 年以上的植株应对上部枝叶进行疏枝，并适当疏剪下部枝叶；对生长势衰弱的植株应进行重剪，促进萌发。

5）种植保护篱

为防止人行槽蹋和干扰破坏，解决藤本植物的种植地面土壤裸露的问题，可在种植槽外加种杜鹃、蜘蛛兰、剑麻等。

6）病虫害防治

病害和虫害的防治均应以防为主，防、治结合。对各种不同病虫害的防治可据具体情况选择无公害药剂或高效低毒的化学药剂，最好采用生物防治。

10.2.3　室内绿化

室内绿化是在建筑内部或半室内处种植植物，通常都与建筑的中庭、内院、回廊等共享空间相结合，既能美化室内环境，又可改善室内空气质量，因此越来越多的在建筑设计中得到重视和应用。

要做好室内绿化，必须经过精心的设计和施工，并且还要有良好的管理才能保证其"内中有外"的效果，使人身处室内也能感受到自然气息，满足人们接近自然，接触自然的愿望。

1. 室内绿化的分类

室内绿化按植物所栽种的空间类型的不同，可分为一般室内空间绿化、建筑中庭绿化和温室绿化三大类。

1）一般室内空间绿化

这类绿化指的是办公楼、商场、住宅、饭店、公共设施等的室内绿化，这类建筑空间绿化的作用大多是美化室内环境，创造良好的建筑内部氛围，增加空气湿度等。办公楼内的室内绿化还可以提升企业形象刺激感官，使员工更好的发挥工作效能。

2）建筑中庭绿化

中庭能够隔绝外界的不利气候条件，使得室内能长期保持稳定的温湿度条件。同时，中庭空间也比一般的室内空间能得到更多的自然光,使得植物长势更好。中庭内还能种植较为高大的植物,更易于营造接近自然的室内环境,绿化也更有层次感。

3)温室绿化

温室空间主要是指以植物和植物生长的环境所构成的空间,一般可分为专供植物生长所需的温室,如北京植物园,与其他设施并存的温室,如在大型商场中加建温室以供植物生长,以及观赏动植物、昆虫的温室三大类。一般来说,温室能创造出接近植物原本生长条件的环境,植物更容易存活,能达到好的绿化效果。

2. 室内绿化的特点

室内相对来说是一个较封闭的空间,其生态条件有其特殊性,综合来说,室内绿化一般有以下几个特点。

1)光照条件对植物生长的影响

与室外环境相比,室内光照较弱,且多为散射光或人工照明光,缺乏太阳直射光。即使是相当明亮的室内亮度也往往不及室外直射阳光强度的十分之一。因此,如何用人工照明去弥补不足就成为室内栽植最重要的课题之一。

促进生长的光线不仅要能抵达大型树木,还需照射到其下的地表植物,现在有人尝试采用玻璃纤维把太阳光导入室内栽培植物的方法,就有可能实现光线对地表植物的照射。需要注意的是,光线的方向应该以顶光为主,以保持植物的生长形态。如果自然光以侧光为主,在设计中需要补充人工照明,这样有助于树的形态平衡。

不同季节进入室内的太阳光量也不相同。如采用天窗采光时,夏季的光线照射角度高,能够大量的进入室内,光线过强时还需要一定的遮光设施来控制进光量;而冬季光线的照射角度较低,进入室内的光线就较少,需要人工光加以补充。

在以人工光线为主的环境中,如果只考虑光的合成效果,有一个从 400~700nm 的宽频带光谱就能激发植物的所有功能。

室内绿化的主要目的是为了美化室内环境,如果采用大空间中常用的汞灯和钠灯,单独使用时在色彩的显现上都存在问题,光谱也不利于植物生长,但混合起来使用却能使植物有比较好的色彩显示。对植物最好的光源是金属卤化物灯,它强烈的、全光谱的光线近似于阳光,更有利于植物的生长需要。

2)室内温、湿度条件对植物生长的影响

室温较稳定,较室外温差变化较小,而且由于现在的公共建筑室内一般都有冷暖空调控制,以至室内的温度通常恒定。这样的内部环境对于人来说可能是较为舒适的,但对于大部分植物来说,稍微有些热的环境更有利于其生长。一般说来,15~25℃是适合植物生长的。此外,一般常绿类植物生长所需的温度不能低于 5℃,而一些落叶类植物,冬季需要温度降到 5℃以下以停止生长,进入休眠状态。因此,这两类植物不适于种植在同一空间内。

湿度对于植物的生长也是很重要的。一般来说,较高的湿度有益于植物生长。但如果室内种植过多的植物,由于植物的蒸发作用容易湿度过高而对人体造成不适;不过由于现在

的建筑多使用空调,因此长时间湿度高的情况很少;室内湿度低时,植物容易出现干枯现象,特别是冬季,本身湿度通常较低,再加上各种方式的采暖,更导致空气干燥。此时应采取加湿措施,如使用加湿器和喷雾装置等来保证室内的湿度要求能满足植物的生长需要。

3)室内二氧化碳浓度较大气略高,通风透气性较差

如今,由于趋向于密闭的建造方式,特别是写字楼之类的公共建筑,采用大型办公室,一间办公室内有几十人甚至上百人同时办公,加上空调的大量使用,导致房间大都比较密闭,与外界空气流通性差,若有人长时间停留、活动,可导致室内一氧化碳、二氧化碳及挥发性有机化合物浓度增加和空气负离子浓度减少,造成室内空气污浊。这样的环境不但对人的身体健康有害,也不利于植物的生长。室内空气流通性差,还会影响室内绿色植物对氧气和二氧化碳的吸收,从而影响植物的光合作用,对植物的蒸发作用也有影响,导致植物生长不良,甚至发生叶枯、叶腐、烂根等现象。

当然,换气量也不是越高越好,每秒 1.5 米以上风速的气流会冻死或烤焦叶片。靠近窗户的冷辐射对植物也极为有害,对着门的植物以及有穿堂风影响的植物有被冻死的威胁,因此室内种植绿化也要注意防风。

3. 室内绿化的植物选择

室内观赏植物大多原产于热带和亚热带地区。它们比较耐阴或喜阴,对于室内人工的环境条件,如较低的空气湿度、较暗的光线、不良的通风状况和温度变化比较小等情况有较强的适应能力或耐性比较强。

作为室内观赏植物,在具备较强的观赏性的同时,还要注意选择无毒、无不良气味、无花粉飞扬、无毛刺的观赏植物,以免对室内人员产生不良影响。同时,这些植物还要易于管理,病虫害少。由于观叶植物大多四季常青,冬季也不落叶,而且病虫害较少,管理养护也较粗放,因此成为现代室内景观植物的主流。

室内观赏植物通常包括:观叶植物(其中有大、中、小型绿色植物、攀援植物和悬垂植物);室内观花植物;应时盆花(只有开花时才搬入室内观赏);观果植物;仙人掌及多浆多肉植物。

常见室内观赏植物主要有以下一些科种:棕榈科、桑科、百合科、南天星科、秋海棠科、凤梨科、菊科、报春花科、石楠科、兰科、仙人掌科等,还有许多蕨类植物。

植物在选择时还要考虑其栽种的场所。对于办公类建筑,由于人员流动较少,相对容易管理,对植物的意外伤害或肆意破坏较少发生,因此可以选择的树种品种更为宽泛,植物与人的接触更为直接。而旅馆和商业建筑中,由于人流量大,应选择不易损伤的树种,并尽可能将其安置到相对安全的地方。如果是摆放在卧室内则需要慎重考虑,因为白天花卉在进行光合作用时是放出氧气和吸收二氧化碳;但在夜间,花卉不进行光合作用,不仅吐出的是二氧化碳,而且还要吸收氧气。因此在卧室内,夜间最好少放或者不放花卉,以避免其同人争氧气,影响健康。有些花卉虽能清新空气,但同时也会对人产生某些负面影响,因而在卧室内最好不予摆放。例如:月季花虽能吸收大量的有害气体,但其所散发的香味浓郁,容易使人产生郁闷不适、憋气,重者甚至呼吸困难;玫瑰则有可能让人产生过敏反应;还有杜鹃

花、郁金香、百合花等,也都存在一些不利于人体的副作用,也不适合摆放在卧室。

4.室内绿化的养护管理

1)光照

根据摆放处的采光条件来选择适合的室内植物,向阳处放置喜光植物,背阴处放阴生植物。阴生植物如竹芋类、万年青类、一叶兰、龟背竹、棕竹等,在室内的散射光条件下生长良好,阳光直射处叶片易枯黄;阳性植物如一品红、变叶木、凤梨等在隐蔽条件下生长衰弱,枝叶徒长,变淡发黄。

2)肥水管理

在移栽或换盆时施入适量基肥,此后以施液体肥为主,间或进行叶面喷施。观叶植物以氮肥和钾肥为主,花叶兼赏的植物,在开花前增施磷肥。施肥应遵循"薄肥勤施"的原则,一般生长季10～15天施一次。冬季气温低,植物生长缓慢,应停止施肥。

浇水应根据植物、生长势、气温、季节等具体情况而定。喜高温高湿环境的,在生长期应给足水分并掌握见干见湿原则。夏季植物生长快、蒸发量大,应增加补水次数。冬季生长缓慢,应减少浇水次数。

室内湿度是影响植物正常生长及观赏价值的重要因素。许多原产地在热带、亚热带的观叶植物对湿度要求普遍在70%以上,低于25%时植物生长不良,引起叶焦,如棕竹、散尾葵等棕榈科与红宝石、合果芋等天南星科植物的叶焦是最常见的。因此,需要采取增加室内湿度的措施,如叶面定时喷雾,设计水池、瀑布、喷泉水景等。

3)温度

室内观叶植物原产地多在热带、亚热带,耐寒性较差,而一些喜凉爽植物怕高温。因此,要根据植物自身特性,做好相应的保暖和降温工作。散尾葵、红背桂、花叶万年青等热带、亚热带的观叶植物,冬季室温一般不低于10～15℃;低温观叶花卉如一叶兰、苏铁、发财树,冬季室温一般不低于3～5℃。在夏季高温季节,特别是在西南窗口,由于阳光直射引起温度升高,需要用窗帘或百叶窗遮阳降温。

4)病虫害防治

室内植物一般很少发生病虫害。雨季空气湿度大、通风不良时,易发生红蜘蛛、介壳虫、蚜虫等。平时以预防为主,保持土壤的卫生和环境清洁以及加强通风。室内不宜用剧毒农药。蚜虫可用1‰洗衣粉或灭蚊药物喷洒,用量不宜太大。白粉病可用酒精棉球擦净。若危害严重,搬到室外对症防治。

10.3 建筑绿化灌溉节水技术

10.3.1 选择合适的植物品种

在进行建筑绿化时应该选择节水型植物,特别是北方地区应种植一些耐干旱、需水量少的植物品种,以减少灌溉的次数和用水量。如做薄型屋顶绿化种植时,可选用佛甲草、垂盆草、德国景天、卧茎景等景天科植物,其本身就具有耐干旱、耐瘠薄、繁殖容易的特点,适合粗放型管理。

10.3.2 改变传统的浇灌方式

传统的浇灌多采用漫灌方式,不但会浪费大量的水,还容易造成土的板结。因此应采用节水方式,如喷灌、微灌、滴灌,它们都是管道化灌溉系统的一种行之有效的高效节水灌溉技术。

1. 喷灌技术

喷灌是喷洒灌溉的简称,是利用动力机、水泵、管道、喷头等专门设备把水加压或利用水的自然落差将有压力水输送到喷灌地段。通过喷头将水喷射到空中散成细小的水滴后均匀地洒布到绿地,供给植物水分的一种灌溉方法。喷灌的突出优点是对地形的适应性强,灌溉均匀,水的利用率高,尤其是适合于透水性强的土壤,并可调节空气湿度和温度。它可按植物品种、土壤和气候状况适时适量喷洒。其每次喷洒水量少,一般不产生地面径流和深层渗漏。喷灌比地面灌溉可省水约30%~50%。而且还节省劳力,工效较高。但其基建投资较高,受风的影响大。

2. 微灌技术

微灌是利用微灌设备组装的微灌系统,将有压水输送分配到绿地中,通过灌水器以微小的流量湿润植物根部附近土壤的一种局部灌水技术。微灌可以非常方便地将水施灌到每一株植物附近的土壤,经常维持较低的水压力以满足作物生长需要。微灌省水、节能,滴水均匀度高,可达到80%~90%以上,对土壤和地形的适应性强。但微灌系统投资一般要远高于地面灌溉,且灌水器出口很小,易堵塞,故对过滤系统要求高。微灌技术主要包括滴灌、微喷灌、渗灌等。

3. 滴灌技术

滴灌是利用安装在毛管上的滴头、孔口或滴灌带等灌水器,将压力水以水滴状均匀而又缓慢地滴入植物根区附近土壤中的灌水技术。因此,滴灌除具有以上两种方式的主要优点外,还能更节水、节能,但因管道系统分布范围大而增大了投资和运行管理工作量。在设计喷灌和滴灌时要实现精确浇水,将水准确、精量、快速、节能地输送到植物的根部区域,应选择高新技术研制出的现代化灌溉设备,如旋转喷洒器,低流量、微孔浇灌系统,脉动低流量喷射器,还可采用计量阀、自动操作系统,以控制用水量。

由于滴水流量小,水滴缓慢入土,因而在滴灌条件下除紧靠滴头下面的土壤水分处于饱和状态外,其他部位的土壤水分均处于非饱和状态,土壤水分主要借助毛管张力作用入渗和扩散,能最大限度节约灌溉用水量,是目前最合理的灌溉形式之一。现在滴灌技术在原有基础上又发展出灌溉与施肥、施药相结合的技术,直接将水、养分和化学药剂输送到植物根部的吸收区域,提高了水分、养分和化学药剂的综合利用率,同时还能够减少施药量,有利于环境保护。

总的来说,滴灌与其他灌溉方式比较具有以下特点:

(1)水分蒸发损失小。

(2)局部湿润土壤,省水。

(3)可根据作物的生育特点,进行自动控制。

(4)可结合灌溉施肥、打药,而且施肥杀虫安全高效,减少杂草滋生、减少土壤盐化。

(5)不板结土壤,提高土壤疏松度。

(6)因适时适量灌水,可达到增产、优质的效果。

10.3.3 合理开发利用水资源

灌溉水资源包括地面水、地下水、土壤水和经过净化处理的污废水。通过利用必要的工程措施,对天然状态下的水进行有目的干预、控制和改造,充分利用水资源并使其发挥出最大的效益。

1. 利用污水资源

城市污水和工业废水的很大一部分通过简单的一级或二级处理后,即可达到再利用的要求。利用城市污水和工业废水作为城市绿化用水,可以在很大的程度上节约和保护城市水资源。将城市污水用于绿化灌溉,不仅可以缓解城市自来水的供需矛盾,而且也可以减少周边河流、湖泊及地下水日益严重的污染问题。对于大面积比较集中的绿地,如大型广场、公园、住宅小区等可建设小型水处理设施,将污水处理后进行回用,出水水质应满足《生活杂用水水质标准》。特别注意的是要严格控制微生物指标,因这些地方是供人们休闲、居住的场所,人员流动性大,因此对卫生要求高。而对氮、磷等植物性营养元素可不做特殊要求。一般来说,生活污水通过处理后可直接用于绿化用水,如果选择工业废水污水就要考虑其中无机盐的含量,以免影响植物的生长。

土壤本身对于外界环境条件的变化及外来物质具有一定的缓冲能力,各种污染物进入土壤后,土壤的固相、液相之间进行一系列的物理、化学反应,污水在土壤中迁移、转化、积累的同时,得到了一定程度的净化;此外,污水中还富含氮、磷、钾等可供植物利用的肥效资源,利用污水进行灌溉,不仅可使植物吸收水分,又吸收养分,还可增加土壤肥力。因此,利用处理过的污水进行绿化灌溉,既能节约水资源,也能减少对城市的水体污染,起到一定的环保效果。

2. 利用中水进行绿化灌溉

中水主要是指城市污水或生活污水经过处理后达到一定的水质标准,可在一定范围内重复使用的非饮用水。在美国、日本、以色列等国,中水被广泛用于厕所冲洗、园林和农田灌溉、道路保洁、洗车、城市喷泉、冷却设备补充用水等方面。

中水主要包括:城市污水经处理设施深度净化处理后的水(包括污水处理厂经二级处理再进行深化处理后的水和大型建筑物、生活社区的洗浴水、洗菜水等集中经处理后的水)。其水质介于自来水(上水)与排入管道内污水(下水)之间。因用途不同,中水有两种处理方式:一种是将其处理到饮用水的标准而直接回用到日常生活中,即实现水资源直接循环利用,这种处理方式适用于水资源极度缺乏的地区,但投资高,工艺复杂;另一种是将其处理到非饮用水的标准,主要用于不与人体直接接触的用水,如便器的冲洗,地面、汽车清洗,绿化浇灌,以及消防等,这是通常的中水处理方式。利用中水进行绿化属于第二种,投资不多,收效却很好。

利用中水进行绿化灌溉,不但可以节水,而且有益于植物生长,因为中水富含的氮、磷等有机营养物质是植物生长所必需的元素。但必须做好中水的净化消毒工作,保证对周围环境无害。北京在2003年曾经取消利用中水作为道路和绿化用水而改用自来水,就是因为对其卫生状况存在质疑。因此,要推广中水绿化,必须要保证其卫生安全上的可靠性。

3. 收集雨水用于绿化灌溉

收集雨水用于建筑绿化也是很好的节水措施。特别是对于屋顶绿化,是雨水利用的一个重要组成部分。推广屋顶绿化可以软化城市第五立面,有效地蓄积与利用雨水,并对缓解城市雨水排放问题起到不可忽视的作用。屋顶绿化系统可提高雨水水质并使屋面径流系数减小到0.3,有效地削减雨水径流量。在排水工程中可以相应的减小下水管道、溢洪管及储水池的尺寸,节省建造费用。并且,减少雨水瞬间大量排泄对防止城市洪涝也有作用,在一些易受洪水影响的地区,绿化屋顶通过其蓄积雨水的能力可以控制暴雨雨水流量的70%～100%。

屋顶绿化还具有储水功能。绿化屋面可以通过植物的茎叶对雨水的截流作用和种植基质的吸水性把大量的降水储存起来。蓄积的雨水不仅可以为屋顶绿化的植物提供水分补给,还可以通过水分蒸发改善建筑的小环境。在多雨地区,屋顶绿化可以与蓄水池相结合,大雨后土层吸水饱和,多余水由蓄水池储存起来,不致流失。当土壤干燥时,再用积存水浇灌,节省绿化的灌溉养护费用。

雨水收集及绿化灌溉控制系统的具体做法是在雨水管顶部或底部设置贴附式水箱及泵送系统,当雨水达到一定高度,水泵自动开启向屋顶或地下水箱泵水。雨水加入营养液后可采取无土栽培、滴灌、喷灌等技术应用于屋顶花园,立体绿化,小区环境绿化美化,该系统设置水位、阳光、土壤干燥、营养液成分等多种探感器及控制器,自动进行雨水收集、营养液添加、绿化灌溉及水量补充。自动化的操作能够大大减少建筑绿化的管理工作量。

国外已有利用雨水用于建筑绿化用水方面的先例。德国汉诺威施行雨水经济措施。其中,屋顶绿化是雨水经济的一个重要组成部分。汉诺威市还颁布了专门的《屋顶绿化建筑规划指导方针》,此指导方针详细说明屋顶绿化的优缺点,并明确规定哪些情况下应进行屋顶绿化。在欧洲和北美的许多国家的城市,随着减少城市雨水排放的潮流兴起,减少雨水排放被认为是屋顶绿化的主要益处。

目前,我国的雨水利用系统技术正在发展,其中也包括雨水收集绿化灌溉系统,该技术在北京、上海、南京、广州等大城市已经开始使用,相信不久的将来能够更广泛地使用到建筑绿化当中。

10.4　西北地区建筑绿化实例介绍

1. 密集型屋顶绿化

西荷花园(见图10-4)属于典型的密集型屋顶绿化,位于西安市西南方向,是集办公、娱乐为一体的综合性七层建筑。屋顶花园主要是供小区内部住户使用,满足赏景、休闲的需要。该屋顶采用自然式花园的设计手法,选用多种乔、灌、花卉、草本植物,合理配置呈现了自然景观的植物群落之美。这些植物和水景、休息廊、园路一起形成了丰富的视觉空间效果。植物主要有樱花、小叶女贞、柏树、月季、常春藤、红枫、紫薇、玉兰等。

图 10-4　西荷花园

图 10-5　办公大厦露台绿化

2. 半密集型屋顶绿化

金鼎大厦露台绿化由于空间的限制,在整体规划中只做成了半密集型屋顶绿化形式。在植物上选用灌木结合草本植物营造高低错落的植物景观,并通过自然式曲线园路铺装变化来丰富视线(见图 10-5),形成了一个精致的绿化空间。其主要植物有柏树、万年青、灌木等。

凯悦酒店的露台也是采用了半密集型绿化,这种由室内到室外的空间延伸获得了更为丰富的层次感。主要植物是龙柏和草本植物。

3. 开敞型屋顶绿化

儿童公园科技馆(见图 10-6)屋顶是典型的开敞型屋顶绿化。该类屋顶绿化采用了简单的绿化布局形式,以草本为主对屋顶进行了简单的绿化,整体效果较为单调。儿童公园科技馆主要采用景天科佛甲草,辅以少量盆栽。

图 10-6　儿童公园科技馆屋顶

图 10-7　西安规划局办公楼东立面

4. 地面种植式墙面绿化

西安市规划局办公楼东西立面及部分南立面都进行了墙体绿化,尤其是东立面(见图 10 - 7),主要采用了地面种植和屋顶种植的方式。地面种植植物主要有扶芳藤、爬山虎、络石,通过对其枝叶进行适当的牵引修剪,绿化丰富了建筑轮廓线,植物的自然美及建筑美融合一体。再搭配屋顶种植藤蔓植物,凌空悬挂下来,形成疏密有致的绿色垂帘,为整个建筑墙面增添了动感和灵气。最后配合办公楼前种植池内的灌木、乔木,丰富了墙面造型,又美化了街景。

西安卫生学校、西安体育学院、西安交通大学、西安中煤设计院宾馆、西安市环境监测站都采用了传统的墙面绿化(见图 10 - 8、图 10 - 9)。这些墙面绿化都采用了单一藤本攀援植物沿墙面攀爬的方式,绿化效果有好有次。绿化建筑都为旧建筑,所用攀缘植物有紫藤、常春油麻藤、爬山虎、常春藤、木香。

图 10 - 8 西安交大教学楼墙面绿化

图 10 - 9 西安环境监测站住宅楼西立面绿化

5. 种植槽式竖向绿化

索菲特酒店(见图 10 - 10)绿色植物与退台式的建筑融为一体,带状的绿化区域使整个建筑层次分明,体现了景观绿化的立体感。绿色植物与白色墙面及玻璃融合呼应,两者产生立体的自然效果,使整个建筑多了份生机,产生强烈的美感。采用的植物有石楠、豆瓣黄杨、红叶李、南天竹等。

住房公积金管理中心大楼(见图 10 - 11)采用了绿化结合建筑立面和空间设置种植槽栽种植物的方式,选用植物有迎春花。植物和建筑相互融合,为整栋楼增添了活泼、生动的气息,取得了良好的绿化效果。

6. 小结

在城市环境问题越来越严重的今天,建筑立体绿化作为一种改善城市环境的途径,值得大力发展。建筑作为城市的重要组成部分,对建筑绿化的思考与实践是一种有益的探索。在西北地区发展建筑绿化,不光要注意其景观效果,还要针对其城市的气候特点,尽量降低绿化造价,减少后期维护的次数,使建筑绿化能够更广泛快速的发展。

<table>
<tr><td>图 10-10　索菲特酒店</td><td>图 10-11　住房公积金管理中心大楼</td></tr>
</table>

本章参考文献

[1]姚俊红.城市建筑立体绿化设计及技术研究——以西安市为例[D].西安:西安建筑科技大学,2013,5-10.

[2]康玲,张妍.立体绿化在城市绿化中的应用前景[J].中国园艺文摘,2014(3).

[3]付军.城市立体绿化技术[M].北京:化学工业出版社,2011.

[4]李莉,魏晓英.西安市垂直绿化现状及对策[J].陕西省西安市古建园林设计研究院,2010(4):11.

[5]近藤三雄.城市绿化技术集[M].谭琦,译.北京:中国建筑工业出版社,2006:7-8.

[6]魏琨.寒冷地区建筑屋顶生态设计[D].西安:西安建筑科技大学,2005.

[7]王欣歆.从自然走向城市派屈克:布朗克的垂直花园之路[J].风景园林,2011(05).

[8]范洪伟,李海英.藤蔓植物与墙体绿化的结合技术[J].建筑科学,2011,27(10):19-24.

[9]刘凌.寒冷地区城镇建筑垂直绿化生态效应研究[D].西安:西安建筑科技大学,2007.

[10]胡志鹏,王鸣宇,王旭峰.藏绿于墙——室内植物墙综述[J].节能环保,2014,23(5):37-39.

第 11 章　绿色建筑材料

我国目前是世界上最大的建筑市场,既有建筑面积 500 亿 m^2,每年新增建筑量 20 亿 m^2,而新建筑中 90％以上仍为高能耗建筑,建筑能耗已经达到全社会能耗的 27％,若不采取节能措施,到 2020 年全国将有 50％能源消耗在建筑上。《建筑业发展"十二五"规划》中强调,建筑业的发展要以建筑节能减排为重点,坚持节能减排与科技创新相结合,要求建筑施工单位、设计单位、监理单位、建筑材料生产企业、科研院所在建筑材料研发、生产、使用中必须坚持做到"四节一循环",即:"节能、节地、节水、节材和资源循环利用"的技术经济原则。在建筑节能减排过程中,为了保证施工质量,提高资源、能源利用效率,减少环境污染,除了加强工程项目质量监控以外,注重采用绿色建筑材料的推广和使用也非常关键。为了更好地促进我国绿色建筑材料的推广和应用,相关的引导和支持政策也相继出台。

2014 年 2 月 28 日,中华人民共和国住房和城乡建设部建筑节能与科技司发布《住房城乡建设部建筑节能与科技司 2014 年工作要点》。

文件提出积极推广绿色建材,推动建筑产业现代化,提高建筑垃圾综合利用水平,继续推进建筑保温与结构一体化技术体系的研发与应用。

2014 年 4 月 15 日,住房和城乡建设部发布国家标准《绿色建筑评价标准(GB/T50378—2014)》,自 2015 年 1 月 1 日起开始实施。

规范采用新的评分指标体系,提高了绿色建筑评价的科学性、可操作性。在节能、节材、室内环境、施工管理等环节明确了环保节材、节能隔声、安全耐久、工厂预制、施工便捷、可再循环利用的新型材料的分值比重。

2014 年 8 月 27 日,中华人民共和国住房和城乡建设部、中华人民共和国国家质量监督检验检疫总局联合发布的《建筑设计防火规范(GB50016－2014)》,自 2015 年 5 月 1 日起实施。

新版防火规范全面提高了保温材料燃烧性能等级要求及应用范围,极大地促进了新型 A 级防火保温材料的研发生产及应用。

2015 年 2 月 2 日,中华人民共和国住房和城乡建设部、中华人民共和国国家质量监督检验检疫总局联合发布《公共建筑节能设计标准(WJGB50189－2015)》,自 2015 年 10 月 1 日起实施。

规范全面提高了公共建筑围护结构的热工性能限值,极大促进了新型保温材料、高性能墙体构造的研发生产和应用。

2015 年 8 月 31 日中华人民共和国工业和信息化部、中华人民共和国住房和城乡建设部发布《促进绿色建材生产和应用行动方案》。

文件明确提出建材行业将全面推行清洁生产,提高绿色制造水平。大力推广新型耐火材料,支持利用尾矿、产业固体废弃物,生产新型墙体材料。以建筑垃圾处理和再利用为重点,加强再生建材生产技术和工艺研发。文件大力提倡发展装配式混凝土建材及配件,推进内外墙板工厂化生产、引导构配件产业系列化开发、规模化生产、配套化供应。文件指出新型墙体材料革新应重点发展本质安全和节能环保、轻质高强的墙体和屋面材料,引导利用可再生资源制备新型墙体材料。发展高效节能保温材料,鼓励发展保温、隔热及防火性能良好、施工便利、使用寿命长的外墙保温材料,开发推广结构与保温装饰一体化外墙板。文件还明确研究制定财税、价格等相关政策,激励新型墙材等绿色建材生产和消费、对绿色建材生产和应用企业给予贷款贴息。

11.1 概述

11.1.1 绿色建筑材料概念的提出

在第 1 届 IUMRS 国际会议(东京)上,人们第一次提出了"绿色材料"的概念,1992 年国际学术界给绿色材料明确定义,是指在原料采取、产品制造、使用或者再循环以及废物处理等环节中地球环境负荷最小或有利于人类健康的材料。我国首届全国绿色建材发展与应用研讨会上明确提出了绿色建材的定义:采用清洁生产技术,不用或少用天然资源和能源,大量使用工农业或者城市固态废弃物生产的无毒害、无污染、无放射性,达到使用周期后可回收利用,有利于环境保护和人体健康的建筑材料。绿色建筑材料的定义围绕原料采用、产品制造、使用或者再循环以及废弃物处理 4 个环节,并实现对地球环境负荷最小和最有利于人类健康的两大目标,达到健康、环保、安全及质量优良四个目标,亦被称之为"环境调和材料"。

11.1.2 绿色建筑材料的特点及优势

绿色建筑材料与传统的建筑材料相比,最大的优势主要是它能改善传统建筑材料会对环境造成严重污染这一不足之处,具有净化和修复环境等功能。其基本特点与优势可以归纳为以下四点。

1. 材料采集——低消耗

绿色建筑材料所用的原材料应该是可回收利用的环保型材料,尽可能降低合成材料的使用量,尽量使用废渣、垃圾等废弃物作为其生产所用的原材料,在很大程度上减少对天然资源的消耗。例如净化污水、固化有毒有害工业废渣的水泥材料,或经资源化和高性能化后的矿渣、粉煤灰、硅灰、沸石等水泥组分材料。

2. 生产过程——无污染

在建筑材料的研发与生产过程中,应该更加注重对环境的保护,降低材料生产过程对环境造成的破坏,不能添加任何对人体或者环境有害的化合物。绿色建筑材料的配置,不使用甲醛、卤化物溶剂或者芳香族碳氢化合物,并且不含有汞及其化合物。

3. 使用过程——低能耗

在建筑的使用过程中,要求建筑材料具有良好的隔热、保温、防水、隔声等性能和较长的使用期限。同时,必须保证建筑材料是安全、健康、卫生的,在使用过程中不会释放有害气体或放射性气体。通过科学的使用方法和技术,可以不断提高能源利用率,大幅度减少建筑能耗。

4. 利用阶段——可循环

新型绿色建材产品具有节能环保、安全耐用、有益健康等多种功能,能够在废弃时不造成二次污染,并可为下一个项目的建设提供再利用的材料,降低对环境的固体废弃物污染。其不仅能起到改善生态环境的作用,也能提高人们的生活质量。

11.1.3 发展绿色建筑材料的现实意义

2005 年,我国强制执行建筑节能标准,2008 年 8 月 1 日国务院颁布的《民用建筑节能条例》要求:"严格执行建筑节能设计标准,推动既有建筑节能改造,推广新型墙体材料和节能产品等。"2012 年根据住房和城乡建设部发布的《"十二五"建筑节能专项规划》:在"十二五"阶段,一些大中城市新建居住建筑要在原节能 50% 的基础上,再节能 30%,即总节能 65% 目标。这一目标的提出无疑将促进绿色建筑材料需求的增长。推广应用绿色建筑材料不仅是社会的进步,而且经济效益显著。如建筑上应用新型保温材料节能一项的费用,就远大于用绿色建材顶替黏土实心砖所增加的费用。此外,发展绿色建筑材料还具有以下现实意义。

1. 改善人类生存大环境、保障居住小环境

随着时代和社会的进步,人们的可持续发展意识越来越强烈,也越来越关注并追求良好的生态环境,希望自己和子孙们能够存续地生活在共同的"地球村"。现代建筑大量采用的现代建筑材料取代了传统居住建筑所用的泥土、石块、石灰、木料、稻草、秸秆等自然材料和黏土加工物(砖、瓦),其中有许多可能是对人体健康有害的。因此,发展符合卫生标准、健康无害的绿色建筑材料,能够有效减少对大自然的破坏,是改善人类生存的大环境,保障居住小环境的必然趋势。

2. 保障公共场所及设施的健康安全

图书馆、展览厅、车站、机场、学校、商场、办公楼、会议厅、饭店、娱乐场所等是高密度人群聚集和流动的公共场所,这些场所所使用的建筑材料直接关系到公众的安全健康,如若使用不当,将会对公众健康安全造成巨大的损害。

国外建材市场生产出的建筑材料成千上万种,并以化学建材居多。好的建筑材料的流入当然可以丰富我国的建材市场,但也必须防止有害健康安全的建材和技术设备的流入,出台相应的绿色建筑材料标准和管理措施,达到防止损害我国建筑环境及市场的目的。因此,我国应该研发和生产具有高附加值的新型"绿色建材",如果能扶助和促进其进入西方国家,将会显著提高经济效益。

11.2 绿色建筑材料在西北地区的应用

不同气候地区对建筑及围护结构的保温、隔热、密封、抗风沙等性能要求各有侧重。结合西北地区的气候特征,因地制宜地对绿色建筑材料进行优化选择和使用,可以更好地改善建筑功能和安全性能,辅助相关的节能技术,达到节约能源、节省成本的目的,促进西北地区绿色建筑与生态城市的大力发展。

11.2.1 建筑保温材料

保温材料不仅要有良好的阻抗热流传递的性能,即大的热阻、小的传热系数,而且对耐候性、耐久性和保温体系的抗裂、防火、防水、透气、抗震、抗风压能力有较高的要求。建筑保温材料的应用不但可使建筑能耗效率与使用舒适度大大改善,也与国家节能环保发展战略和建筑节能、绿色建筑的监管要求相符合。我国外墙外保温技术自应用至今约经历20年的发展,目前推广的保温材料种类繁多,按属性主要分为有机保温材料和无机保温材料。常见的有机保温材料如 EPS 保温板(聚苯板)、XPS 保温板(挤塑板)、PU 板(聚氨酯板)、酚醛板等;无机保温材料如泡沫混凝土、矿棉类保温材料等(见图 11-1)。其中,可燃有机保温材料占 95%,不燃无机保温材料仅占 5%。外墙外保温施工工艺多为粘贴法,少数为大模内置。

图 11-1 常见的建筑保温材料

1. 西北地区建筑保温材料的选用

西北地区冬季漫长严寒,强风、多雪、冰冻期长,对建筑保温、隔热、防寒、抗冻等性能要求很高,建筑外墙保温现阶段广泛采用的是外保温技术。在选择墙体保温材料时,应该综合考虑西北不同地区的气候条件、建筑类型、标准等级等因素,选择绿色环保、性能优异、综合造价低的保温材料,施工时高度重视耐久性、防火安全等问题。根据国家及西北地区相关规范文件规定,建筑保温材料优先选用燃烧性能为 A 级的材料,且不能选用燃烧性能低于 B1 级的材料。如《新疆维吾尔自治区消防条例》(新疆维吾尔自治区第十一届人民代表大会常务委员会公告第 34 号)第三十八条第二款关于"建筑外墙装修装饰和保温工程禁止使用易燃可燃材料"以及《乌鲁木齐市建筑节能管理条例》第二十四条第一款关于"推广阻燃技术与材料"的规定,即建筑外墙装修装饰和保温工程材料燃烧性能的级别不应低于 B1 级。

A 级为不燃材料,火灾危险性很低,不会导致火焰蔓延。目前市场上保温性能好、防火性能优越的 A 级材料的选择余地较小,常见的几种 A 级防火保温材料及其优劣势见表11-1。

表 11-1 常见的几种 A 级防火保温材料

材料种类	优缺点
岩棉板是以玄武岩为主要原材料,经高温熔融加工而成的无机纤维板。岩棉板又称岩棉保温装饰板。 	优点:无机保温材料中导热系数较低,保温效果好。 缺点:吸水率较高,强度较低,表面不平整易导致饰面层施工不便;不宜用于薄抹灰体系;出现脱落掉落案例较多。
发泡水泥板是用物理(化学)方法将泡沫剂水溶液制备成泡沫,再将泡沫加入到由水泥基胶凝材料、集料、掺和料、外加剂和水制成的料浆中,经混合搅拌、浇注成型、养护而成的保温板材。 	优点:导热系数低,保温效果好,不燃烧,与墙体粘结力强,无毒害放射物质;与建筑物使用寿命同期。 缺点:材料松脆易碎,吸水率较高,吸水后保温性能下降;施工较为不便,产品质量差异大。
发泡玻璃板是由碎玻璃、发泡剂、改性添加剂和发泡促进剂等,经过细粉碎和均匀混合后,再经过高温熔化,发泡、退火而制成的无机非金属玻璃材料。 	优点:基质为玻璃,故不吸水。内部的气泡也是封闭的,所以不存在毛细现象,也不会渗透。这两点使泡沫玻璃在大多数物理、化学性能上优于其他任何无机、有机的绝缘材料。 缺点:材料的保温系数较低,透气性较弱。
发泡陶瓷板是以陶土尾矿,陶瓷碎片,河道淤泥,掺假料等作为主要原料,采用先进的生产工艺和发泡技术经高温焙烧而成的高气孔率的闭孔陶瓷材料。 	优点:隔热性能好;不燃、防火,是用于有防火要求的外保温系统及防火隔离带的理想材料;与水泥砂浆、饰面砖等能很好地粘接,外贴饰面砖安全可靠,不受建筑物高度等限制。 缺点:自重大,抗风压能力差;吸水率较大,墙面开裂后,易渗水,造成整体或局部脱落;价格较为昂贵。

材料种类	优缺点
STP 无机真空保温板 	优点：导热系数低，保温功效卓越，防火等级为 A 级不燃；单位面积质量轻。 缺点：无法现场裁切，一旦裁切，真空腔就会漏气，失去保温效果；采用外贴法施工仍存在粘结层不牢固造成保温层脱落的风险。
真金板是运用高分子技术，结合多学科跨领域创新合作，创造出的特点鲜明、性能稳定的防火保温板，简称"真金板"。 	优点：导热系数低，厚度薄，自重轻，易于施工。 缺点：不同产品导热系数差别较大，由于是有机材料包裹的无机材料，防火性能没有无机材料的性能好；行业内普遍认可材料难以达到不燃级，且无法做到与建筑物同寿命。
高性能泡沫混凝土免拆模板保温板。该产品采用普通硅酸盐水泥等原料，经过物理发泡形成高性能泡沫混凝土，并结合增强钢筋和预埋连接件制作成可代替建筑模板的 A 级防火保温材料。	优点：混凝土制品里容重最轻，保温、隔音、防水等性能优异；作为保温层和墙体永久性保温模板与墙体混凝土一同浇筑，保温、结构融为一体，避免了外贴式保温脱落带来的安全隐患；可当做模板使用，并且保温施工和主体施工同步进行大大缩短了施工工期，节约了综合管理措施费用；实现工厂化预制，符合建筑部件工业化、建筑安装集成化的产业发展战略。 缺点：无机材料密度大于有机保温材料，施工采用节能与结构一体化技术；比 EPS 等有机保温材料导热系数略高。

燃烧性能为 B1 级的材料基本上为有机材料，添加较大量的阻燃剂，应用较多的主要有聚苯板（XPS、EPS）、聚氨酯板、酚醛泡沫保温板等（见表 11-2）。由于防火性能等问题，这些材料在外墙外保温系统中的使用有许多限制条件，选择和使用时应该做到因地制宜，因工程制宜。

表 11 - 2 常见的几种 B1 级防火保温材料

材料种类	优缺点
XPS(聚苯乙烯挤塑板)	优点:具有完美的闭孔蜂窝状结构,其密度、吸水率、导热系数及蒸汽渗透系数等方面均低于其他类型的板状保温材料,因此具有强度好、质轻、防潮、耐腐蚀、抗老化、价格低等特点,广泛用于建筑业的保温隔热、家庭装修等领域。 缺点:板材较脆,不易弯折,应力集中时易使板材损坏、开裂;透气性较差,如果板两侧的温差较大,湿度高容易结露;板表面光滑,在施工时需要界面处理,并进行拉毛。
EPS(又称苯板、泡沫板)	优点:由可发性聚苯乙烯原料经过预发、熟化、成型、烘干和切割等工艺制成,具有导热系数低、保温效果好、工艺成熟、质轻等优点。 缺点:阻燃效果差。目前市场上出现在传统 EPS 板基础上改良的 A 级防火 EPS 保温板,安全性能高,是一种较理想的保温隔热材料。
硬泡聚氨酯板	优点:是由 PU 制成,或是由 PU 和彩钢板复合形成的聚氨酯夹芯板,保温性、抗变性能、阻燃性好,耐空气和耐水气性能优越,由于它在成型时就可制成镶嵌连接结构,易于后装配。 缺点:保温板类配方、配比较杂乱,不稳定,导致板材物理稳定性较差,保温效果不好;喷涂类施工性尚未解决,难以保证工程质量。
酚醛泡沫保温板	优点:为国际上公认的建筑行列中最有发展前途的一种新型保温材料。因为这种新材料与通常的高分子树脂依靠加入阻燃剂得到的材料有本质的不同,在火中不燃烧,不熔化,也不会散发有毒烟雾,并具有质轻、无毒、无腐蚀、保温、节能、隔音等优点。 缺点:粘结性和抗压抗折能力较弱,一般都要达到一定的厚度才行,不是每一种保温工程都适用。

工程实例

1)陕西省西安市创汇小学

项目位于陕西省西安市,气候分区属于寒冷地区。

该建筑外墙采用外保温技术,具体有两种保温做法:一是双层夹芯保温墙体,墙体采用两层厚度不同的多孔砖并用水泥砂浆砌筑,内填玻璃丝棉保温层;二是其他的外墙外贴 STP

保温板。建筑外墙平均传热系数 K＝0.53 W/(m²·k),满足了国家节能规范＜0.6W/(m²·k)的要求(见图11-2)。

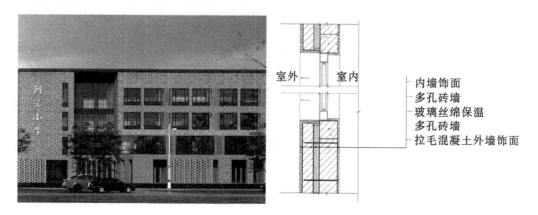

图 11-2　西安市创汇小学

2）陕西省科技资源中心

项目位于陕西省西安市,气候分区属于寒冷地区。

西安主导风向呈现季节性变化,夏季盛行东南风,而冬季盛行西北风。同时由于建筑围护结构各朝向接受到的太阳辐射能量不同,所形成的热负荷有一定的方向性。该项目建筑外墙采用玻璃丝棉保温材料,同时结合陶土幕墙形成完整的墙体系统。根据建筑的不同朝向,将墙体的保温层设计为不同厚度,东西向为120mm厚,南北向为100mm厚。此种方式的外保温系统的传热系数分别达到0.33W/(m²·k)和0.35W/(m²·k),均满足了国家节能规范＜0.6W/(m²·k)(见图11-3),这样同时达到了节能、节材又省钱的目的。

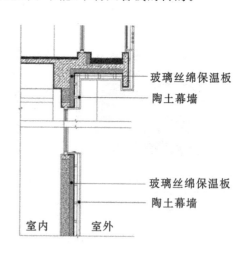

图 11-3　陕西省科技资源中心

3）乌鲁木齐市被动式综合办公楼建筑示范项目

项目位于新疆乌鲁木齐市，气候分区属于严寒 B 区。

该建筑外墙采用两种做法：一是 200mm 厚页岩陶粒混凝土外做 200mm 厚硬泡聚氨酯板保温；二是 300mm 厚加气混凝土砌块（主体墙）外做 180mm 厚硬泡聚氨酯板和 120mm 厚页岩烧结保温砌块。两种外墙做法的主体部位材料传热系数分别为 0.1196 W/(m² · K) 和 0.1193 W/(m² · K)，均满足被动式建筑≤0.15W/(m² · K) 的限值要求（见图 11-4）。

图 11-4　乌鲁木齐市被动式综合办公楼建筑示范项目

2. 确定经济适合的保温厚度

当保温材料的类型确定时，保温层厚度是影响建筑物保温性能的重要因素。研究表明，采用外墙保温技术后，随保温层厚度增加，相对于未保温墙体，全年总负荷可减少约 15%～30%，外墙保温对采暖热负荷的减少效果明显要高于空调冷负荷；另外，随保温层厚度的增加，负荷减少的幅度趋于平缓，即如果一味增加保温层厚度，将造成投资成本增加，保温获得的节能收益相对减少。因此，应该充分考虑西北严寒地区和寒冷地区的气候条件、供热方式、燃料类型、建筑类型以及墙体各层材料等参数，确定经济合适的保温厚度，避免一味追求保温效果而忽视投资成本所增加的弊端。

11.2.2　新型墙体材料

墙体材料是我国建筑材料工业的重要组成部分，其用量约占所有建筑材料的 1/2，价值约占建筑总成本的 30%，耗能占建材工业总能耗的 1/2 左右。根据我国可持续发展任务以及建筑节能要求，对传统墙体材料进行更新换代，发展新型墙体材料的需求越来越迫切。为大力发展新型墙材，《中华人民共和国循环经济促进法》《绿色建筑行动方案》《促进绿色建材生产和应用行动方案》等国家相关政策法规相继出台。陕西省结合实际，发布《陕西省新型墙体材料发展应用条例》并制定陕西新型墙材"十三五"发展规划，甘肃省政府办公厅印发《甘肃省建材工业转型发展实施方案》，提出新型墙材和保温材料"绿色化"发展的方向。新疆、宁夏等地积极开展"限粘、禁实"工作，大力发展轻质高强、节能保温、多功能复合一体化的新型墙材,推进新型墙体材料转型升级,并促进新型墙材在建筑中的推广应用和提升。

近些年西北地区发展的新型墙体材料有许多种类,按照砖、砌块、轻质墙板三类进行划分,可表述如下:

(1)砖类:烧结砖、蒸压灰砂砖、蒸压粉煤灰砖、混凝土砖等,包括多孔和空心砖;

(2)砌块类:烧结空心砌块、蒸压加气混凝土砌块、普通混凝土空心砌块、轻集料混凝土空心砌块、泡沫混凝土砌块、粉煤灰砌块、各种轻质混凝土多功能复合砌块等;

(3)墙板类:玻璃纤维增强水泥轻质多孔隔墙条板(GRC)、钢丝网架水泥聚苯乙烯夹芯板(GSJ)、轻集料混凝土墙板、石膏板复合墙板、蒸压加气混凝土板、建筑隔墙用轻质条板等。

通过在工程中应用多种墙体材料的实践经验,下面总结了在西北地区目前应用较普遍、工艺(生产及应用)较成熟的几种墙体材料的生产、使用情况、存在的问题及相关建议等(见表 11-3)。

表 11-3 西北常见的几种墙体材料

材料种类	优缺点
蒸压加气混凝土砌块(ACB): 蒸压加气混凝土砌块是以河砂、水泥、石灰为主要原料,加水,并加入适量的发气剂和其他附加剂,经混合搅拌、浇注发泡,坯体静停切割后,再经蒸压养护而成的具有多孔结构的轻质人造砌块。适用于工业和民用建筑,特别是用作高层建筑的内外填充墙。 	优点:具有质轻、隔热保温、吸声隔音、抗震、防火、可锯、可刨、可钉、施工简便和可增加建筑物使用面积等优点。 缺点:存在强度较低、较易引起干缩裂缝及与砂浆粘结不牢固等不足之处,需采取其他一些附加措施予以保证。
普通混凝土小型空心砌块(NHB): 由水泥、砂和最大粒径为 10mm 的石子或石屑配制的塑性混凝土,在金属模箱内振动成型,脱模养护而成的墙用承重空心块材。 	优点:重量轻,可减轻建筑物自重;抗压强度较高,隔音、隔热、防潮、防火、耐腐蚀等性能优良。 缺点:因为空心砌块,可钉、可挂重物性能稍差;预埋管线也较实心砌体差。混凝土小砌块吸水率小,其干缩值为 2mm/m~3mm/m,应注意在墙体的敏感区采取抗裂措施。

材料种类	优缺点
泡沫混凝土砌块： 以粉煤灰、沙子、石粉、尾矿、建筑垃圾、电石粉为主要原料制成。 	优点：与黏土砖和空心砖相比，它具有强度高不怕冲击，稳定性好干燥收缩不易产生裂纹，隔音隔热性能良好而又耐水防潮等优点。它克服了黏土砖和空心砖不吸水、不能做外墙的致命弱点，内外墙都可以使用。特别是它的低成本，更是让黏土砖和空心砖望尘莫及。 缺点：生产工艺技术控制较为复杂。
陶粒混凝土砌块： 以轻质黏土陶粒作为骨料而生产的实体或空心混凝土砌块。轻质黏土陶粒是用黏土在双筒回转窑内高温焙烧膨胀而成，是一种人造轻骨料，其内部具有无毛细现象的蜂巢状多孔结构。 	优点：具有导热系数低、吸水率小、强度高等特点，同时具有良好的防潮、抗冻、隔热、隔音等性能，且耐火、抗渗。可减少运输和吊装重量，节省运输费，可提高砌筑工效，节省砂浆用量。 缺点：仍需少量黏土，在实际应用中，还存在因施工工艺配套不太完善，个别工程出现裂缝等现象。

　　为了促进资源综合利用、保护土地和生态环境、推进建筑节能和绿色生态城市建设，固体废弃物综合利用和新型墙材的推广应用是必然趋势。西北各地区也应结合当地建筑结构体系、资源情况与经济水平，因地制宜地确定当地新型墙材发展的主导产品和发展方向。在有工业废渣的地方，要充分利用可利用的工业废渣生产砌块。在有天然轻集料或人造轻集料的地方，要积极生产和应用各种轻集料砌块。如陕西榆林市、延安市当地煤矸石、粉煤灰等工业废料资源丰富，汉中市、商洛市、安康市当地页岩、砂石尾矿资源丰富，应充分利用当地的生产资源，积极开发和发展高质量的利废新型墙材。这样既能减少废渣废料污染，保护环境，又可利用再生资源以降低生产成本，社会利益与经济利益都很明显。

11.2.3　节能与结构一体化材料

　　建筑节能与结构一体化技术是集建筑保温功能与墙体围护功能于一体，墙体不需要另外采取保温措施即可满足现行建筑节能标准要求，实现保温与墙体同寿命的建筑技术。2014 年住房和城乡建设部建筑与科技司工作要点提出"继续推进建筑保温与结构一体化技术体系的研发与应用，研究制定相关政策文件，跟踪总结各地经验和做法，完善相关技术和标准规范"。陕西省建筑节能与墙体改革办公室在 2014 年工作要点中提出"研究发展建筑节能与结构一体化技术，开展试点示范项目建设，推进建筑工业化发展"。

　　目前建筑节能与结构一体化技术主要包括：砌体自保温体系、夹芯保温复合砖砌体结构体系、装配式混凝土复合墙板保温体系、现浇混凝土结构复合墙体保温体系（见表 11 - 4）。

该技术的保温性能基本可达到西北严寒和寒冷地区民用建筑的节能要求,而且实现墙体保温免维护,可推广应用于西北地区。

表 11-4　四种主要的节能与结构一体化技术

节能与结构一体化技术	做法及优缺点
砌体自保温体系: 主要有非承重砌体自保温体系和承重砌块自保温体系两类。 	非承重砌体自保温体系的外围护墙体采用自保温砌块填充,梁、柱、剪力墙等热桥部位采用保模一体化板与混凝土整体现浇。该体系自重轻、强度高、收缩率低,具有优良的防火性能,降低工程造价。但其缺点是外部挂重能力较弱。 承重砌块自保温体系是建筑外墙用自保温承重混凝土多孔砖砌筑,混凝土构件等热桥部位采用 XPS 单面复合板同时浇筑的保温隔热构造组成,集保温隔热和承重功能于一体的建筑结构体系。该体系经济比较合理,比传统的砌体结构外保温墙体综合造价低。
夹芯保温复合砖砌体结构体系: 一般由外叶墙、保温层、内叶墙三部分组成,是集承重、保温、围护于一体的一种复合墙体。 	该体系对于废旧资源较多的地区采用此技术意义更大,是多层砖混采暖建筑优先采用的保温方案。 在许多实际案例中发现夹芯层保温材料填充不实的问题屡有发生;此外,夹芯保温墙体较厚,影响了住户有效使用面积;并且保温层处在两层承重刚性墙体之间,整体抗震性能较差;夹芯保温墙体结构两端的温度波动较大,易对墙体结构造成破坏。
装配式混凝土复合墙板保温体系: 由双向钢丝网架预制连接两面专用高性能混凝土面板,两面板之间填充性能优异的保温、隔热材料,形成与建筑同寿命内置保温层。	目前主要有 SK 装配式墙板自保温体系与 AESI 装配式自保温体系。装配式混凝土复合墙板保温体系所用的墙板均可在工厂生产,施工简单,工期大大缩短。由于墙板比一般墙体薄,故可增大 10%～20% 的住房面积。
现浇混凝土结构复合墙体保温体系: 主要以工厂预制的保温结构为保温层,施工过程中将其与现浇混凝土构件浇筑在一起而形成的复合保温体系。	目前比较常用的有 IPS 现浇混凝土剪力墙自保温体系、FS 外模板现浇混凝土复合保温体系和 CL 结构保温体系、高性能泡沫混凝土免拆模板保温系统。 现浇混凝土结构复合墙体保温体系保温构件全部采用工厂预制化生产,工艺控制严格,质量体系完善,有利于建筑保温行业向集成化、规模化、产业化发展。

工程实例

1)HB 非承重混凝土复合砌块自保温体系

该工程是位于陕西省西安市的阎良区航空基地第一实验小学项目,气候分区属于寒冷地区。

建筑外墙采用了两种做法:一种是在非承重外墙部分,采用 HB 非承重混凝土复合砌块自保温体系;另一种是在其他外墙,如梁等容易出现冷桥的部位,采用 15 厚 STP 保温层共同作用,形成完整的外墙保温体系。外墙平均传热系数为 $0.50\text{W}/(\text{m}^2 \cdot \text{K})$,满足国家节能规范 $<0.60\ \text{W}/(\text{m}^2 \cdot \text{K})$ 的要求(见图 11-5)。

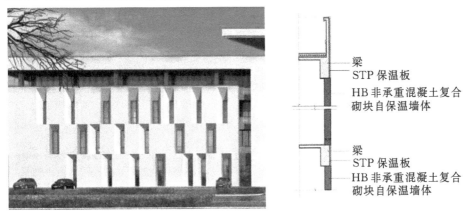

梁
STP 保温板
HB 非承重混凝土复合砌块自保温墙体

梁
STP 保温板
HB 非承重混凝土复合砌块自保温墙体

图 11-5 西安市阎良区航空基地第一实验小学

2)高性能泡沫混凝土免拆模板保温系统

在防火安全的新要求下,在建筑行业转型的新形势下,发展基于高性能泡沫混凝土免拆模板保温系统的节能结构一体化技术,是深入贯彻落实科学发展观和国家节能减排政策的一项重要举措,对于实现建设行业转方式、调结构、促发展、保民生的发展目标,建设资源节约型、环境友好型、社会意义重大。

高性能泡沫混凝土免拆模板保温系统作为陕西省建筑节能与结构一体化主导技术取得了重大成果突破。陕西省多个新建和改造项目中均应用了该保温系统,主要包括:

西安万科——翡翠国际:总建筑面积 35000m²;

西安锦园房地产有限公司——春晓华苑:总建筑面积 128000m²;

西安大方置业发展有限公司——杨家村城中村改造项目:总建筑面积 106800m²;

陕西华宇盈丰置业有限公司——吴家堡住宅小区改造项目:总建筑面积 195800m²;

眉县太白山天然气有限公司宿办楼项目:总建筑面积 4500m²。

图 11-6 眉县太白山天然气有限公司宿办楼高性能泡沫混凝土免拆模板保温板应用

图 11-7　高性能泡沫混凝土免拆模板保温系统配套钢制背楞应用

该系统符合墙体材料的发展方向和国家政策的要求,满足建筑节能产品的市场需求,具有较强的市场竞争力。高性能泡沫混凝土免拆模板保温板具有防火性、安全可靠性、施工简易性且能实现建筑保温与墙体同寿命,符合国家节能减排和产业发展的政策要求。

11.2.4　门窗材料

在节约能源、保护环境日益成为人们共识的今天,具有良好透光性和保温隔热性能的节能门窗越来越受到人们的重视,这就对门窗材料和形式的选择提出了更高的要求。对此,一定要依据西北不同地区的气候条件、经济消费水平、建筑功能和朝向等,对节能门窗材料和形式进行优化选用。下文结合具体的项目实例,研究目前应用于西北地区的一些建筑节能门窗体系。

1. 工程实例

1）双（三）层中空玻璃窗

由两片或三片玻璃与密闭的空气间层组合而成。近些年西北地区多变的极端天气，证明了双（三）层中空玻璃窗能够有效抵御尘埃渗透、结露（霜）水分自洁，解决隔热及空气层的透明度等问题，因此该类窗户较为广泛地应用于西北地区。如陕西省西安市某绿色办公建筑在有外遮阳体系部分，采用了传热系数≤ 2.0W/(m² · k) 的断热铝合金 Low-E 中空玻璃窗；西安某小学的外窗采用 90 系列塑钢中空玻璃窗，空气间层 6mm，传热系数 K＝ 2.7 W/(m² · k)（见图 11 － 8）。

图 11 － 8　Low-E 双层中空玻璃窗

乌鲁木齐"幸福堡"为中国西部首个被动式建筑，该项目应用了 GENEO 86 PHZ 门窗系统，其型材厚度 86mm，采用 Low-E 三玻。门窗安装采用实体墙洞口外侧悬挂安装固定，并采用专用技术措施保证门窗整体的气密性和水密性。该系统的门窗玻璃 g 值为 50％，系统传热系数为 0.8W/(m² · K)，满足被动式建筑的限值要求（见图 11 － 9）。

图 11 － 9　Low-E 三层中空玻窗

2）双层窗系统

双层窗系统是早期人们为了增加建筑的密封、保温性能而开始使用的一种窗户形式，由内、外两层玻璃窗组成,中间形成一个相对封闭的空间。近些年西北地区一些工程项目对其进行改进应用。如西安某绿色建筑在辐射较高、靠近中庭的东西向外窗采用了双层窗系统,将内外的两层玻璃窗做成 Low-E 双玻窗,中间形成厚度为 100mm 左右的密封空气间层,传热系数 ≤ 1.4W/(m² · k)(见图 11−10)。

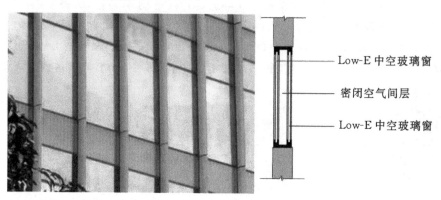

图 11−10   双层窗系统

3)呼吸式幕墙系统

西北地区某绿色办公建筑的玻璃幕墙,选用了传热系数超低的被动外循环式呼吸幕墙体系,外层为单层玻璃结构,内层由中空玻璃与断热型材组成。两层幕墙形成的通风换气层两端装有进风和排风装置,通道内也可设置百页等遮阳装置(图 11−11)。该幕墙的综合传热系数仅为 1.0W/(m² · k),远低于国标的设计要求,它比传统的幕墙采暖时节约能源 42%~52%,制冷时节约能源 38%~60%,隔音性能可以达到 55dB。其中,外层玻璃选用无色透明玻璃或低反射玻璃,还可以最大限度地减少光污染。

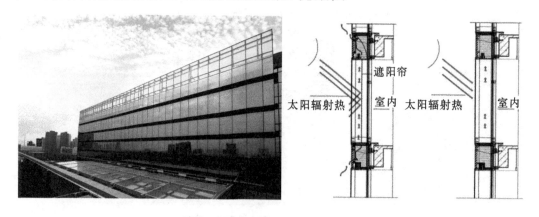

图 11−11   夏、冬季被动式呼吸幕墙

2. 西北地区节能门窗的选用

1）窗框材料的选择

西北地区风沙大,沙尘暴多;雨季较短,降水量小而集中;气候干燥,紫外线强度较高;昼夜温差较大,沙尘侵袭频繁。门窗型材应首先具备良好的保温隔热性能和刚性,能够抵御温度的变化,满足抗风压变形的需要。同时,应该具备良好的耐候性,不褪色、不老化。目前西北地区较适用的型材主要包括:断桥铝合金、铝木复合型材、铝塑复合型材、玻璃钢、塑钢、多腔塑料型材等。

2）玻璃的选择

目前国内生产技术发展很快,从普通透明的单片玻璃到中空玻璃,进而发展到热反射玻璃、低辐射(LOW-E)玻璃等。低辐射 Low-E 玻璃冬季可使更多的阳光热能进入室内以利于采暖,夏季也必然有更多的阳光热能进入室内而影响夏季耗能,但研究表明其在寒冷和严寒地区对全年建筑总能耗的降低有着积极的效果,故较为广泛地应用于西北寒冷和严寒地区。

3）形式的选择

对于窗墙比较大的节能门窗,多采用高性能、不结露(霜)的双(三)玻中空玻璃窗。研究表明,玻璃窗气体间隔层厚度并不是越大越好,当为 12mm 时,各中空玻璃传热系数到达最小值,而得热系数、可见光透过率均不受明显影响。部分地区对门窗的保温要求很高,中空玻璃窗内应填充氩和氪等惰性气体。对于窗墙比较小的节能门窗,需综合考虑太阳得热与保温两部分因素,应选取综合传热系数较小而太阳得热系数较大的外窗,以达到较佳的节能效果,而非盲目选取传热系数小的双层或三层中空玻璃窗。

门窗既是能源得失的敏感部位,又关系到采光、通风、隔声、立面造型等。因地制宜地发展并应用新型的、高性能的、高质量的节能门窗是社会发展的必然趋势。新型节能门窗比普通门窗价格贵一些,但节能效果十分显著,性价比较高,选用时应充分考虑长期使用而得到的节能经济效果,切不可因价格因素,顾此失彼。同时,我们也要认识到节能并不是节能门窗的最终目标。节能门窗应该赋予更多的功能,如在提供舒适环境的同时,还要赋予门窗以美观、适用及多元化的色彩。此外,如将门窗放在一个更广泛的背景下与健康建筑、节能建筑、生态建筑以及可持续发展建筑的观点联系起来,将使门窗更具有生机、更具有良好的适应性。

11.2.5 其他新型材料

1. 聚苯颗粒(泡沫)混凝土

在过去的几十年中,我国的轻集料行业一直以陶粒为主导,陶粒已成为轻集料行业的标志。但这种单一产品的发展模式在新的社会经济大萧条的变革下,已经出现了一定的局限性。在现有轻集料中聚苯颗粒密度最低,更有利于降低砂浆或混凝土密度;和其他轻集料相比,导热系数最低,保温效果最好;在各种轻集料中,聚苯颗粒的吸水率最低;具有优异的柔韧性,可有效提高相关产品的韧性;在合理掺量时,混凝土和砂浆的防火性能仍可达到 A 级;价格低,使用成本低;利用废旧聚苯泡沫,环保低碳性突出。因此,聚苯颗粒具有比较理想的性价比,是轻集料行业最有发展前景的产品之一。从目前看,聚苯颗粒轻集料在砂浆及混凝土中的应用已形成很大规模,主要产品包括聚苯颗粒混凝土砌块、聚苯颗粒泡沫混凝土填充复合砌块、聚苯颗粒泡沫混凝土保温板、聚苯颗粒混凝土现浇空心砌块复合墙体、聚苯颗粒混凝土连锁自保温砌块、聚苯颗粒钢骨架轻型板、聚苯颗粒夹心复合墙板、聚苯颗粒陶粒混凝土实心条板、聚苯颗粒混凝 GRC 隔断板等(见图 11 - 12)。

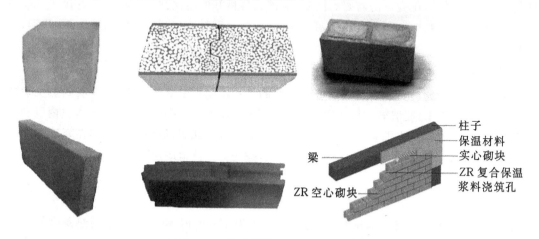

图 11 - 12　聚苯颗粒(泡沫)混凝土制品

随着我国建筑保温产品的提高和建筑节能推广力度的加大,聚苯颗粒保温砂浆及混凝土将会得到更大规模的推广应用。这几年,聚苯颗粒保温混凝土及制品的快速发展,但这仅仅是开始,其更广泛的普及应用还在以后。

2. 通风雨幕外墙

除了上文提及的绿色建筑材料,西北地区也在不断尝试并应用一些新的建筑环保材料和节能技术。如西安某绿色办公建筑外墙采用了通风雨幕外墙系统,主要原材料为天然陶土,一次污染小,全生命周期长,可以回收利用,且所采用的 500mm×1200mm×30mm 的大规格陶板在国内尚属首次运用。同时陶土板具有空腔结构,安装时其背面也有一定的空气层,不仅可以有效降低传热系数,起到良好的保温隔音效果,而且还可以避免产生冷凝水,使建筑外墙保持干燥,对建筑结构墙体起到保护作用(见图 11 - 13)。

上述的绿色建筑材料各有其热工优势及缺点,选择时一定要依据西北各地区的地理、气候特征、建筑朝向、经济消费水平等,因地制宜地进行优化选择和组合使用。此外,在选用一些节能效果显著、性价比较高的材料时,应充分考虑长期使用而得到的节能经济效果,切不可因价格因素,顾此失彼。

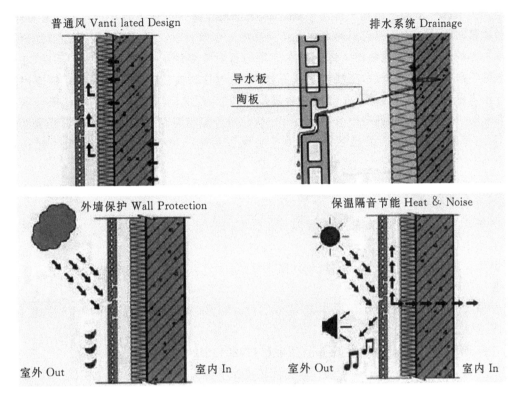

图 11-13 通风雨幕外墙系统

11.3 西北地区绿色建筑材料的发展趋势

11.3.1 发展利废节能的新型环保建筑材料

绿色建筑材料的品种、规格、性能应该是因地制宜、因工程制宜的。结合西北地区的气候特点,因地制宜地利用本地可再生资源和环保材料,大力发展利废节能的新型环保建筑材料是必然趋势。

首先,须加强学科、市场和政府之间的横向联合,积极组织高校科研机构、建筑设计单位、生产厂家和政府职能部门加强对利废节能新型环保材料的研发和生产。同时,加快节能技术更新。技术的支持是节能材料发展的根本,科技含量的多少决定了其材料的节能效果,所以加快节能技术的转化,加大节能技术的研发力度,是新型节能环保材料发展的根本方向。最后,推动利废节能新型环保建筑材料的应用研究,促进产品的系列化、配套化开发。通过实施新型环保材料的生产示范工程和推广应用示范工程,结合安居工程、保障房建设和新农村建设等实际项目,促进新型环保建筑材料在城市建筑中的应用。

11.3.2 推行结构与保温装饰一体化材料与技术创新

随着城镇化时期的快速变革与来临,生产方式和生活方式的转化愈发加速建筑工业化+低碳节能的汇聚融合,促使建筑功能趋向一体化发展,并实现建筑墙体保温与主体结构同步驱动。为了进一步推动结构与保温装饰一体化材料在建筑节能工程中的应用,2016 年,由中国建筑节能协会建筑保温隔热专业委员会和中国建筑科学研究院建筑环境与节能研究院联袂主办的"结构与保温装饰一体化技术应用与行业发展论坛暨媒体见面会"活动,在中国建筑科学研究院近零能耗示范楼正式拉开帷幕,通过探讨交流保温装饰一体化板应用现状及行业未来发展方向,推动行业健康持续发展。随之,西北的陕西、甘肃等地积极开展相关交流活动,提出开发、引进结构与保温装饰一体化的外墙材料与技术。这意味着建筑低碳时代,无论是在全国还是西北地区,推行结构与保温装饰一体化技术创新与相关材料势在必行。

本章参考文献

[1]中华人民共和国国家标准. 绿色建筑评价标准(GB/T50378—2014)[S]. 北京. 中国建筑工业出版社,2014.

[2]中华人民共和国国家标准. 建筑设计防火规范(GB50016—2014)[S]. 北京. 中国建筑工业出版社,2014.

[3]中华人民共和国国家标准. 公共建筑节能设计标准(WJGB50189—2015)[S]. 北京. 中国建筑工业出版社,2015.

[4]齐锋. 浅谈我国绿色建筑材料[J]. 住宅科技,2014(12):12-14.

[5]张季超,吴会军,周观根,李火榆. 绿色低碳建筑节能关键技术的创新与实践[M]. 北京:科学出版社,2014.

[6]苏丽娜. 关于建筑节能墙体及节能材料的探讨与开发[J]. 黑龙江科技信息,2010(12):261.

[7]张翼. 解读建筑新型节能材料的应用与发展前景[J]. 中华民居(下旬刊),2013(12):133-134.

[8]黄修林,孙华,彭波. 绿色建筑节材和材料资源利用技术[J]. 绿色建筑,2013(01):30-33,46.

[9]杨龙. 西北地区应推广发展烧结新型墙体材料[N]. 中国建材报,2011-09-13.

[10]曹万智. 新型墙体材料的特性及发展趋势[J]. 砖瓦,2012,11(10).

[11]倪欣,兰宽,邢超,王福松. 绿色节能技术在西北地区的综合运用——陕西省科技资源中心节能策略解析[J]. 建筑技艺,2013(02):116-123.

[12]刘鸣,王维毅,王亮,王珂全. 乌鲁木齐幸福堡被动式建筑项目设计[J]. 建设科技,2014(21):53-55.

[13]王亮,穆洪洲,邢克珠,刘鸣,宋华. 乌鲁木齐市被动式综合办公楼示范项目[J]. 建设科技,2015(15):80-82.